I0796237

El doctor Amen no solo es un gran amigo, sino una de las mejores personas que conozco, y su bondad se manifiesta en esa incansable búsqueda de respuestas para ayudar a la gente a gestionar su salud mental. Su último libro es prueba de ello y, combinado con su extensa investigación que incluye más de 200.000 escáneres cerebrales de personas de más de 155 países, garantiza un nuevo punto de vista a cualquier persona que lo lea.

Dra. CAROLINE LEAF, neurocientífica clínica, investigadora en salud mental y autora de *Cleaning Up Your Mental Mess*

El doctor Amen explica de forma sencilla pero profunda cómo puedes fomentar la felicidad en tu cerebro. Hace tiempo que contamos con las herramientas para lograr objetivos cruciales como bajar de peso, pero la ciencia detrás de cómo podemos generar cambios en el cerebro para crear y aumentar la felicidad ha permanecido oculta hasta ahora. *Sé más feliz* es la guía perfecta para cultivar la felicidad en tu vida. ¿A qué esperas?

DAVID PERLMUTTER, doctor en Medicina, autor de *Grain Brain* y *Brain Wash*, bestsellers número 1 del *New York Times.*

Es estos tiempos tan difíciles, *Sé más feliz* es el libro que todos estábamos esperando. ¡Y cumple todo lo que promete! Poner en práctica diariamente los secretos para alcanzar la felicidad del doctor Amen te dará el empujón que necesitas para mejorar tu estado de ánimo.

JENNIE GARTH, actriz galardonada con varios premios de interpretación.

He tenido el privilegio de conocer y trabajar con el doctor Amen durante los últimos treinta años. A lo largo de este tiempo, y tras realizar más de 200.000 escáneres, ha descubierto siete principios fundamentales de la neurociencia que pueden ayudarte a disfrutar de un presente más feliz y construir un mañana más pleno. ¡Regala este libro a tus familiares y amigos (o a ti mismo) para encontrar la felicidad y la alegría!

EARL R. HENSLIN, doctor en Psicología, experto en estrés traumático; diplomado por la Academia Americana de Expertos en Estrés Traumático; coach en neurociencia funcional e integrativa.

Los siete secretos de la felicidad que el doctor Amen cuenta en *Sé más feliz* deberían enseñarse en todas las escuelas del mundo. Si deseas sentir más alegría, positividad y satisfacción, haz que formen parte de tus pilares esenciales.

LEWIS HOWES, autor de bestsellers del *New York Times* y presentador del pódcast *The School of Greatness.*

¿Alguna vez te has preguntado por qué los consejos de felicidad universales no funcionan para todos? En este libro inspirador y lleno de esperanza, el doctor Amen revela un concepto revolucionario: la felicidad depende del tipo de cerebro que tienes. ¡Piénsalo bien: una receta de felicidad personalizada para *tu* cerebro!

JIM KWIK, coach cerebral de celebridades y autor de *Limitless: Upgrade Your Brain, Learn Anything Faster* y *Unlock Your Exceptional Life*, bestsellers del *New York Times.*

Soy una gran admiradora de los libros que no solo te ayudan a comprender lo que ocurre en tu cerebro, sino que también ofrecen pasos prácticos para aplicar los cambios que deseas. *Sé más feliz* hace precisamente eso. Al conocer tu tipo de cerebro y el de quienes te rodean, podrás activar tu interruptor de la felicidad, experimentar más alegría y establecer conexiones más profundas con tus seres queridos (y con el mundo en general). Descubrirás que tienes el poder para lograrlo, y solo te llevará unos minutos al día.

CHALENE JOHNSON, autora de bestsellers del *New York Times,* experta en salud y estilo de vida.

El doctor Daniel Amen lo ha vuelto a hacer: otro libro extraordinario respaldado por la sólida evidencia científica que lo caracteriza. Si los médicos prescribieran felicidad con la misma frecuencia con la que recetan medicamentos para problemas de salud física o mental, ¡este libro sería la receta número uno del país! Así que, si te sientes decaído, ansioso o estresado, no dudes en leer *Sé más feliz.*

Dra. UMA NAIDOO, psiquiatra nutricional de Harvard, chef, especialista en nutrición y autora del bestseller *This Is Your Brain on Food*

OTROS LIBROS DE DANIEL AMEN

Cómo criar hijos con fortaleza mental, Reverte Management, 2024

Cambia tus preguntas, cambia tu vida, Reverte Management, 2024

El libro de los animales y sus secretos, Reverte Management, 2023

Your Brain Is Always Listening, Tyndale, 2021

The End of Mental Illness, Tyndale, 2020

Conquer Worry and Anxiety, Tyndale, 2020

Feel Better Fast and Make It Last, Tyndale, 2018

Memory Rescue, Tyndale, 2017

Stones of Remembrance, Tyndale, 2017

Captain Snout and the Superpower Questions, Zonderkidz, 2017

The Brain Warrior's Way, with Tana Amen, New American Library, 2016

Time for Bed, Sleepyhead, Zonderkidz, 2016

Healing ADD (revised), Berkley, 2013, *New York Times* Bestseller

The Daniel Plan, with Rick Warren, DMin, and Mark Hyman, MD, Zondervan, 2013, #1 *New York Times* Bestseller

Unleash the Power of the Female Brain, Harmony Books, 2013, *New York Times* Bestseller

Use Your Brain to Change Your Age, Crown Archetype, 2012, *New York Times* Bestseller

Unchain Your Brain, with David E. Smith, MD, MindWorks, 2010

Change Your Brain, Change Your Body, Harmony Books, 2010, *New York Times* Bestseller

SÉ MÁS FELIZ

LOS 7 SECRETOS DE LA NEUROCIENCIA PARA SENTIRTE BIEN

SEGÚN TU TIPO DE CEREBRO

AUTOR BESTSELLER #1 DEL *NEW YORK TIMES*

DANIEL G. AMEN

REM*life*

You, Happier: The 7 Neuroscience Secrets of Feeling Good Based on Your Brain Type
Sé más feliz: Los 7 secretos de la neurociencia para sentirte bien según tu tipo de cerebro

Esta edición:
© Editorial Reverté, S. A., 2025
Loreto 13-15, Local B. 08029 Barcelona - España
revertemanagement.com

Edición en papel
ISBN: 978-84-17963-95-8

Edición ebook
ISBN: 978-84-291-9864-5 (ePub)
ISBN: 978-84-291-9865-2 (PDF)

Editores: Ariela Rodríguez/Ramón Reverté
Coordinación editorial y maquetación: Patricia Reverté
Traducción: Genís Monrabà Bueno
Revisión de textos: M.ª del Carmen García Fernández
Diseño cubierta: Julie Chen

Impreso en España - *Printed in Spain*
Depósito legal: B 3001-2025
Impresión y encuadernación: Liberdúplex
Barcelona - España

#132

Contenidos

PARTE 3: LA PSICOLOGÍA DE LA FELICIDAD

PARTE 4: LAS RELACIONES SOCIALES DE LA FELICIDAD

PARTE 5: FELICIDAD Y ESPIRITUALIDAD

Introducción

Escribo este libro en un momento en el que el mundo está en plena agitación y la gente en Estados Unidos es más infeliz que en los últimos 50 años.[1] Hay muchos motivos para ser infeliz. Sin ir más lejos, hasta julio de 2021 más de 30 millones de personas en este país han contraído la COVID-19, y más de 600.000 estadounidenses han muerto en esta pandemia global que trajo consigo aislamiento social, tristeza y miedo en casi todos los hogares. Si además tenemos en cuenta la elevada tasa de desempleo, una economía ruinosa y la actual polarización política, podemos entender por qué estamos hundidos desde un punto de vista emocional. Como nación, padecemos un nivel tan alto de estrés e infelicidad que se ha producido un aumento espectacular del número de nuevas recetas de antidepresivos, ansiolíticos y somníferos.[2] A principios de 2020, los índices de depresión (que viene a significar lo contrario de ser feliz) se triplicaron, pasando del 8,5 % (que ya era un máximo histórico) a un espeluznante 27,8 % solo unos meses después.[3] Las estadísticas son, desde luego, desalentadoras, pero nos merecemos ser felices y podemos cultivar la felicidad incluso cuando parece que el mundo se desmorona a nuestro alrededor.

Yo lo he visto con mis propios ojos. En 2021 fui consciente de que la gente estaba sufriendo emocionalmente como resultado de la pandemia, así que lancé el «Reto de la felicidad en 30 días», que atrajo a la asombrosa cifra de 32.000 participantes online (tú también puedes apuntarte al reto en 30DayHappinessChallenge.com). Cada día del reto, compartí consejos y estrategias con base científica que incrementan la felicidad y la positividad. Algunos de ellos los encontrarás también en este libro. Quería ver cuánto podían mejorar los participantes en el transcurso del desafío, así que les pedí que completaran el «Cuestionario de felicidad de Oxford», una prestigiosa herramienta de evaluación que proporciona una puntuación en una escala del 1 al 6[4] (ver la página 44 para más información sobre este cuestionario, que puede cumplimentarse como parte del «Reto de la felicidad en 30 días»). La gente respondía el cuestionario dos veces, una al principio del programa y otra al final. La puntuación media de felicidad el día 1 fue de 3,58, lo que se traduce en ser «no especialmente feliz». Entre quienes completaron el reto, la puntuación media el día 30 había subido a 4,36 —una mejora del 22 %—, que significa ser «más bien feliz/bastante feliz». Y, lo que fue aún más impresionante, sus niveles de felicidad autodeclarados aumentaron un 32 %. Bien, pues esto lo lograron dedicando solo entre diez y quince minutos al día al reto, lo que demuestra que no solo se puede cultivar la felicidad, sino que además es posible hacerlo de forma rápida. En palabras de uno de los participantes: «¡Hace 30 días me sentía muy desgraciado, desesperanzado y deprimido! Esto ha transformado mi vida y la ha hecho no solo soportable, sino ALEGRE».

Quiero lo mismo para ti. En las páginas siguientes descubrirás cómo hacerlo.

CAPÍTULO 1

LOS SIETE SECRETOS DE LA FELICIDAD DE LOS QUE NADIE HABLA

El éxito no es la clave de la felicidad. La felicidad es la clave del éxito.

ALBERT SCHWEITZER, CIRUJANO MISIONERO EN ÁFRICA Y GANADOR DEL PREMIO NOBEL

En contra de lo que la mayoría de la gente cree, la felicidad no es un privilegio de quien tiene mucho dinero, fama, fortuna o belleza. He tratado a muchas de estas personas y están entre las más infelices que conozco. No es necesario que te toque la lotería genética para que tengas predisposición a la felicidad, del mismo modo que no se nos condena a la depresión cuando la vida no nos sonríe. Podemos aprender a generar sentimientos positivos de un modo sistemático, con independencia de la edad, los ingresos o la situación vital, y lo podemos hacer a través de la aplicación de la neurociencia y conociendo los siete secretos de la felicidad de los que nadie habla.

Pero ¿por qué deberíamos enfocarnos en ser felices? Como psiquiatra, he escrito mucho sobre la ansiedad, la depresión, el trastorno bipolar, el trastorno por déficit de atención con hiperactividad (TDAH), el envejecimiento, la violencia, la obesidad, la pérdida de memoria, el amor, la maternidad/paternidad y otros temas importantes. Sin embargo, lo que subyace a las razones por las que la mayoría de la gente viene a vernos a las Clínicas Amen es el hecho de que no son personas felices. De modo que ayudarlas a serlo más en su día a día es fundamental para que alcancen y mantengan una buena salud mental y física. Numerosas investigaciones han demostrado que la felicidad está asociada a menor frecuencia cardíaca, presión arterial más baja y mejor salud cardíaca en general. Por otro lado, las personas más felices contraen menos infecciones, presentan niveles más bajos de cortisol (la hormona del estrés) y sufren menos dolores y molestias; al margen de que suelen vivir más y tienen mejores relaciones y más éxito profesional. Además, la felicidad es contagiosa, porque las personas más felices suelen hacer más felices a los demás.[1]

A todos mis pacientes les recomiendo un vídeo corto de Dennis Prager. Es uno de mis vídeos favoritos. Se titula *Why be happy* («Por qué ser feliz»), y en él sugiere que la felicidad es una obligación moral. Dice:

> Ser o no ser feliz y, lo que es más importante, actuar o no actuar como una persona feliz es una cuestión de altruismo, no de egoísmo, porque tiene que ver con el impacto que ejercemos en la vida de los demás [...]. Pregunta a cualquier persona que haya sido criada por un padre infeliz si la felicidad es o no una cuestión moral. Os aseguro que la respuesta será «sí». No es divertido tener un padre o una madre infeliz, casarse con una persona infeliz, ser la madre o el padre de un hijo o hija infeliz o trabajar con alguien infeliz.[2]

LAS MENTIRAS DE LA FELICIDAD

Antes de meternos de lleno en cómo usar la neurociencia para ser más felices, y de revelar los siete secretos de la felicidad de los que nadie habla, es crucial identificar las mentiras de la felicidad. Y es que, para obtener beneficios económicos, los expertos en marketing llevan décadas lavando el cerebro a la población para que crea que la felicidad se basa en cosas que en realidad dañan el cerebro, arruinan la mente, aumentan la depresión y nos hacen infelices.

Mentira #1. Tener más y más (amor, sexo, fama, drogas, etc.) te hará feliz. Por desgracia, si no prestamos atención, cuanto más placer obtengamos en nuestro día a día más necesitaremos en el futuro para seguir siendo felices. Esta paradoja se conoce como *adaptación hedonista.* El cerebro se adapta a experiencias muy placenteras, de modo que la próxima vez necesitaremos más para conseguir el mismo efecto, como sucede, por ejemplo, con la cocaína. Buscar un subidón de placer cada vez mayor conduce a menudo a la depresión, porque desgasta los centros de placer del cerebro, de lo que hablaremos más adelante. He visto este fenómeno con bastante frecuencia en deportistas olímpicos y profesionales, estrellas de cine y artistas musicales que nunca aprendieron a manejar su mente.

Mentira #2. Una mentalidad «don't worry, be happy» («no te preocupes, sé feliz»), promovida por la popular canción de Bobby McFerrin que fue canción del año en los Grammy de 1988, te hará feliz. De hecho, es al revés, esta mentalidad te hará infeliz y también te matará antes de tiempo. Según uno de los estudios sobre longevidad más extensos jamás publicados, la gente con una mentalidad *«don't worry, be happy»* muere antes, y suele ser por accidentes o enfermedades evitables.[3] Y es que para ser felices necesitamos un poco de ansiedad; un nivel adecuado nos ayuda a tomar mejores decisiones, ya que evita que nos arriesguemos a sufrir lesiones en la infancia. O más adelante, en la edad adulta, previene al corazón para que no se meta de cabeza en relaciones tóxicas.

Mentira #3. Los publicistas y los restaurantes de comida rápida saben lo que te hará feliz. Tomemos como ejemplo el *Happy Meal* de McDonald's y los menús infantiles de la mayoría de los restaurantes. Definitivamente, no aportan felicidad a los niños. Estos menús deberían llamarse *Unhappy Meals* («Menús Infelices»), puesto que estos seudoalimentos procesados son de baja calidad y escasos en nutrientes, inflaman, y su ingesta se ha asociado con la depresión, el TDAH, la obesidad, el cáncer y un cociente intelectual más bajo.[4]

Mentira #4. Serás feliz en otro lugar. La percepción de que la felicidad reside en alguna otra parte es incorrecta. Un buen ejemplo es Disneyland, que dice ser «el lugar más feliz del mundo». Yo me crie en el sur de California y Disneyland abrió sus puertas en 1955, cuando yo apenas tenía un año. He ido muchas veces. En función de con quién fuera, podía ser divertido o podía ser estresante y agotador —grandes multitudes, largas colas, niños llorando y baratijas a precio de oro—.

Espero, sinceramente, que aquel no sea el lugar más feliz del mundo, ya que el estrés que genera contrae los centros del estado de ánimo y la memoria en el cerebro.[5]

Mentira #5. Necesitas un Smartphone, un reloj inteligente, una tableta o la última tecnología para hacerte feliz. La tecnología puede llegar a ser adictiva. Los dispositivos y las aplicaciones captan la atención y nos distraen de cosas más importantes, como la familia, las amistades, hacer ejercicio o tener una vida espiritual. Mucha gente está pendiente de su teléfono mientras come con su pareja o con amigos, en lugar de prestar atención a quien tienen enfrente. Investigaciones recientes han revelado que muchos adolescentes pasan más horas en las redes sociales (una media de nueve al día) que durmiendo.[6] Los niños de ocho a doce años suelen conectarse unas seis horas al día. La tecnología ha *secuestrado* a los cerebros en desarrollo, con consecuencias potencialmente graves para muchas de esas personas.

Mentira #6. Los videojuegos te hacen feliz. La depresión y la obesidad aumentan entre quienes pasan cada vez más tiempo jugando y pendientes de la tecnología. Ian Bogost, famoso diseñador de videojuegos como *Cow Clicker* y *Cruel 2 B Kind*, es catedrático de estudios de medios de comunicación y profesor de Informática Interactiva en el Georgia Institute of Technology. Él considera que las tecnologías generadoras de hábito son «los cigarrillos de este siglo», y advierte sobre sus efectos secundarios, igual de adictivos y potencialmente destructivos que los del tabaco.[7] La Organización Mundial de la Salud añadió en 2018 el trastorno por juego a la CIE-11 (Clasificación Internacional de Enfermedades).[8]

Mentira #7. Estar siempre al día de todo te hará feliz. Los medios de comunicación vierten de forma repetida y deliberada pensamientos tóxicos en nuestros cerebros, haciéndonos ver el terror o el desastre a la vuelta de cada esquina, y todo ello en un intento de subir sus índices de audiencia y sus beneficios. El resultado es que ver una y otra vez imágenes que nos asustan activa los circuitos primitivos del miedo en el cerebro (la amígdala), cuya función es garantizar la supervivencia, pero que ahora están obsoletos.

En los medios de comunicación siempre se destacan noticias escandalosas y terroríficas, para que la gente se mantenga enganchada a esos canales o webs. Por tanto, a menos que controlemos de manera voluntaria nuestro consumo de noticias, estas empresas lograrán elevar nuestros niveles de hormonas del estrés, que ya sabemos que contraen los principales centros cerebrales responsables del estado de ánimo y la memoria, y pueden, además, añadir grasa a tu cintura.

¿Agarras el móvil o la tableta nada más levantarte para ver las últimas noticias internacionales? Quizá no sepas que apenas unos minutos de noticias negativas por la mañana pueden reducir tu felicidad en un 27 %.[9] Pero ahora ya lo sabes. Mientras escribía este libro, participé en el programa del *Dr. Phil* y traté a una mujer que tuvo un breve episodio psicótico en la época de las elecciones de 2020, porque pensaba que uno de los candidatos le había lavado el cerebro a su hija y que también iba a por el suyo. Nunca había sido una persona politizada, pero empezó a ver las noticias 24 horas al día, siete días a la semana, y eso contribuyó a que perdiera por un tiempo la cabeza.

Mentira #8. El alcohol te hace feliz. En absoluto. La American Cancer Society relaciona el consumo de alcohol con siete tipos de cáncer. Y el cáncer no produce felicidad. Es verdad que el alcohol puede hacernos sentir mejor con rapidez, pero también daña el cerebro, disminuye la calidad de las decisiones y perjudica las relaciones. Es más, si eres una persona vulnerable a la adicción, el alcohol puede secuestrar tus centros de placer y arruinarte la vida.

Mentira #9. La marihuana te hace feliz. Tal vez a corto plazo, pero con el tiempo la marihuana envejece el cerebro de forma prematura y reduce el flujo sanguíneo general, lo cual no está asociado a un cerebro feliz.[10] Además, los adolescentes que consumen marihuana tienen un 450 % más de riesgo de psicosis,[11] así como una mayor probabilidad de depresión y suicidio en la primera edad adulta.[12]

Mentira #10. Los dulces y los postres (cualquier ingesta de azúcar) te hacen feliz. Sí, los dulces pueden proporcionar un breve momento de felicidad, pero nunca será a largo plazo. El azúcar es adictivo, inflamatorio y está asociado a la depresión, la obesidad, la diabetes y la demencia. Como ejemplo de esta mentira solo hay que fijarse en la Coca-Cola, que tiene como eslogan «Destapa la felicidad». En realidad, su eslogan debería decir: «Destapa la depresión, la obesidad, la diabetes, la adicción, la demencia y la muerte prematura».[13] Cuando bebemos Coca-Cola u otros refrescos, estamos bebiendo: agua azucarada, que es inflamatoria (y la inflamación incrementa la depresión, el cáncer, la diabetes y la demencia); sal, que da sed, y cafeína, que sube el nivel de energía, pero luego cae en picado y puede afectar de un modo negativo al sueño.

Mentira #11. El dinero te hace feliz. Esto es cierto, pero solo hasta el equivalente a 75.000 $ al año (en Estados Unidos). A partir de esta cantidad, esa correlación empieza a disminuir. Desde luego, quien diga que el dinero es irrelevante que mire a las personas sin hogar. Pero quien diga que el dinero compra la felicidad que consulte el índice de suicidios entre gente guapa, rica y famosa. Ninguna de las dos cosas es cierta. El dinero puede cambiar nuestras circunstancias hasta cierto punto, pero no ayuda demasiado una vez que tenemos las necesidades básicas cubiertas. Cuando en un estudio al respecto se preguntó a personas adineradas qué necesitaban para alcanzar un diez en felicidad, la mayoría dijo que «entre dos y diez veces más» de lo que tenían.[14] Esta necesidad de tener más hace infelices a muchas personas, porque nunca puede satisfacerse del todo. Es curioso, un estudio reciente, llevado a cabo en varios países muy pobres, reveló que en ellos la gente experimentaba la felicidad al sentirse conectada con su comunidad y su familia, y al pasar tiempo en contacto con la naturaleza. Para esas personas, el dinero jugaba un papel mínimo en su sensación subjetiva de bienestar.[15] Podemos, pues, aprender de su ejemplo. Al mismo tiempo, si invertimos nuestro dinero en las causas y personas que nos importan, entonces sí contribuirá a la felicidad. Del mismo modo, gastar dinero para vivir experiencias en compañía nos da más felicidad que comprar productos innecesarios. Así que, en lugar de ir de compras al centro comercial, usa ese dinero para incrementar tus niveles de felicidad yendo a ver un partido, a un concierto o a tomar una comida deliciosa con gente con la que disfrutas.[16]

LOS SIETE SECRETOS DE LA FELICIDAD DE LOS QUE NADIE HABLA

Durante décadas, la sociología ha buscado las raíces de la felicidad. Según las investigaciones de esta disciplina, en general se acepta que la felicidad es genética en un 40 % (es decir, se hereda de la familia), un 10 % tiene que ver con la situación en la vida o lo que nos ocurre, y un 50 % está relacionada con los hábitos y la mentalidad. Esto significa que tenemos mucho más control sobre la felicidad de lo que la gente cree.

La investigación suele asociar la felicidad a la novedad, las experiencias divertidas, las relaciones positivas, la risa, la gratitud, la anticipación, ayudar a los demás, evitar las comparaciones, la meditación, la naturaleza, vivir el momento (en lugar de lamentarse por el pasado o temer el futuro), el trabajo productivo, tener un propósito, las creencias espirituales y apreciar lo que se posee en lugar de desear más. Sin embargo, la mayoría de los estudios sobre la felicidad pasan por alto siete aspectos básicos:

1. Es fundamental orientar las estrategias para alcanzar la felicidad según las características de cada cerebro (ya que una misma estrategia para todo el mundo jamás funcionará).

2. La salud cerebral (el funcionamiento físico del órgano) es el requisito más importante para la felicidad.

3. El cerebro necesita recibir nutrientes específicos a diario para potenciar la felicidad.

4. Los alimentos que elegimos incrementan nuestra felicidad o nos la quitan.

5. Dominar la propia mente y ganar distancia psicológica del ruido mental es esencial para proteger la felicidad.

6. Ser más conscientes de lo que nos gusta de los demás que de lo que no es una buena receta para disfrutar de relaciones felices y de felicidad en general.

7. Tener unos valores claros y definidos, un propósito vital y unos cuantos objetivos es esencial para la felicidad.

Si tomas decisiones de calidad de forma sistemática, tendrás una vida de calidad. A partir de mis investigaciones sobre la felicidad, así como de mi experiencia clínica en los últimos 40 años, he extraído siete preguntas que debes hacerte con regularidad. *Sé más feliz: los 7 secretos neurocientíficos para sentirse bien basados en tu tipo de cerebro* explorará cada uno de esos siete secretos, así como las siete preguntas mencionadas, para ayudarte a ser más feliz y a tener más éxito en todo lo que hagas.

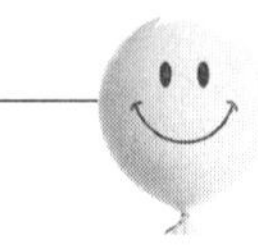

TRANSFORMACIÓN FELIZ EN 30 DÍAS

¿Cómo pueden pasar tan rápido 30 días? Me alegro mucho de haber aprendido a aplicar los siete secretos y a desarrollar buenos hábitos durante estos 30 días.

WMC

Secreto 1. Conoce tu tipo de cerebro.

Pregunta 1. ¿Me estoy centrando solo en lo que me hace feliz a mi?

A finales de los ochenta, cuando empecé a observar el cerebro humano, buscaba herramientas que me ayudaran a ser más eficaz con mis pacientes. Me encantaba ser psiquiatra, pero enseguida me di cuenta de que los psiquiatras teníamos una desventaja con respecto a otros especialistas: diagnosticar basándonos solo en grupos de síntomas (como ansiedad, depresión, adicción o déficit de atención) resultaba insuficiente. Los síntomas no nos decían nada sobre la biología subyacente de los problemas. Todos los demás profesionales de la medicina estudian los órganos que tratan, pero a los psiquiatras nos enseñaron a «adivinar» y «suponer» los mecanismos biológicos en los que se basan problemas como la depresión, el TDAH, el trastorno bipolar y la adicción, pero sin examinar nunca el cerebro. Eso pese a que nuestros pacientes estaban tan enfermos como quienes padecían cardiopatías, diabetes o cáncer.

Mis colegas y yo empezamos a estudiar el cerebro a partir de electroencefalogramas cuantitativos (qEEG), que analizan la actividad eléctrica. Una vez conocíamos el patrón cerebral de cada persona podíamos, así, enseñar a nuestros pacientes a modificarlo usando medicamentos, nutracéuticos (suplementos nutricionales con efectos farmacológicos) y técnicas como el *neurofeedback* (usar la mente para controlar la propia psicología). De ahí surgió la inspiración para mi libro *Cambia tu cerebro, cambia tu vida*: de la idea de que no hay que conformarse con el cerebro que uno tiene; es posible tener uno mejor, y lo hemos demostrado.

En 1991, añadimos las imágenes SPECT a nuestra «caja de herramientas». Los escáneres SPECT (siglas de *Single Photon Emission Computed Tomography*, o tomografía de emisión por fotón único) analizan el flujo sanguíneo y los patrones de actividad del cerebro. Los TAC y las resonancias magnéticas —técnicas de las que tal vez hayas oído hablar— solo estudian la anatomía del cerebro. En cambio, los escáneres SPECT analizan cómo funciona el cerebro y pueden decirnos, en esencia, tres cosas sobre su actividad: si es saludable, si el nivel es demasiado bajo o si hay hiperactividad. Al principio, mi equipo y yo buscamos (de forma un tanto ingenua) patrones eléctricos o de flujo sanguíneo singulares y distintivos para cada uno de los principales trastornos psiquiátricos: depresión, trastorno de ansiedad, adicciones, trastorno bipolar, trastorno obsesivo-compulsivo (TOC), autismo y TDA/TDAH (trastorno por déficit de atención o trastorno por déficit de atención e hiperactividad). Pero pronto descubrimos que no existía un patrón cerebral concreto asociado a ninguna de estas enfermedades; todas ellas presentaban múltiples tipologías que requerían tratamientos específicos, lo cual tenía sentido, porque no todas las personas con depresión son iguales y, por tanto, nunca habrá un solo patrón para la depresión. Algunas personas son retraídas, otras están enfadadas y otras son ansiosas u obsesivas. En otras palabras, adoptar un mismo enfoque para todos los individuos que sufren un determinado problema de salud mental, y hacerlo solo en función de sus síntomas, es un camino directo al fracaso y la frustración.

Los escáneres SPECT nos ayudaron, pues, a comprender el tipo de depresión, ansiedad, TDAH, obesidad o adicción que sufría cada persona para adaptar mejor el tratamiento a cada cerebro. Esta idea generó un avance espectacular en nuestra eficacia con los pacientes y abrió un nuevo mundo de comprensión y esperanza para los más de 100.000 pacientes que han acudido a nuestras clínicas y los millones de personas que han leído mis libros o visto mis programas en televisión. En anteriores libros he abordado siete tipos de ansiedad y depresión, siete de TDA/TDAH, seis de adicción y cinco de ingesta compulsiva. Comprender cuál es tu tipo de cerebro resulta fundamental para obtener la ayuda adecuada.

Cuando empecé a hacer escáneres SPECT, muchas veces los leía a ciegas, sin ninguna información sobre el paciente. Y es que me di cuenta de que podían, por sí mismos, aportarnos mucha información sobre una persona. Por supuesto, siempre que evaluamos a un nuevo paciente recopilamos información detallada sobre su vida, pero aun así era divertido, basándome solo en sus escáneres, decirles: «Me pregunto si tiendes a actuar de esta manera...».

En una ocasión atendí a Jim, que presidía una asociación de afectados por el alzhéimer. Quería saber más sobre nuestra ayuda a las personas con problemas de memoria, y me pidió que le hiciéramos un escáner como parte de su proceso de comprobación. El caso es que, cuando le pregunté por su historia, se negó a darme ninguna información; solo quería que le hablara de él a partir de los resultados de su escáner. Alegué que no actuábamos así, siempre intentamos situar los escáneres en el contexto de la vida de la persona. Pero volvió a negarse. Así que le hicimos el escáner y vimos en él que la parte frontal de su cerebro trabajaba demasiado (en comparación con un grupo de control sano), lo que correlacionaba con un tipo de cerebro que llamamos «persistente».

Delante de su mujer, le dije:

—Muy bien, pues tiendes a ser persistente, a centrarte en tus objetivos y a terminar todo lo que empiezas.

Jim asintió para confirmarme que había acertado.

—Al mismo tiempo —proseguí—, tiendes a preocuparte, a ser rígido e inflexible y, si las cosas no salen como tú quieres, a enfadarte con facilidad. También sueles guardar rencor, llevas la contraria en las discusiones, tanto si crees en ello como si no, y tiendes a ser bastante negativo.

Mientras le comunicaba mis observaciones, su mujer iba asintiendo con la cabeza: sí... sí... sí... sí... y sí. En definitiva, el escáner de Jim me dio muchas pistas sobre su tipo de cerebro y su personalidad.

Lo que quiero decir es que, a medida que los profesionales clínicos trabajábamos en la comprensión de los tipos de cerebro y los problemas psiquiátricos, también empezamos a darnos cuenta de que «veíamos» rasgos de personalidad en los escáneres.

- Si el cerebro mostraba actividad de forma completa, uniforme y simétrica en general, lo denominábamos «**equilibrado**».

- Si la parte frontal del cerebro estaba adormecida o tenía menos actividad en comparación con otras, era más probable que el paciente fuera un individuo creativo, impulsivo y «**espontáneo**».
- Si la parte frontal del cerebro era mucho más activa que la media —como el caso de Jim— la persona tendería a preocuparse y a ser más «**persistente**».
- Si el cerebro emocional o límbico estaba más activo que la media, esa persona solía ser más vulnerable a la tristeza y más «**sensible**».
- Si la amígdala y los ganglios basales estaban más activos que la media, el paciente tendía a ser alguien más ansioso y «**prudente**».

Así pues, los escáneres empezaron a contarnos historias sobre quién era cada persona, cómo pensaba, cómo actuaba, cómo interactuaba con otros cerebros humanos y qué le hacía feliz. Por ejemplo, cuando mi mujer, Tana, era niña, su madre, Mary, la llevaba a ver películas de terror para mayores de trece años, como *Las colinas tienen ojos* o *El grito silencioso*. Mary posee un cerebro espontáneo, así que disfruta de la excitación y la estimulación. De hecho, le encantan las películas de terror, porque activan su cerebro somnoliento. En cambio, Tana tiene un tipo de cerebro que es una combinación de espontáneo-persistente-prudente, y aquellas películas le resultaban perturbadoras. Le costaba dejar atrás semejante colección de imágenes horribles. En conclusión, conocer tu tipo de cerebro específico y los de tus seres queridos puede ayudarte a sentirte mejor y a congeniar más con quienes te rodean.

Tomemos como ejemplo a Anna, de once años, y Amber, de dieciséis; son hermanas y comparten habitación. Anna tiene un cerebro persistente (es decir, su parte frontal está muy activa), le gusta estar en espacios limpios y ordenados, y se enfada cuando las cosas no están en su sitio. En cambio, el cerebro de Amber es de tipo espontáneo (hay poca actividad en su parte frontal); el resultado es que siempre anda buscando el siguiente acontecimiento social, y si hay algo fuera de lugar ni se da cuenta. Por tanto, tiene que esforzarse mucho para mantener limpia y ordenada su habitación. Esto generaba conflictos entre ambas y les provocaba infelicidad. El hecho de equilibrar sus cerebros las ayudó a llevarse mejor sin tener que criticarse ni juzgarse.

Secreto 2. Optimiza el funcionamiento físico de tu cerebro.

Pregunta 2. ¿Esto es bueno o malo para mi cerebro?

El cerebro está involucrado en todo lo que hacemos y todo lo que somos. Tras analizar más de 200.000 escáneres cerebrales de pacientes de más de 150 países, tengo muy claro que si el cerebro funciona bien, entonces funcionamos bien. Cuando no es así, es mucho más probable que tengamos problemas en la vida. Y es que el cerebro es el órgano de la felicidad. Con un cerebro saludable, somos más felices (porque hemos tomado mejores decisiones), gozamos de mejor salud (también por nuestras buenas decisiones), tenemos más dinero (gracias, una vez más, a esas buenas decisiones) y más éxito en nuestras relaciones, en el trabajo y en todo lo demás. La calidad de las decisiones (que no son otra cosa que una función cerebral) es el denominador común de la felicidad y el éxito en todas las áreas de la vida.

Sin embargo, la mayoría de quienes han investigado y escrito sobre la felicidad no hablan de que, cuando el cerebro tiene problemas (por la razón que sea), las personas suelen tomar peores decisiones, lo que las lleva a estar más tristes, más enfermas, a ser más pobres y a tener menos éxito, y todo esto conduce a su vez a la depresión y la infelicidad. Si el cerebro no está sano, uno puede gozar de todas las premisas para una vida feliz que hemos mencionado y, aun así, querer acabar con su vida. En un caso así, tener todo lo que «debería» darnos felicidad no hace más que acentuar nuestra infelicidad. Si queremos ser felices, es fundamental evaluar y optimizar el funcionamiento físico del cerebro, como hizo mi paciente Stephen.

Stephen Hilton, de cuarenta y seis años, había sufrido depresión la mayor parte de su vida. Recuerda que ya de niño se sentía triste sin motivo. También tenía problemas de peso y empezó a recurrir a la comida para sobrellevar la tristeza. En la escuela, solía sentirse desconectado y el simple hecho de plantearse ir le producía ansiedad. Tendía, pues, a faltar a clase, y acabó abandonando los estudios para dedicarse a la música. A los dieciséis años, descubrió las metanfetaminas y me contó que fue como si «se me encendiera una luz en la cabeza». Esta es una afirmación habitual entre mis pacientes con TDAH, aunque no era el caso que nos ocupa.

A los dieciocho años dejó las metanfetaminas y se pasó al alcohol para sobrellevar la depresión y la ansiedad. Stephen se convirtió de inmediato en un consumidor empedernido y, a lo largo de su juventud, siguió bebiendo alcohol casi a diario. Durante aquellos años, su depresión persistió, a pesar del alcohol. Y, aunque era capaz de funcionar, e incluso de progresar en su carrera musical (trabajó para muchas películas de gran éxito, como *Muere otro día*, *Ocean's Eleven* y *El mundo nunca es suficiente*), se sentía con frecuencia muy decaído, desesperanzado y «apagado». Al final, Stephen ingresó en un programa de desintoxicación de alcoholismo y drogadicción, y logró permanecer sobrio durante diez años. Sin embargo, tras mudarse de Inglaterra a Los Ángeles, perdió el contacto con su padrino y dejó de asistir a las reuniones de AA (Alcohólicos Anónimos). Pronto empezó a abusar de medicamentos con receta e inició otro programa de desintoxicación. Llevaba seis años sobrio cuando vino a las Clínicas Amen.

Conocí a Stephen después que a su mujer, la actriz y cómica Laura Clery, que vino a vernos porque tenía problemas de concentración, ansiedad y pensamientos oscuros. Laura grabó la evaluación que le hicimos y publicó los vídeos en internet, donde recibieron más de diez millones de visitas. Como parte de la evaluación clínica de Stephen llevamos a cabo una entrevista exhaustiva para comprender la historia de su vida, efectuamos una serie completa de pruebas de laboratorio y un escáner SPECT. La siguiente imagen muestra un escáner SPECT sano en el que se observa actividad en todo el cerebro, de forma homogénea y simétrica.

ESCÁNER SPECT DE SUPERFICIE SANO

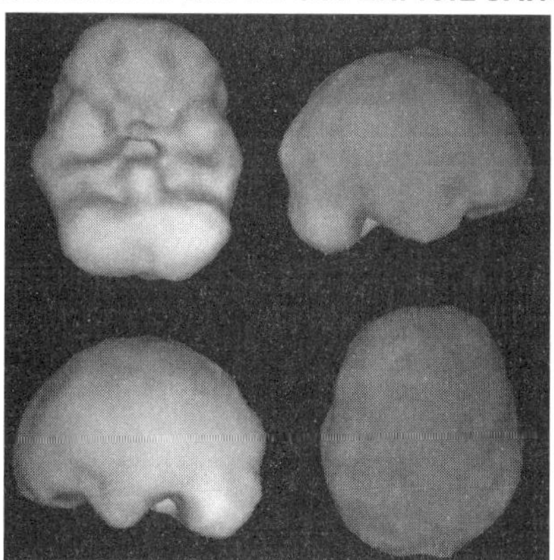

Imagen superior izquierda: vista de la parte inferior del cerebro desde abajo.
Imagen superior derecha: vista del lado derecho del cerebro.
Imagen inferior izquierda: vista del lado izquierdo del cerebro.
Imagen inferior derecha: vista de la parte superior del cerebro desde arriba.
Sano = nivel de actividad en todo el cerebro de forma simétrica y homogénea.

ESCÁNER SPECT DE SUPERFICIE DE STEPHEN

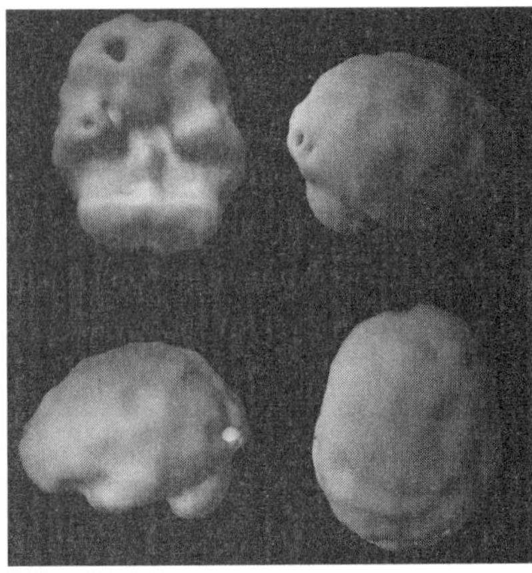

Imagen superior izquierda: los agujeros indican poco flujo sanguíneo en la corteza prefrontal y el lóbulo temporal derecho.
Imagen superior derecha e imagen inferior izquierda: muestran mermas en los lóbulos occipitales derecho e izquierdo.

El escáner SPECT de Stephen mostró claras evidencias de un traumatismo craneal previo. Tenía bajo flujo sanguíneo en la corteza prefrontal derecha, el lóbulo temporal derecho y los lóbulos occipitales izquierdo y derecho. En su historial nos contó que cuando era muy joven se había caído por unas escaleras y había quedado inconsciente.

¿Es posible que aquella temprana caída le hubiera causado toda una vida de tristeza? Sin duda. Las lesiones cerebrales no diagnosticadas son uno de los principales factores que contribuyen a la depresión, la ansiedad, el TDAH, las adicciones, la vida en la calle y el suicidio. El caso es que, pese a acudir a psiquiatras, psicólogos y otros terapeutas, la historia cerebral de Stephen nunca se había abordado, porque nadie había examinado su cerebro. Tras «repararlo» durante solo dos meses con luminoterapia y nutracéuticos específicos para su tipo de cerebro, y que aprendiera a no creerse ninguno de sus malos pensamientos, Stephen se sintió más feliz, más esperanzado y con mayor control de sus emociones.

Mientras escribía este libro, en las Clínicas Amen administramos a 344 de nuestros pacientes el «Cuestionario de felicidad de Oxford» y les hicimos escáneres SPECT. A partir de los datos de estos últimos quedó claro que un cerebro más sano conlleva una vida más feliz. Encontrarás más información sobre este fascinante estudio en el capítulo 2.

Secreto 3. Nutre tu cerebro singular.

Pregunta 3. ¿Estoy nutriendo mi cerebro singular?

Antes de empezar Medicina en la universidad me interesaban las terapias naturales. Mi abuelo Dan —que me dio el nombre y fue mi mejor amigo durante la infancia— sufrió un infarto siendo yo adolescente. Como parte de su proceso de recuperación, mi madre lo llevó a especialistas en medicina natural que le cambiaron la dieta y le empezaron a dar suplementos naturales. La salud era un tema de conversación habitual con mi madre. Sin embargo, en la facultad de Medicina, así como durante los cinco años de mi residencia y especialización en psiquiatría, hallé muy poca formación sobre el impacto de la dieta en la salud mental, y casi nada sobre los suplementos naturales, cosa que por desgracia sigue sucediendo hoy en día. Para mi sorpresa, en 1991 ya existía una amplia bibliografía sobre nutracéuticos y salud, incluida la salud mental, y desde entonces se ha incrementado de un modo exponencial. Por ejemplo, al hacer una búsqueda en PubMed.gov, de la Biblioteca Nacional de Medicina de Estados Unidos, aparecen más de 2400 reseñas científicas sobre la relación entre los ácidos grasos omega-3 y el estado de ánimo,[17] más de 3900 sobre vitamina D y estado de ánimo,[18] y más de 3500 sobre la hierba de san Juan, un nutracéutico de uso común para los problemas del estado de ánimo.[19]

Investigaciones recientes sugieren que somos capaces de producir hasta 700 neuronas nuevas al día en un entorno nutritivo (es decir, con buena alimentación, ácidos grasos omega-3, oxígeno, flujo sanguíneo y estimulación).[20] Si nutrimos el cerebro y el cuerpo, los hipocampos (llamados así porque se parecen a un caballito de mar) se fortalecen. Tenemos dos hipocampos, uno en el lóbulo temporal izquierdo y otro en el derecho. Y son esenciales para el aprendizaje, la memoria y el estado de ánimo (la felicidad). En cambio, si dañas el estado biológico de tu cuerpo, se contraen.

Con unos pocos nutrientes básicos y suplementos específicos serás capaz de mejorar la salud de tu cerebro, favorecer la producción de sustancias químicas cerebrales implicadas en tu felicidad y cubrir las necesidades específicas de tu tipo de cerebro.

Secreto 4. Ama la comida que te ama.

Pregunta 4. ¿Estoy eligiendo alimentos que me gustan y a la vez me cuidan?

En los campos de la psiquiatría y la psicología cada vez se constata más que la alimentación está muy relacionada con el estado de ánimo y ciertos problemas de salud mental como la depresión y la ansiedad. En un estudio publicado en 2017 en *BMC Medicine*, sus autores descubrieron que cuando las personas con depresión entre moderada y grave recibían asesoramiento nutricional y llevaban una dieta más saludable durante doce semanas sus síntomas mejoraban de forma significativa.[21] De hecho, los síntomas de depresión mejoraron tanto que más del 32 % de los pacientes presentó lo que los psiquiatras llaman «criterios de remisión»; esto significa que ya no se consideraban afectados por un trastorno del estado de ánimo. Basándose en sus resultados, el equipo de investigación sugirió que los cambios dietéticos podrían ser una estrategia de tratamiento eficaz para la depresión. Resulta cada vez más evidente que, para sentirse bien, hay que comer bien.

Recordemos las mentiras de la felicidad. La campaña «Destapa la felicidad» de Coca-Cola y los *Happy Meals* de McDonald's parten de ingredientes de baja calidad que saben bien al ingerirlos, pero que con el tiempo «degradan» la felicidad. En general, la comida rápida (*fast food*) es comida triste (*sad food*). Basta con echar un vistazo a las conclusiones de un estudio sobre alimentación y depresión que se llevó a cabo en dos pequeñas islas del estrecho de Torres, entre Australia y Nueva Guinea.[22] En una de ellas hay varios establecimientos de comida rápida, mientras que en la otra, más remota, no hay ni uno. En la «isla de la comida rápida», la gente declaró consumir menos pescado, mientras que la de la otra isla afirmó consumir más. Cuando los investigadores examinaron a la población para detectar casos de depresión, dieciséis personas de la isla de la comida rápida mostraron síntomas depresivos de moderados a graves, frente a solo tres de la otra isla. Esto representa un aumento del 500 % en la incidencia de la depresión en función de la alimentación.

En definitiva, lo que comemos y bebemos tiene un efecto directo sobre el cerebro y su capacidad para equilibrar las sustancias químicas que produce, favorecer la salud y funcionar de forma óptima. Y todo ello juega un papel clave en nuestra felicidad.

Secreto 5. Domina tu mente y distánciate desde el punto de vista psicológico del ruido mental.

Pregunta 5. ¿Esto es verdad? ¿Qué ha ido bien hoy?

La mente puede causarnos problemas. La mía suele hacerlo. Nuestros pensamientos y sentimientos surgen de muchos lugares distintos, por ejemplo:

- De cómo funciona el cerebro en cada momento (lo cual se ve influido, a su vez, por la dieta, la salud intestinal, la inmunidad, la inflamación, la exposición a toxinas y el sueño).
- De experiencias de nuestros ancestros que llevamos inscritas en el código genético.
- De tendencias genéticas. Por ejemplo, mi hija mayor era tímida de pequeña y solía esconderse detrás de mis piernas cuando llegaba una persona desconocida, mientras que su hermana menor decía: «Hola, me llamo Kaitlyn» a todo el mundo, y Chloe, nuestra benjamina, salió del vientre materno siendo ya muy verbal (decía frases de doce palabras a los dos años y afirmaba cosas como «Soy la líder; soy la jefa»).
- De experiencias personales (conscientes e inconscientes) y recuerdos.
- De la interpretación que hacemos de las palabras y el lenguaje corporal de nuestros padres, hermanos, amigos, enemigos y conocidos.
- De las noticias, la música y las redes sociales a las que nos exponemos, y mucho más.

No somos nuestra mente. La capacidad que tengamos para distanciarnos de ella, gestionarla y no ser sus víctimas es esencial para sentirnos felices. Sin embargo, en mi caso hasta que empecé mi residencia psiquiátrica, a los veintiocho años, no aprendí que yo no era mi mente y que no tenía por qué creerme cada pensamiento estúpido que se me venía a la cabeza. Entonces entendí que mis pensamientos crean mis sentimientos, mis sentimientos crean mis comportamientos y, al final, mis comportamientos generan resultados en mis relaciones, mi trabajo, mi situación económica y mi salud física y emocional. Si lograba ser capaz de distanciarme de mis pensamientos y mirarlos de un modo desapasionado, entonces podría sentir y, con el tiempo, actuar por sistema de una forma más feliz.

Una técnica de distanciamiento psicológico muy útil, que encontrarás en el capítulo 12, es darle un nombre a tu mente. Esto te permite darte margen y decidir si la escuchas o no. Como pronto sabrás, a mi mente la llamé Hermie por el mapache que tuve de mascota a los dieciséis años. Amaba a ese animalito, pero, igual que mi mente, era una alborotadora y me metió en muchos problemas con mis padres, mis hermanos y mi novia (más adelante te contaré más cosas sobre Hermie). Muchas veces me imagino a Hermie sosteniendo carteles en mi cabeza con pensamientos negativos aleatorios, por ejemplo:

- Eres un fracasado.
- Eres un estúpido.
- Te pondrán una demanda.
- No vales suficiente.
- Los demás son mejores que tú.

Si tengo claro que no soy mi mente, entonces puedo ignorar a Hermie y «meterla» metafóricamente en su jaula. Pregúntate siempre si tus pensamientos te ayudan o te hacen daño. Cuando Hermie me da problemas suelo imaginarme que la acaricio, juego con ella o pongo a esta pequeña alborotadora panza arriba para hacerle cosquillas. Lo que quiero decir con esto es que a Hermie (o a mi mente) no tengo que tomármela en serio. Soy capaz marcar distancia psicológica con ella.

Y tú también puedes hacerlo. Hermie aparecerá a lo largo del libro para mostrarte cómo el hecho de distanciarnos desde el punto de vista psicológico puede contribuir a nuestra felicidad.

Secreto 6. Fíjate en qué te gusta de los demás y no tanto en lo que no te gusta.

Pregunta 6. ¿Estoy reforzando las conductas de los demás que me gustan o las que no me gustan?

Un buen día mi paciente Jessie, de dieciséis años, irrumpió en mi consulta, se sentó en el sofá y me dijo que odiaba a su madre, que se iría de casa y que yo no podría detenerla. Resultaba evidente que no era feliz. En los pocos años que llevaba tratando a Jessie había llegado a conocer bien a su familia. Para mí estaba claro que su madre tenía un TDA no tratado y tendía a meterse con Jessie como forma de estimular su propio cerebro. El comportamiento conflictivo es muy común entre las personas con TDA no tratado. Intenté convencer a su madre de que buscara ayuda, pero no quería. Y ahora estaba alejando de sí a su hija.

En medio de su diatriba, Jessie dirigió su ira hacia mí.

—Dígame, doctor Amen, ¿por qué un hombre adulto como usted colecciona pingüinos? —me preguntó.

En aquel momento, en mi despacho había cientos de pingüinos, casi de cualquier tipo imaginable: bolígrafos, muñecos y marionetas, una aspiradora e incluso una veleta de pingüino. Me reí y le dije:

—Hace dos años que vienes a verme ¿y ahora te fijas en los pingüinos? Vale, te contaré una historia.

Le expliqué que, hacía mucho tiempo, cuando mi hijo tenía siete años, me ponía las cosas muy difíciles. Para mejorar nuestra relación lo llevé a un acuario. Nos divertimos viendo el espectáculo de las ballenas y el de los leones marinos, y al final del día mi hijo quiso ver el de los pingüinos. Uno se llamaba Fat Freddy; era regordete e increíble: se tiraba desde un trampolín muy alto, jugaba a los bolos con la nariz, contaba con las aletas y atravesaba un aro de fuego. Al final del espectáculo, la entrenadora le pidió a Freddy que fuera a buscar algo, y Freddy fue y se lo trajo.

«Caray —pensé—, si yo le pido a este niño que me traiga algo, discutiremos durante 20 minutos y al final no querrá hacerlo». Yo sabía que mi hijo era más listo que el pingüino, así que al terminar el espectáculo me acerqué a la entrenadora y le pregunté cómo conseguía que Freddy hiciera cosas tan increíbles. Ella miró a mi hijo, luego me miró a mí y dijo: «A diferencia de los padres, siempre que Freddy hace algo que quiero que haga le presto atención. Le doy un abrazo y lo recompenso con un pescado».

Aunque a mi hijo no le gustaba el pescado crudo como a mi hija Chloe, amante del sushi, se me encendió una bombilla en la cabeza. Siempre que mi hijo hacía cosas que me agradaban no le prestaba atención, porque, como mi padre, yo era un hombre ocupado. Pero cuando no hacía lo que yo quería le prestaba muchísima atención, porque no quería criar a un niño malo. Así, sin darme cuenta, le estaba enseñando a portarse mal para llamar mi atención. Por eso ahora colecciono pingüinos, para recordarme a mí mismo que debo fijarme mucho más en las cosas buenas de las personas de mi vida que en las malas.[23]

Cuando terminé de contarle esa historia le dije a Jessie que se me había ocurrido una idea muy descabellada.

—¿Y si «entrenamos» a tu madre para que se enfade menos y sea menos propensa a meterse contigo? —empecé.

—Dígame, le escucho —dijo.

—Sé que esto será difícil, pero cuando tu madre empiece a meterse contigo quiero que no reacciones de forma exagerada. No la desafíes ni te dejes llevar por las emociones.

En ese momento, Jessie abrió los ojos de par en par.

—No creo que sea capaz de hacerlo —confesó con voz entrecortada.

—Espera. Lo que te pido que hagas es lo siguiente: cada vez que sea amable contigo, te escuche o se comporte de una forma más apropiada contigo, quiero que le digas cuánto la quieres y la aprecias.

Jessie empezó a entenderlo. Igual que la entrenadora que había moldeado el comportamiento de Freddy, ella podía influir en el de su madre fijándose mucho más en lo que le gustaba que en lo que no. En otras palabras, le estaba enseñando a Jessie el poder personal del que gozaba.

Está claro que Jessie sabía cómo pulsar los interruptores de su madre; con una mirada o una palabra era capaz de hacerle escupir fuego por la boca. Pero si tenía ese poder también tenía el de calmarla y mejorar su vida.

Esa noche recibí un mensaje de Jessie diciendo que había decidido no escaparse de casa. Una semana más tarde me comunicó que nuestro plan estaba funcionando. Dos semanas después, cuando volví a verla, me contó que las cosas iban mucho mejor en casa... y me trajo un pingüino para añadir a mi colección.

Seguro que has oído alguna vez eso de que «hacen falta dos para mejorar una relación». Pero esa no es mi experiencia como psiquiatra. Cuando les enseño a mis pacientes el poder que tienen se percatan de que son capaces, por su cuenta, de mejorar o empeorar las cosas con sus seres queridos.

Secreto 7. Vive cada día según unos valores, un propósito vital y unos objetivos bien definidos.

Pregunta 7. ¿Esto encaja? ¿Mi comportamiento se ajusta a mis objetivos vitales?

A lo largo de los años he visto a muchos pacientes que se sentían desconectados e insignificantes. Dicho de otro modo, les faltaba un propósito y un sentido en la vida; una relación con Dios o con algo que les trascendiera. Con independencia de la religión o la creencia personal en algún dios, sin una conexión espiritual muchas personas experimentan un sentimiento de desesperación o falta de sentido. En el fondo, no son felices. Pero no tiene por qué ser así.

Todos los humanos somos seres espirituales, creados con un propósito divino, y lo somos creamos o no en un dios. Cada persona juega un papel en la vida de quienes la rodean y tiene una misión que cumplir. Sentir que tu vida tiene un propósito y un significado profundo te motiva a levantarte cada día y a cuidar de tu cerebro. Y es que el propósito nos ayuda a comprender qué importa más en el conjunto de la vida y para la eternidad, y resulta esencial en la felicidad. Sin conocer nuestro propósito vital es difícil tener valores y objetivos de importancia. Cuando tomamos decisiones en función de ese propósito, dejamos de focalizarnos en nuestra persona para hacerlo en los demás. A mí me gusta hacerle a la gente la siguiente pregunta, para que descubran por qué su vida es importante: *¿Por qué el mundo es mejor gracias a tu existencia?* Si de primeras no sabes

TRANSFORMACIÓN FELIZ EN 30 DÍAS

Estoy muy contenta de haber completado el reto. Me encantaron todas las intervenciones. Mi marido también lo hizo. Cada noche nos formulábamos las siete preguntas el uno al otro, y creo que asumir este reto nos ha unido más. Me siento mucho más motivada para vivir de forma distinta y poder ser más feliz.

MT

la respuesta a esta pregunta, piénsalo un poco. Pide a otras personas de tu entorno que te den su opinión. ¿Qué habilidades tienes que podrían ser útiles a alguien en el presente? ¿Qué puedes hacer para que el mundo sea un lugar mejor?

Conocer el propósito vital orienta los propios objetivos y decisiones en lo que yo llamo los *cuatro círculos*, las cuatro áreas de la vida que conforman la esencia de lo que somos. Deja que te lo explique.

A la hora de evaluar o tratar a mis pacientes, nunca pienso que sus síntomas les definen, sino que son personas completas en cuatro grandes círculos: el biológico, el psicológico, el social y el espiritual (el sentido y propósito vital subyacente). Este libro está dividido en secciones dedicadas a cada círculo, ya que todos pueden contribuir a la felicidad o la infelicidad.

Si estuvieras entre mis pacientes te pediría que hicieras mi ejercicio de los cuatro círculos de la felicidad para identificar lo que te hace feliz en cada uno.

- **Círculo biológico:** cómo funcionan el cuerpo físico y el cerebro.
- **Círculo psicológico:** desarrollo personal y forma de pensar.
- **Círculo social:** apoyo social, situación vital actual e influencias de la sociedad.
- **Círculo espiritual:** conexión con Dios, la Tierra, generaciones pasadas y futuras, y sentido y propósito vital más profundo.

Busca micromomentos de felicidad

Ten en cuenta que la gran «F» no necesita de grandes acontecimientos, logros o hitos. Empieza a buscar la felicidad en las cosas más pequeñas: escuchar el canto de un pájaro por la ventana, sentir el calor del sol en la cara cuando sales a la calle, acariciar a tu perro o gato, tomar el primer sorbo de tu batido saludable para el cerebro o abrir un libro nuevo (¡como este!). Yo los llamo «micromomentos de felicidad». La mayoría pasamos por alto estas pequeñas cosas y buscamos, en cambio, grandes experiencias. Pero yo quiero que saborees esos momentos preciosos, porque cuando tu cerebro les presta atención contribuyen a una mayor satisfacción general con la vida. Cuantos más micromomentos aprecies, mayor será tu sensación de alegría. A lo largo de este libro te presentaré algunos de mis micromomentos de felicidad y te ofreceré propuestas para que busques los tuyos en función de tu tipo de cerebro (busca los iconos de las caritas sonrientes). ¡Seamos más felices, micromomento a micromomento!

Deja que te enseñe cómo hago yo este ejercicio:

los cuatro círculos de la felicidad del doctor amen

Biológico

Un sueño reparador.
Despertarme descansado.
Sentirme mentalmente ágil.
Buenos indicadores de salud, como el IMC, la presión arterial, la vitamina D, el índice omega-3, la proteína C reactiva, la HbA1C, el nivel de azúcar en sangre en ayunas, la ferritina, etc.
Hacer algún ejercicio que me guste, sobre todo jugar al tenis de mesa, levantar pesas para sentirme fuerte y pasear por la playa con Aslan, mi pastor blanco.
El buen tiempo.
Alimentos que amo y me aman: el batido saludable para el cerebro que me tomo por la mañana, unos huevos bien cocidos, salmón del río Copper.
El afecto físico con Tana.

Estar en la naturaleza: la playa, los bosques y las montañas, sobre todo Muir Woods, un bosque de secuoyas al norte de San Francisco.
No sentir dolor.

☺ **Micromomentos biológicos:** el primer sorbo de un capuchino o un chocolate caliente saludables para el cerebro, el primer mordisco de una naranja del rancho de mi padre, guacamole hecho con sus aguacates, Aslan emocionándose cuando me pongo las zapatillas, tomar de la mano a Tana para pasear, mantener el contacto visual con ella, ver como enciende la chimenea, contemplar las llamas o escuchar una canción que me gusta.

Psicológico

Rutinas saludables.
Empezar la jornada diciéndome: «Hoy va a ser un gran día».
Terminar cada día con la «búsqueda del tesoro», preguntándome: «¿Qué ha ido bien hoy?».
Mis recuerdos felices, como cuando di el discurso de graduación en mi universidad (casi) 40 años después de licenciarme.
Corregir patrones de pensamiento negativos.
Escribir y generar nuevas ideas.
Sentirme productivo.
Adquirir nuevos aprendizajes.
Escuchar buenos audiolibros.
Las películas, en especial las comedias.
Las series de televisión divertidas.
Esforzarme para cumplir mis objetivos.

☺ **Micromomentos psicológicos:** hacer una gran jugada en un sudoku, reírme de un chiste o una escena graciosa de una película o serie, escuchar un gran giro de guion en un audiolibro, hacer reír a alguien con una ocurrencia.

Social

Sentir la conexión que tengo con Tana.
Relacionarme con mis hijos y nietos con frecuencia.
Pasar tiempo con mi madre.
Estar con mis hermanos, amigos y colegas de trabajo.
Un equipo que funcione bien en el trabajo, formado por gente que me importa.
Tener grandes conversaciones.
Hablar y enseñar.
Gozar de seguridad económica; invertir en valores.
Ver competiciones deportivas (a los Lakers, a los Dodgers, partidos de tenis, en especial de Rafa Nadal).
Recibir reconocimiento por haber hecho un buen trabajo.
Pasar tiempo con nuestro perro y nuestro gato.

☺ **Micromomentos sociales:** la voz de mi madre al otro lado del teléfono cuando se da cuenta de que soy yo, pensar en mis nietos, recibir un mensaje gracioso de un amigo o un paciente, acariciar o hacer arrumacos al perro y al gato.

Espiritual

Sentirme cerca de Dios.
Asistir a servicios religiosos con personas que me importan.
Cuidar el planeta (reciclar).
Conectarme con el pasado (sobre todo con mi abuelo y mi padre, que ya fallecieron, pero viven en mí).
Conectarme con el futuro (con mis nietos y el porvenir de las Clínicas Amen y BrainMD).
Hacer un trabajo de valor.
Vivir una vida que importe y cambiar la forma en que se gestiona la salud mental en todo el mundo.
Sentirme útil.
Tener impacto en la vida de los demás.
No sentir miedo a morir.

☺ **Micromomentos espirituales:** rezar una oración cada noche, recordar al azar un versículo de la Biblia que se aplique a una situación en la que me encuentro, dar gracias por un día más, recordar a mi abuelo y a mi padre.

Ahora te toca a ti. Te animo a que rellenes ahora mismo tus propios cuatro círculos de la felicidad en un papel o en tu dispositivo electrónico. Dentro de cada círculo anota los siguientes títulos:

CUATRO CÍRCULOS DE LA FELICIDAD

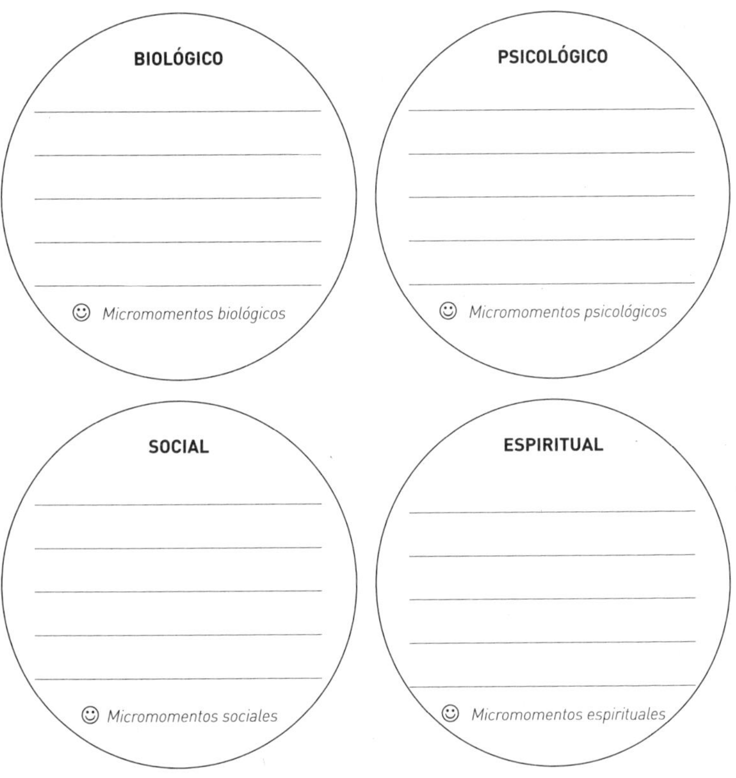

Dentro de cada círculo, escribe lo que te hace feliz teniendo en cuenta estas preguntas:

- ¿Qué te hace sonreír?
- ¿Qué hace que te sientas bien respecto a tu vida?
- ¿Qué valoras más?

No te olvides de añadir un apartado de micromomentos en cada círculo. Cuando hayas terminado, observa cuántos elementos has incluido en cada uno. ¿Alguno de los círculos tiene una lista mucho más corta? ¿Algún área está descompensada? Si es así, es posible que estés descuidando alguno de tus círculos. Asegúrate de consultar tus cuatro círculos de la felicidad todos los días para recordar las cosas que te aportan felicidad. Centrarte en hacer lo que te gusta te garantizará ser más feliz.

Ahora que ya conoces los siete secretos de la felicidad de los que nadie habla, pongámonos manos a la obra para ayudarte a ti y también a tus seres queridos a ser más felices de forma duradera.

PARTE 1

LA NEUROCIENCIA DE LOS TIPOS DE CEREBRO Y LA FELICIDAD

CAPÍTULO 2

ENCONTRAR LA FELICIDAD EN EL CEREBRO

Ser capaz de responder de inmediato al sarcasmo es señal de que se tiene un cerebro sano.

ANÓNIMO

El cerebro es, por excelencia, el órgano de la felicidad; el órgano del gusto, el deseo y el aprendizaje, que son ingredientes esenciales de la felicidad. Pero también es el órgano de la tristeza, la ansiedad, el pánico, la ira y la acumulación de traumas emocionales, es decir, de los enemigos de la felicidad. La decisión de evaluar y optimizar el casi kilo y medio de tejido que tenemos entre las orejas es la primera necesaria para gozar de una vida más feliz. Sin embargo, la mayoría de la gente nunca piensa en su cerebro, lo cual es un gran error, porque el éxito y la felicidad empiezan con el funcionamiento físico del cerebro.

Esto que digo se puede observar en cualquier sitio: las personas adultas siguen dejando que los niños jueguen al fútbol americano, a pesar de todas las evidencias sobre el daño cerebral que provoca golpear balones con la cabeza y hacer movimientos peligrosos. Los traumatismos craneoencefálicos, como vimos con Stephen en el primer capítulo, son una de las principales causas de la infelicidad. Yo vivo en Newport Beach, California, donde hay más cirujanos plásticos por kilómetro cuadrado que en cualquier otro lugar del mundo, y a menudo pienso que, como sociedad, nos preocupamos más por nuestra cara, nuestro pecho, barriga o trasero que por nuestro cerebro. Mucha gente piensa que con una apariencia perfecta será feliz. Por supuesto, esto es mentira. La perfección *no* te hará feliz: solo hay que recordar a la despampanante actriz Marilyn Monroe o a la supermodelo Margaux Hemingway, que se quitaron la vida.

¿Por qué la mayoría de la gente nunca piensa en la salud de su cerebro? Pues porque el cerebro no se ve. Somos capaces de ver las arrugas de la piel o la grasa del vientre, y si no nos satisface nuestro aspecto podemos hacer algo al respecto. Sin embargo, como lo normal es que la gente nunca vea directamente su cerebro, solo se preocupa de él cuando muestra signos de problemas reales. Los médicos examinan el corazón, los huesos, las cervicales y la próstata, pero es raro que evalúen la salud del cerebro a menos que exista un problema importante, como migrañas, mareos, convulsiones o dificultades de memoria.

Cuando empecé a observar el cerebro humano en 1991 mediante imágenes SPECT, mi propio cerebro no me preocupaba, a pesar de haber sido el mejor estudiante de neurociencia de mi facultad y de ser, por aquel entonces, psiquiatra con doble titulación (en psiquiatría general, y psiquiatría infantil y adolescente). No recuerdo haber recibido ni una sola clase sobre salud cerebral durante mis cinco años de formación en psiquiatría. Por vergonzoso que suene ahora, no había pensado en la salud física de mi cerebro, y eso pese a que es el órgano principal del que se ocupa la psiquiatría. Pero todo eso cambió en un instante.

Poco después de empezar a solicitar escáneres SPECT, escaneé a mi propia madre, de sesenta años, como parte de un proyecto para crear una base de datos de salud. Descubrí que tenía un cerebro hermoso, que parecía mucho más joven de lo que indicaba su edad.[1] Dicho de otro modo, su escáner reflejaba su vida. Por aquel entonces tenía siete hijos y un montón de nietos, y era una presencia activa y positiva en la vida de todos. También jugaba al golf y fue campeona femenina del club de golf de Newport Beach en 1976. Después de observar su cerebro, me armé de valor para escanear el mío: no estaba sano y parecía mucho mayor de lo que correspondía a mis treinta y siete años. Al preguntarme por qué, recordé que había jugado al fútbol americano en el instituto y eso me había dañado el cerebro; que había tenido meningitis dos veces de joven, estando en el ejército, y eso también había sido perjudicial para mis neuronas; y que tenía malos hábitos cerebrales. Aunque nunca había bebido alcohol (odio perder el control), fumado ni consumido drogas, en aquella época estaba sometido a un estrés crónico en casa y en el trabajo, muchas noches no dormía más de cuatro horas, me sobraban casi quince kilos y me alimentaba a base de comida rápida y siempre con prisa.

Al ver mi escáner SPECT y compararlo con el de mi madre me entró una especie de envidia cerebral. Quería tener un cerebro sano como el de ella, así que empecé a trabajar para mejorarlo. Enseguida conseguí un cerebro más sano y pude mantenerlo. Décadas después, mi escáner lo mostraba más completo, más «relleno» y sano. Esto se convirtió en el principio fundacional de nuestro trabajo en las Clínicas Amen: «No tienes que conformarte con el cerebro que tienes. Eres capaz de obtener uno mejor y podemos demostrarlo». Y no lo vimos solo en mí, sino también en las decenas de miles de pacientes que tratamos. Con un cerebro mejor se consigue una vida mejor, más feliz y exitosa.

EL HERMOSO ESCÁNER SPECT DE MI MADRE A LA EDAD DE 60 AÑOS

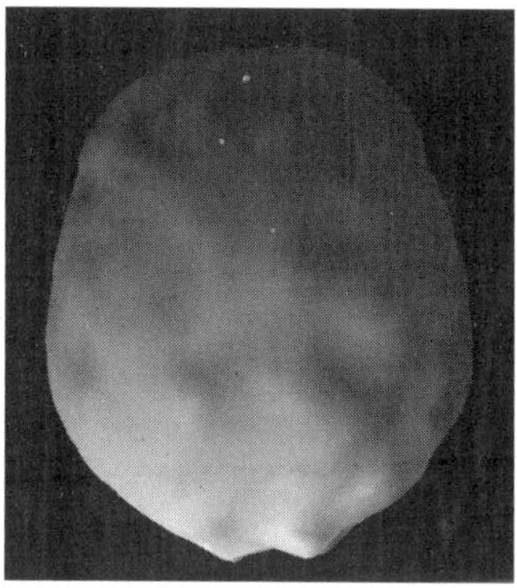

Completo, homogéneo, simétrico y de aspecto saludable.

DANIEL CON 37 AÑOS

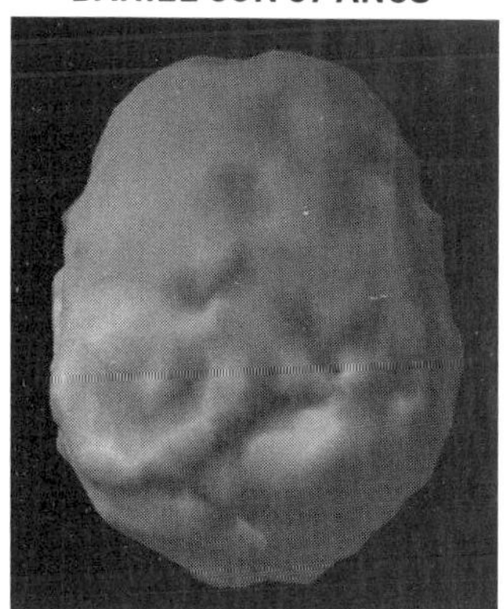

Aspecto grumoso y tóxico

DANIEL CON 62 AÑOS

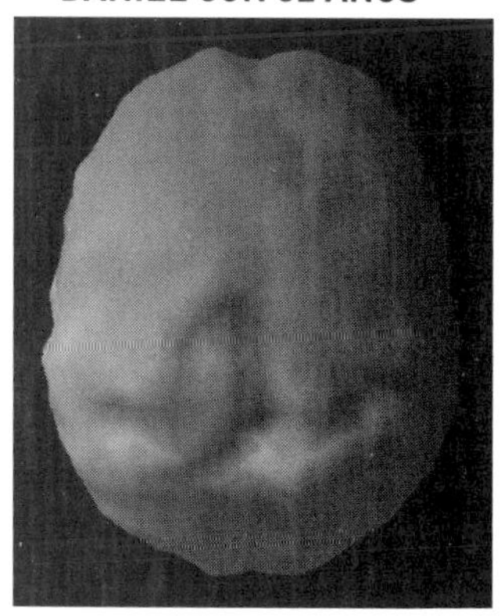

Mucho más sano

UN RECORRIDO POR EL CEREBRO HUMANO

El cerebro es un conjunto de partes integradas que trabajan juntas para crear y sostener lo que somos.[2] Hay partes específicas del cerebro diseñadas para hacer determinadas cosas, pero sus funciones no suelen ser simples. Teniendo esto en cuenta, haré algunas generalizaciones para ayudarte a conocer el tuyo. El cerebro humano es como una ciudad moderna con mucha historia, como Atenas, Roma o París. Al igual que estas famosas urbes, posee distintos «barrios», conectados por miles de millones de vías neuronales. Hagamos un breve recorrido.

El cerebro alberga una sección primitiva, responsable de las actividades esenciales para la supervivencia. En neurociencia se la llama «cerebro reptiliano», e incluye el tronco encefálico y el cerebelo, que controlan la respiración, el ritmo cardíaco, la temperatura corporal, el equilibrio y la coordinación. El tronco encefálico y el cerebelo juegan un papel fundamental en la felicidad, ya que también participan en la velocidad de procesamiento y en la producción de algunas sustancias químicas, como la dopamina y la serotonina, que influyen en el estado de ánimo, la motivación y el aprendizaje, temas que trataremos en detalle más adelante.

El cerebro humano también cuenta con la región límbica, conocida como «cerebro emocional», que rodea el tronco encefálico y el cerebelo. Esta zona determina si las emociones son positivas o negativas, y está relacionada con algunas de nuestras necesidades de supervivencia, como el apego, la construcción de un hogar y las emociones. El cerebro límbico almacena los recuerdos de aquello que sustenta o amenaza la supervivencia, y es responsable de los impulsos y antojos (deseos y apetencias), así como de la sensación de placer que algo nos provoca (lo que nos gusta). El cerebro límbico ejerce una fuerte influencia sobre el comportamiento, a menudo de forma inconsciente.

Las estructuras del cerebro límbico incluyen:

- **Hipocampo**: se ocupa del estado de ánimo y la formación de nuevos recuerdos.
- **Amígdala**: tiene que ver con las emociones, incluido el miedo, así como con señalar la presencia de alimentos, parejas sexuales, rivales o niños en peligro.

- **Hipotálamo**: ayuda a controlar la temperatura corporal, el apetito, la conducta sexual y las emociones.
- **Ganglios basales**: responsables de la motivación, el placer y suavizar los movimientos motores.
- **Giro cingulado anterior**: se ocupa de desviar la atención y de la detección de errores.

Por último, el cerebro tiene otra área, conocida como «corteza cerebral», que rodea las regiones reptiliana y límbica. Está involucrada en la creación y comprensión del lenguaje, el pensamiento abstracto, la imaginación y la cultura. Posee infinitas posibilidades de aprendizaje y es la que construye la historia de por qué somos felices o nos sentimos tristes, que puede o no tener que ver con la realidad. La corteza cerebral es la estructura más grande del cerebro humano. Esta masa arrugada con forma de nuez se sitúa encima del resto y lo recubre. Cuenta con cuatro lóbulos principales, uno a cada lado:

- **Lóbulos frontales:** están formados por la corteza motora, encargada de dirigir el movimiento; la premotora, que ayuda a planificar el movimiento, y la prefrontal, considerada la parte ejecutiva del cerebro. Esta región es la más evolucionada del cerebro humano y tiene que ver con la concentración, la previsión, el juicio, la organización, la planificación, el control de los impulsos, la empatía y el aprendizaje a partir de los errores. Constituye más o menos el 30 % del encéfalo humano, en comparación con solo el 11 % en los chimpancés, el 7 % en los perros, el 3 % en los gatos (quizá por eso necesitan siete vidas) y el 1 % en los ratones (lo que explica por qué se los comen los gatos). En la parte inferior de la corteza prefrontal se halla una zona llamada «corteza orbitofrontal», ubicada justo por encima de las cuencas oculares y que está muy relacionada con la felicidad.

- **Lóbulos temporales:** situados debajo de las sienes y detrás de los ojos, están relacionados con el lenguaje, el procesamiento de lo que escuchamos, el aprendizaje, la memoria y las emociones. Los lóbulos temporales han sido denominados la «vía del qué», porque identifican «qué» son las cosas. En su interior hay dos estructuras críticas del sistema límbico (cerebro emocional): el hipocampo (memoria y estado de ánimo) y la amígdala (reacciones emocionales y miedo).

- **Lóbulos parietales:** ubicados en la parte superior y trasera del cerebro, son los centros de procesamiento sensorial (tacto), percepción y orientación espacial. Se los conoce como la «vía del dónde», porque nos ayudan a ubicar dónde se encuentran las cosas en el espacio. También están implicados en el cálculo, así como en actividades como vestirse y asearse.

- **Lóbulos occipitales:** situados en la parte posterior de la corteza cerebral, se dedican de manera principal a la visión y el procesamiento visual.

La corteza se divide en dos hemisferios, izquierdo y derecho. Aunque ambos lados se superponen de forma significativa en sus funciones, en personas diestras (en las zurdas puede o no darse lo contrario) el lado izquierdo es, en general, el centro del lenguaje, y suele ser la parte analítica, lógica, orientada a los detalles y más positiva del cerebro. El hemisferio derecho tiende a proporcionar la visión de conjunto y tiene más que ver con las corazonadas y la intuición. También suele estar involucrada en reconocer y admitir los problemas, y es considerada la parte «ansiosa» del cerebro. Un tratamiento psiquiátrico denominado «estimulación magnética transcraneal» emplea una frecuencia electromagnética rápida para ayudar a combatir la depresión estimulando la corteza prefrontal izquierda, y una frecuencia baja para la corteza prefrontal derecha, con el fin de calmar la ansiedad.

La información que obtenemos del mundo entra en el cuerpo a través de los sentidos y llega al cerebro límbico, donde se clasifica como significativa, segura o peligrosa; luego viaja a la parte posterior (lóbulos temporal, parietal y occipital), donde se procesa y se compara con experiencias pasadas; después se dirige a la parte frontal del cerebro, para que la evaluemos y decidamos si vamos a actuar en consecuencia. Dentro del cerebro, la información puede viajar a una velocidad de hasta 430 kilómetros por hora, por lo que la transmisión de información desde el mundo exterior a la conciencia ocurre casi de forma instantánea.

VISTA EXTERNA DEL CEREBRO

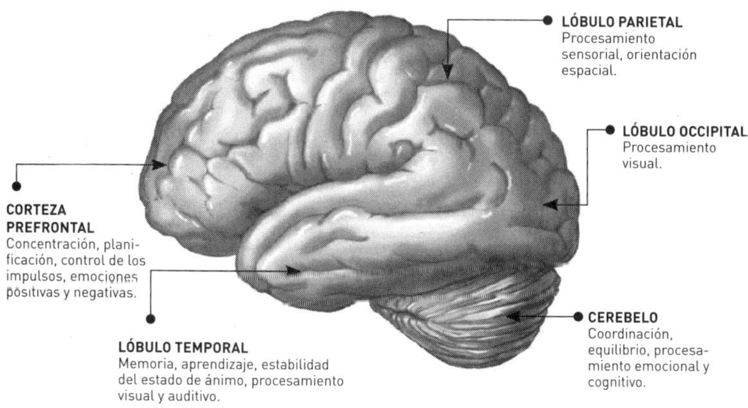

VISTA INTERNA DEL CEREBRO

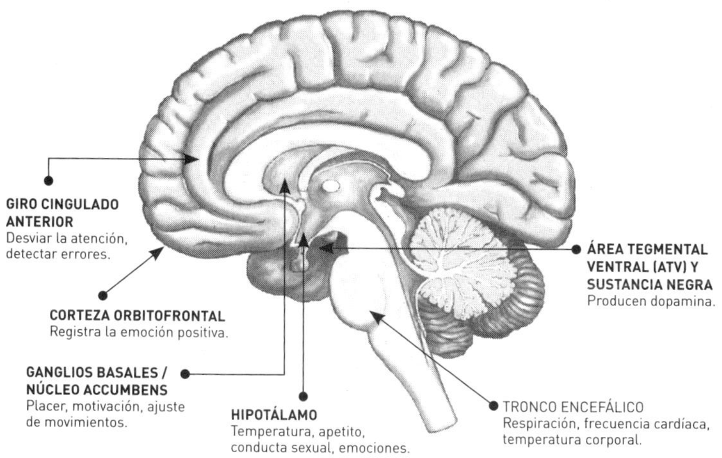

EL CEREBRO Y LA FELICIDAD

Ahora que ya tenemos una visión general de las regiones cerebrales, vamos a centrarnos de forma específica en las áreas que, según las investigaciones, están relacionadas con la felicidad. Esta parece surgir de la interacción entre tres áreas básicas del cerebro:

- **Corteza orbitofrontal**, ubicada en la parte frontal inferior de la corteza cerebral.

- **Ganglios basales**, en especial en la mitad anterior del núcleo *accumbens*, que responde a las recompensas y a la anticipación de las mismas. Se halla en la región límbica.
- **Tronco encefálico**, lugar donde se generan neurotransmisores como la dopamina, la serotonina y las feniletilaminas. Forma parte del cerebro reptiliano.

Corteza orbitofrontal: por qué no deberíamos dejar que los niños golpeen de cabeza un balón de fútbol

La corteza orbitofrontal se encuentra justo detrás de la frente y por encima de los ojos. Está rodeada de huesos duros y con crestas que pueden dañarla. Se ha demostrado que esta región del cerebro está muy relacionada con la felicidad, por lo que nunca se debe permitir que niños o adultos golpeen un balón de fútbol con la cabeza. En más del 90 % de las personas con lesiones cerebrales traumáticas se ven afectadas la corteza prefrontal y la orbitofrontal. Estudios de neuroimagen han demostrado que la corteza orbitofrontal es una región importante para codificar el placer. La zona medial (central) está asociada con el placer subjetivo (lo que nos gusta), como la comida (por ejemplo, el chocolate), los orgasmos, las drogas y la música. Esta región también nos ayuda a aprender y recordar lo que nos hace felices. Las sensaciones desagradables se codifican en las partes más laterales (externas) de la corteza orbitofrontal.

Ganglios basales

Los ganglios basales son grandes estructuras situadas en lo más profundo del cerebro y que están implicadas en el placer, la motivación, la formación de hábitos y los movimientos motores. Contienen el núcleo *accumbens*, que forma parte del sistema de recompensa y nos motiva a acercarnos al placer (deseo) y alejarnos del dolor. Los ganglios basales se adaptan de forma sutil a la presencia de dopamina, un neurotransmisor relacionado con los antojos y las adicciones. Cuando el núcleo *accumbens* está poco activo, las personas tienden a sentirse apagadas y deprimidas, y son más vulnerables a las adicciones y a desear sustancias que lo activen, como las drogas, el alcohol, el sexo o los alimentos azucarados y altos en calorías. La sustancia negra (parte de los ganglios basales) y el área tegmental ventral (ubicada en el tronco encefálico) producen dopamina. Cuando cualquiera de estas áreas está poco activa o comienza a deteriorarse, la generación de dopamina se reduce y la persona desarrolla trastornos como la enfermedad de Parkinson, apatía y, con frecuencia, depresión.

Tronco encefálico

Esta parte del cerebro es fundamental para la vida y, como hemos explicado, contiene grupos de células en una región llamada «área tegmental ventral» que produce dopamina y está involucrada en el movimiento, la motivación y el placer. Los núcleos del rafe (otro grupo de células) producen el conocido neurotransmisor serotonina, que participa en la regulación del estado de ánimo y la flexibilidad cognitiva.

Además de la interacción entre estas tres regiones cerebrales, la felicidad también depende de «silenciar» las áreas del cerebro que generan malestar. En particular, esto implica calmar la actividad de la amígdala (el área que registra el miedo) y de la corteza insular, una región situada entre los lóbulos frontal y temporal que se muestra más activa cuando la persona experimenta angustia o infelicidad.

DESEAR O DISFRUTAR

El sistema límbico, o cerebro emocional, juega además otro papel en la felicidad: distingue entre lo que queremos y lo que nos gusta. Pensemos en los clientes de un casino, jugando en las máquinas tragaperras, metiendo monedas y tirando de la palanca una y otra vez, durante horas. La mayoría de esas personas parecen cansadas y aburridas, y apenas sonríen cuando ganan. Este es un ejemplo de persistencia compulsiva con poco disfrute. Sus cerebros *desean* hacer lo que están haciendo, pero hay pocas señales de que en realidad lo *disfruten*. Desear y disfrutar son dos aspectos cruciales para la felicidad, pero se trata de procesos distintos en el cerebro. Por eso podemos *querer* algo que no nos gusta, como ansiar (desear) drogas cuyo consumo pone a una madre en riesgo de perder a sus hijos;

TRANSFORMACIÓN FELIZ EN 30 DÍAS

Con este reto he aprendido y he disfrutado mucho. Me han encantado los conocimientos científicos que habéis compartido. Después de todo, somos criaturas de costumbres y necesitamos adoptar hábitos saludables para conseguir un estilo de vida que también lo sea.

JA

o apostar de forma compulsiva, lo que puede llevar a alguien a perder su hogar y a su familia.

Usaré un ejemplo personal. Me encantan las celebraciones en casa de mi madre. Es una cocinera increíble e, incluso ahora, a sus ochenta y nueve años, se esfuerza mucho por lograr que esos momentos sean especiales para la familia. Yo *deseo* su pizza con salchicha, el arroz con mantequilla, el pan sirio bañado en miel y otros platos poco saludables. Sin embargo, no me gusta cómo me hacen sentir (demasiado lleno, con remordimientos y malestar) ni lo que le hacen a mi cuerpo, ya que me esfuerzo para mantener un peso saludable y disponer de la energía necesaria para seguir haciendo el trabajo que amo durante el mayor tiempo posible. Con el tiempo descubrí que comer algo saludable una hora antes de ir a casa de mi madre ayudaba a estabilizar mis niveles de azúcar en sangre, y así podía disfrutar de una pequeña porción de lo que deseaba sin sentir un impulso incontrolable de comer más ni de poner en riesgo mi felicidad ni mi salud. De ese modo he aprendido a equilibrar los sistemas de deseo y disfrute en mi cerebro.

- **Desear** tiene que ver con lo «anticipado», es decir, esperar recibir una recompensa en el futuro, como cuando tenemos antojo de pastel de chocolate, ansiamos un cigarrillo o queremos ir al casino. El deseo se basa en la dopamina, que es, como veremos, la sustancia química «de la posibilidad». El sistema de «deseo» en el cerebro es grande, robusto y poderoso, razón por la cual necesitamos una corteza prefrontal sana para controlarlo.

- **Disfrutar**, por su parte, tiene que ver con el placer «de la consumación». El sistema cerebral involucrado en este proceso es mucho más pequeño y frágil, y usa la serotonina y las endorfinas para producir sensaciones de placer en el momento presente. Las sustancias adictivas generan placer de manera instantánea y, *además*, se apropian del circuito del deseo, lo que significa que, si no tienes cuidado, pueden llegar a secuestrar tu cerebro y tu vida.

La principal diferencia entre desear y disfrutar radica en si el cerebro actúa de manera consciente o inconsciente. El psicólogo Daniel Kahneman, ganador del Premio Nobel, dividió el procesamiento de la información en dos sistemas: el Sistema 1 (inconsciente o automático) y el Sistema 2 (consciente).[3] Disfrutar es un proceso consciente; es decir, te das perfecta cuenta de lo que te gusta. Desear, en cambio, es con frecuencia inconsciente, lo que significa que tus deseos se generan de forma automática y, en muchos casos, sin que te percates de ello. En el Sistema 1 se lleva a cabo la mayor parte del trabajo de la mente: las habilidades automáticas, la intuición y soñar son ejemplos de procesamiento inconsciente. En realidad, hasta el 95 % de las actividades cognitivas ocurren en la mente inconsciente.

Antes de que el sistema de deseo se active, primero tiene que gustarnos algo. En psicología se refieren a esto como la «plantilla de activación», que es el conjunto completo de pensamientos, imágenes, comportamientos y estímulos sensoriales que desencadenan de forma inicial la felicidad o el placer. Por esta razón, calmar a un bebé o un niño con azúcar o dispositivos electrónicos no es una buena estrategia, ya que podría predisponerle a desarrollar adicción a la comida o a esos dispositivos. Cuanto más fuerte sea el disfrute, mayor será el poder que sería capaz de ejercer más adelante, lo que explica por qué muchas personas nunca olvidan a su primer amor. La primera vez que la explosión de nuevas sustancias químicas del amor (oxitocina y dopamina) impacta en el núcleo *accumbens* deja una huella duradera en los centros de placer del cerebro. Así, cualquier cosa que nos recuerde al primer amor puede volver a desencadenar una explosión de esas mismas sustancias químicas.

TRANSFORMACIÓN FELIZ EN 30 DÍAS

¡Dios mío! Acabo de responder al cuestionario y lo he comparado con mi puntuación de felicidad del día 1. ¡He pasado de 2,69 a 4,79! Alucinante. Este curso ha sido increíble. El momento no podría haber sido más adecuado para mí, ya que he tenido mucho tiempo a solas para pensar en el mensaje y las propuestas de reflexión de cada día. De verdad, me habéis hecho ver las cosas desde una nueva perspectiva.

HJ

ENCONTRAR LA FELICIDAD EN EL CEREBRO

Mientras escribía este libro y aprendía más sobre los sistemas cerebrales y la felicidad, decidí explorar si era capaz, de hecho, de hallar la felicidad en el trabajo con imágenes cerebrales que hacemos en las Clínicas Amen. Sometimos a 344 pacientes al prestigioso «Cuestionario de felicidad de Oxford», desarrollado por los doctores Michael Argyle y Peter Hills, de la Universidad Brookes de Oxford. Este cuestionario, que puedes cumplimentar como parte de mi reto en 30DayHappinessChallenge.com, plantea el acuerdo o desacuerdo con 29 preguntas en una escala del 1 al 6:

1 = muy en desacuerdo
2 = moderadamente en desacuerdo
3 = ligeramente en desacuerdo
4 = ligeramente de acuerdo
5 = moderadamente de acuerdo
6 = muy de acuerdo

Algunas frases se formulan en positivo y otras en negativo. Entre las afirmaciones positivas encontramos, por ejemplo:

- Siento que la vida es muy gratificante.
- Me río mucho.
- Experimento alegría y euforia con frecuencia.

Y aquí tienes algunos ejemplos de frases en negativo:

- No soy muy optimista respecto al futuro.
- No siento que posea ningún atractivo.
- No siento que mi vida tenga un propósito o un sentido concreto.

Al terminar, la persona encuestada calcula su puntuación:[4]

1-2: Infeliz. Es posible que no veas con buenos ojos ni a ti ni a tu situación.
2-3: Cierta infelicidad.
3-4: Neutro, ni feliz ni infeliz.
4-5: Bastante feliz.
5-6: Muy feliz.
6: Demasiado feliz.

Es posible que quienes obtienen una puntuación baja crean que su vida es peor de lo que es en realidad. Por otro lado, quienes obtienen una puntuación perfecta son, de hecho, demasiado felices, y es menos probable que progresen en su vida cotidiana. También es posible que se resienta su salud. Esto es así porque ser demasiado feliz reduce la ansiedad saludable y menoscaba la capacidad para tomar decisiones.

Nuestro equipo de investigación comparó el grupo con las 50 puntuaciones más bajas —que oscilaban entre 1,03 y 2,72— con el de las 50 más altas, que iban de 4,38 a 5,76. Luego nuestro estadístico, el doctor David Keator, de la Universidad de California en Irvine, efectuó un conjunto adicional de análisis correlacionando las puntuaciones de felicidad de todos los participantes. Los resultados fueron fascinantes.

Los escáneres SPECT del grupo con altos niveles de felicidad mostraron una mayor actividad y más flujo sanguíneo en general, lo que significa que cuanto más sano está el cerebro más probable es que seamos felices. También observamos un mayor nivel de actividad y de flujo sanguíneo en la corteza orbitofrontal, así como en los ganglios basales y el núcleo *accumbens*, que forman parte del sistema límbico del cerebro.

INCREMENTOS EN EL GRUPO DE MAYOR FELICIDAD

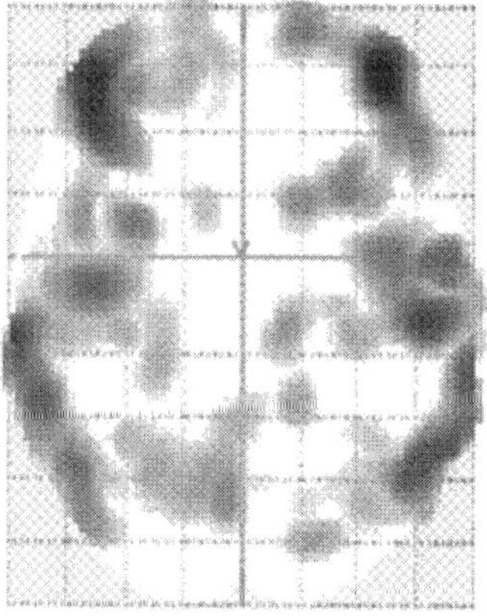

Mayor flujo sanguíneo en el grupo más feliz, en especial en la corteza prefrontal.

TRANSFORMACIÓN FELIZ EN 30 DÍAS

He sufrido mi cuota de acontecimientos devastadores en la vida más allá de la pandemia, pero me alegra haber seguido adelante con el Reto de la Felicidad. Fue una auténtica revelación darme cuenta de que una vida feliz no llega por sí sola ni es responsabilidad de otros proporcionártela. Hay que trabajar en ello todos los días. Ahora me siento preparada y, con estas herramientas, soy capaz de responsabilizarme de mi propia felicidad.

KP

En el grupo menos feliz, los escáneres SPECT mostraron un mayor nivel de actividad en el giro cingulado anterior, que para mí es como el «cambio de marchas» del cerebro. Esto significa que esas personas tienen más probabilidades de quedarse atrapadas en un bucle de pensamientos negativos.

GRUPO MENOS FELIZ CON AUMENTO DE ACTIVIDAD EN EL GIRO CINGULADO ANTERIOR

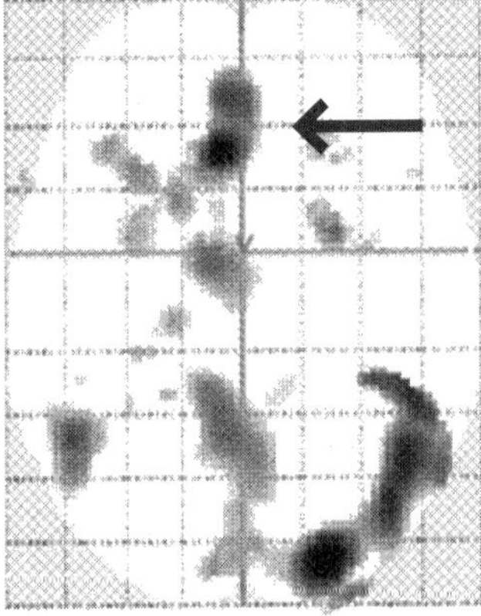

La flecha señala un mayor nivel de actividad en el giro cingulado anterior de las personas menos felices.

Según el doctor Keator, el resultado más interesante de nuestro estudio residía en los circuitos de recompensa o de la felicidad, compuestos por el área tegmental ventral, el núcleo *accumbens* y la corteza orbitofrontal. Estos se han asociado con la sonrisa, la risa, las sensaciones placenteras y la felicidad.[5] Lo que vimos fue que un mayor nivel de actividad en estas áreas correlacionaba con puntuaciones más altas de felicidad total.

Ahora que hemos identificado dónde se sitúa la felicidad en el cerebro, profundicemos en la neurociencia de los tipos de cerebro, que determinan qué hace feliz a cada individuo de manera singular.

SECRETO 1

CONOCE TU TIPO DE CEREBRO

PREGUNTA 1

¿Me estoy centrando solo en lo que me hace feliz a mi?

CAPÍTULO 3

INTRODUCCIÓN A LOS TIPOS DE CEREBRO

Creo que tengo, como mucha otra gente, un tipo de cerebro que hace que me resulte interesante o gratificante preocuparme por algo.

MARIA BAMFORD

¿Por qué haces lo que haces?

¿Por qué los demás hacen lo que hacen?

¿Qué te hace feliz?

¿Qué hace feliz a tus seres queridos?

Para responder a estas preguntas cruciales es esencial que conozcas tu cerebro, sobre todo tu tipo de cerebro y el tipo de cerebro de los demás.

A lo largo de la historia, hemos clasificado a las personas y sus personalidades de muchas formas. Hipócrates, el médico griego del siglo v a. C., describió cuatro temperamentos fundamentales que creía que se debían al exceso o deficiencia de fluidos corporales (sangre, bilis amarilla o negra, y flema). Estos cuatro temperamentos son:

- Sanguíneo (carácter extrovertido, sociable, amante del riesgo)
- Flemático (carácter relajado, pacífico, tranquilo)
- Colérico (carácter decisivo, orientado a la acción y a los objetivos)
- Melancólico (carácter reflexivo, reservado, introvertido, triste y ansioso)

En una de mis primeras clases de psicología en la universidad, en la asignatura Temperamento y Personalidad, preparé un trabajo comparando a los personajes del cómic *Peanuts* con los tipos de temperamento de Hipócrates. (Confieso que he sido fanático de la tira cómica *Peanuts*, de Charles Schulz, desde pequeño. Cuando era novato en el ejército y estaba destinado en Alemania incluso usaba sábanas de Snoopy en mi cama. No se lo cuentes a nadie). Resulta evidente que Snoopy era sanguíneo; Schroeder, flemático; Lucy, colérica; y Charlie Brown, melancólico. Desde que hice ese trabajo quedé fascinado por el modo en que la ciencia contribuye a clasificar la personalidad.

Hoy en día existen muchos test de personalidad. Los siguientes son algunos de los más conocidos:

Myers-Briggs: este test clasifica a los individuos en dieciséis tipos de personalidad, en función de cuatro grupos de conductas (extraversión *vs.* introversión, sensación *vs.* intuición, pensamiento *vs.* sentimiento, juicio *vs.* percepción).

DiSC: empleado con frecuencia en el ámbito empresarial, se basa en cuatro rasgos: dominancia, influencia, estabilidad y conciencia.

Big Five: este test analiza cinco dimensiones básicas de la personalidad: extraversión, amabilidad, apertura, meticulosidad y neurosis.

Centros educativos, empresas y terapeutas usan estos test para comprender mejor a sus estudiantes, trabajadores o pacientes. A su vez, las evaluaciones de personalidad otorgan a las personas una cierta sensación de singularidad y pertenencia. Sin embargo, y pese a su uso generalizado, sorprende que exista poca base neurocientífica detrás de su aplicación práctica. De todos estos test, la mayoría de neurocientíficos consideran el modelo Big Five como el más aceptado.

UN NUEVO MODELO BASADO EN 200.000 ESCÁNERES SPECT Y TRES MILLONES DE CUESTIONARIOS

A medida que nuestro trabajo con las imágenes cerebrales se hizo más conocido por su capacidad para ayudar a quienes presentaban problemas de salud mental, mucha gente quería hacerse un escáner, pero no tenía los recursos necesarios o no vivía cerca de ninguna de nuestras clínicas. De modo que con el deseo de ayudar al mayor número de personas posible desarrollamos una serie de cuestionarios para predecir qué aspecto tendría su cerebro si pudiéramos escanearlo. Diseñamos los cuestionarios a partir de decenas de miles de imágenes. Es obvio que esta herramienta no era tan precisa como un escáner, pero sí la mejor alternativa disponible. En las últimas tres décadas, miles de profesionales de la salud mental han utilizado nuestros cuestionarios en sus prácticas y nos han hecho saber que conocer el tipo de cerebro de cada persona cambió por completo su manera de ver y tratar a los pacientes.

En 2014, nuestro equipo publicó una herramienta online para la evaluación de la salud cerebral. Se tarda unos seis minutos en completarla y sirve para ayudar a cualquier persona a saber cuál de los dieciséis tipos de cerebro podría tener, además de dar una puntuación sobre su salud cerebral.[1] Basamos esta evaluación en cuatro décadas de experiencia ayudando a nuestra extensa lista de pacientes, y validamos las preguntas comparando la actividad de distintas regiones del cerebro con las respuestas a 300 preguntas, y seleccionando las 38 más predictivas. Hasta la fecha, más de 2,5 millones de personas de todo el mundo han completado nuestra evaluación.

Gracias a ello descubrimos que existen cinco tipos principales de cerebro:[2]

1. Equilibrado
2. Espontáneo
3. Persistente
4. Sensible
5. Prudente

Los tipos de cerebro del 6 al 16 son una combinación de los tipos del 2 al 5, es decir:

6. Espontáneo-persistente
7. Espontáneo-persistente-sensible
8. Espontáneo-persistente-sensible-prudente
9. Persistente-sensible-prudente
10. Persistente-sensible
11. Persistente-prudente
12. Espontáneo-persistente-prudente
13. Espontáneo-prudente

14. Espontáneo-sensible
15. Espontáneo-sensible-prudente
16. Sensible-prudente

Conocer tu tipo de cerebro no solo te ayuda a entender mejor cómo interactúas con el mundo, sino que también te permite aprender a mejorar las características de tu cerebro para pulir ciertos aspectos de tu vida y comprender mejor qué es más probable que te haga feliz a ti o a tus seres queridos. Aquí tienes un ejemplo:

Kimberly y Kate

Kimberly luchó durante años contra la adicción al alcohol. Al final, su esposo se hartó y le dio un ultimátum: o ingresaba en un programa para tratar sus adicciones o se divorciaban. Kimberly deseaba con todas sus fuerzas recuperar a su esposo, así que se apuntó a un programa para mantenerse sobria. Durante esta crisis matrimonial, su madre, Kate, se mudó a vivir con Kimberly, pero discutían todo el tiempo, y esto les generaba a ambas un gran estrés.

Kimberly tenía el tipo de cerebro 13 (espontáneo-prudente). Presentaba un bajo nivel de actividad en la corteza prefrontal que le causaba déficit de atención, desorganización y escaso control de los impulsos, combinado con un nivel alto de actividad en sus ganglios basales y su amígdala (cerebro emocional), lo que le generaba ansiedad y la predisponía a pensar siempre en el peor escenario posible. Su adicción al alcohol era, pues, un intento de calmar la ansiedad, y su incapacidad para controlar los impulsos hacía que le resultara difícil ser constante con su proceso de desintoxicación.

Kate, por su parte, tenía el tipo de cerebro 3 (persistente). Se le daba muy bien asumir el control y finalizar tareas, pero se enfurecía al encontrar cosas fuera de su sitio (y Kimberly era muy desordenada). Los pensamientos negativos se repetían en su mente una y otra vez, y tendía a revivir de forma constante las heridas del pasado, lo cual no hacía más que generar un mayor estrés a su hija.

Cuando solicitaron mi ayuda me di cuenta de que, para que Kimberly pudiera mantenerse sobria y volver con su esposo, teníamos que equilibrar no solo su cerebro, sino también el de Kate, utilizando suplementos e intervenciones sobre el estilo de vida específicos para cada tipo de cerebro. En pocas semanas se equilibró la dinámica en su hogar, y varios meses después Kimberly y su esposo se reconciliaron.

LAS SUSTANCIAS QUÍMICAS DE LA FELICIDAD

Además de los sistemas cerebrales que juegan un papel crucial en la felicidad, existe una serie de sustancias químicas que influyen de forma relevante en el nivel de dicha que se experimenta, ya que afectan al estado de ánimo, la motivación y el aprendizaje, por mencionar solo algunos de sus efectos. Los neurotransmisores son las moléculas que el sistema nervioso emplea para transmitir mensajes entre neuronas, o desde las neuronas hacia células-objetivo en músculos, glándulas u otros nervios. Dado que estos mensajeros químicos transmiten información entre el cerebro y el resto del cuerpo, son de vital importancia para una buena salud. Los neurotransmisores son, por tanto, mensajeros químicos que estimulan o inhiben las células vecinas.

En términos de felicidad, voy a centrarme en siete neurotransmisores. Algunas de estas sustancias químicas juegan un papel más relevante en ciertos tipos de cerebro, como veremos en los próximos capítulos. Por ahora, permíteme presentarte brevemente estas moléculas tan importantes:

- **Dopamina: la molécula «del más».** Este importante neurotransmisor nos ayuda a concentrarnos, llevar a cabo una tarea y mantener a la vez la capacidad del cerebro para recordar momentos relevantes, sean buenos o malos, y está implicado en la anticipación, el placer y el amor. Yo la llamo la «molécula favorita», porque siempre queremos más de ella, ya que es el principal neurotransmisor que nos hace sentir bien.
- **Serotonina: la molécula del respeto.** Esta sustancia química cerebral está implicada en el estado de ánimo, el sueño y la flexibilidad, y nos ayuda a tener una actitud de apertura y buena disposición al cambio. Los niveles de serotonina aumentan cuando sentimos

el respeto de nuestros iguales, mientras que disminuye cuando hieren nuestros sentimientos.

- **Oxitocina: la molécula de la confianza.** Mientras que la dopamina es la molécula «del más», podemos referirnos a la oxitocina como la molécula «de la confianza» por la forma en que potencia el vínculo y las relaciones basadas en la confianza. Este poderoso neurotransmisor tiene fama de hacer de Cupido, ya que se libera cuando nos acurrucamos con alguien, tenemos relaciones sexuales o disfrutamos de la amistad. Sin embargo, hay investigadores que sostienen que la oxitocina también puede generar celos y desconfianza, en especial hacia quienes están fuera de nuestro círculo social.
- **Endorfinas: la molécula del alivio del dolor.** Casi todo el mundo ha oído hablar de estos neurotransmisores. Se trata de sustancias químicas cerebrales «placenteras» que se liberan durante un entrenamiento o esfuerzo físico, y hacen que las células inmunitarias inunden el sistema cardiovascular, protegiendo así el cuerpo contra enfermedades y mejorando el estado de ánimo.
- **GABA: la molécula de la calma.** El GABA o ácido gamma-aminobutírico es el principal neurotransmisor inhibidor del cerebro. Su función prioritaria es reducir la excitabilidad de las neuronas y disminuir su actividad. En este sentido, ayuda a equilibrar neurotransmisores más estimulantes, como la dopamina y la adrenalina. Un exceso de estimulación puede causar ansiedad, insomnio y convulsiones, mientras que una actividad neuronal demasiado baja provoca letargo, confusión y sedación. Así que todo es cuestión de equilibrio.
- **Endocannabinoides: la molécula de la paz.** Juegan un importante papel en la regulación del estado de ánimo, el sueño y el apetito. Una actividad excesiva del sistema endocannabinoide contribuye a la sobrealimentación y la obesidad, mientras que una baja actividad es un factor de riesgo para desarrollar depresión, ansiedad, trastorno de estrés postraumático, inflamación y problemas en el sistema inmune. La marihuana y el cáñamo contienen más de 100 cannabinoides naturales que, al ser absorbidos, interactúan con los receptores del sistema endocannabinoide para producir una respuesta. Los más conocidos son el tetrahidrocannabinol (THC)

y el cannabidiol (CBD). Aunque tienen una composición química similar, el THC y el CBD interactúan de manera diferente con los receptores cannabinoides. El THC es el cannabinoide más asociado con la marihuana, y estimula de forma directa los receptores endocannabinoides, provocando efectos tóxicos. En cambio, el CBD no coloca, ya que actúa de manera indirecta.

- **Cortisol: la molécula del peligro.** Esta hormona tiene mala fama. Resulta fundamental para la supervivencia y tiene beneficios clave, pero es una de esas hormonas que es mejor tener en menor cantidad. Y es que cuando la producción de cortisol se descontrola acaba con la felicidad. ¿Por qué sucede esto? El cortisol es la «hormona del estrés», de modo que sus niveles elevados de forma crónica se asocian con depresión, ansiedad, tristeza, pérdida de memoria y aumento de peso, así como con afecciones como la diabetes tipo 2 y la hipertensión. El cuerpo libera cortisol cada vez que sentimos que estamos en peligro o en una situación de lucha o huida. Pero cuando el estrés parece no tener fin y estos niveles se mantienen altos durante demasiado tiempo (como sucedió en muchos casos durante la pandemia) el cortisol nos hace sentir fatal. Esto explica por qué se ha descubierto que las personas más felices suelen tener niveles más bajos de cortisol.[3]

El equilibrio es clave para todas estas sustancias químicas cerebrales (neurotransmisores), de las que hablaremos a lo largo del libro.

CONOCE TU TIPO DE CEREBRO Y LOS DE TU CÍRCULO MÁS CERCANO

Conocer nuestro tipo de cerebro puede ayudarnos en muchas facetas la vida. Para que saques el máximo provecho de este libro te animo a que cumplimentes nuestro test gratuito para conocer tu tipo de cerebro en brainhealthassessment.com. Solo te llevará entre cinco y siete minutos hacerlo. Compártelo también con tu familia y amistades. Además de conocer tu tipo de cerebro, obtendrás puntuaciones para las áreas importantes de tu salud cerebral. Con independencia de qué tipo de cerebro poseas, esta herramienta de evaluación, junto con el libro que estás leyendo, te ayudará a comprender tus puntos fuertes y vulnerabilidades, y te enseñará a optimizar la salud de tu cerebro y tu felicidad. Cuando el cerebro funciona bien, con independencia del tipo que sea, solemos funcionar bien, y esto conduce a una vida más feliz.

Aunque ya conozcas tu tipo de cerebro, te recomiendo que leas cada capítulo sobre los cinco tipos generales para comprenderlo mejor en caso de que tengas un tipo combinado, así como para entender mejor a las personas de tu entorno, que también influyen en tu felicidad. Para cada uno de los cinco tipos principales de cerebro descubrirás sus características, lo que muestran nuestras imágenes cerebrales SPECT sobre él, qué sistemas cerebrales y neurotransmisores específicos son más influyentes y qué puedes hacer para optimizar tu cerebro y ser más feliz. También aprenderás qué significa tener un tipo cerebral combinado.

CAPÍTULO 4

CEREBRO EQUILIBRADO

Sistemas cerebrales felices y neurotransmisores equilibrados

Esperar que una personalidad sobreviva a la desintegración del cerebro es como esperar que un club de críquet continúe existiendo cuando todos sus miembros han muerto.

BERTRAND RUSSELL

El primer tipo de cerebro, el equilibrado, es un excelente punto de partida y un buen lugar para estar, si eso es lo que determinó tu test de evaluación de la salud cerebral. Si tuviera que hacer una estimación, diría que un tercio de la población general posee este tipo de cerebro, lo cual es positivo para nuestra sociedad. Necesitamos cerebros equilibrados, ya que son la base de una comunidad productiva y feliz. Las personas con un tipo de cerebro equilibrado suelen vivir de manera organizada y, por lo general, les va bien en los estudios y en el trabajo. Son esos vecinos que todo el mundo desearía tener.

RASGOS COMUNES EN LOS CEREBROS DE TIPO 1: EQUILIBRADOS

La gente con este tipo de cerebro suele obtener puntuaciones altas en los siguientes rasgos:

- Concentración
- Control de los impulsos
- Meticulosidad
- Flexibilidad
- Positividad

- Resiliencia
- Estabilidad emocional

En cambio, suelen obtener puntuaciones bajas en:

- Déficit de atención
- Impulsividad
- Poca fiabilidad
- Preocupación
- Negatividad
- Ansiedad

Si tu cerebro es del tipo equilibrado, esto significa que eres una persona focalizada, flexible y estable desde el punto de vista emocional. Eres puntual en las reuniones, ya sean presenciales u online; haces lo que dices y dices lo que haces; no te gusta asumir grandes riesgos y prefieres cumplir las normas. Digamos que no sueles salirte del camino marcado.

Tus habilidades de afrontamiento son formidables y si algo aprendiste de la pandemia es que sabes adaptarte a las circunstancias: fuiste capaz de asimilar las múltiples transformaciones de la vida cotidiana sin sentir demasiado estrés, ansiedad o tristeza.

Las personas con un cerebro equilibrado no tienen problemas por actuar de forma impulsiva. Piensan en las consecuencias de sus actos y poseen una especie de mecanismo interno de demora de cinco segundos que les impide soltar comentarios inapropiados. Además, no son el tipo de individuo que se queda todo el día deprimido en casa. Optimistas de corazón, tienden a ver el vaso medio lleno. Sus actitudes equilibradas provienen, en general, de tener un cerebro sano en el que los lóbulos frontales (como la corteza prefrontal) y el cerebro límbico o emocional funcionan de manera saludable y equilibrada.

Otro aspecto positivo de las personas con un cerebro equilibrado es que poseen la cantidad adecuada de ansiedad. Así es, leíste bien. Muchos de mis pacientes se sorprenden cuando les digo que tener un poco de ansiedad es bueno. A veces la gente tiene la impresión equivocada de que eliminar por completo la ansiedad es un gran objetivo que perseguir. Bien, pues no lo es. Gozar de una dosis saludable de ansiedad evita meterse en problemas. Esta clase de gente no roba en las tiendas, porque le preocupa que la pillen y pasar una temporada entre rejas; ni conduce a 200 km por hora en la autopista, porque teme sufrir un accidente y matarse, o poner en peligro a otras personas. Al ser individuos diligentes, transitan por la vida de manera consistente y predecible, lo que contribuye a que vivan más y de forma más saludable.

Aunque las personas con un cerebro equilibrado tienden a ser felices, ¿quién no querría ser aún más feliz? Todo el mundo quiere felicidad en su vida. Pero también sabemos que la vida puede sorprendernos en cualquier momento y lanzarnos una bola envenenada que haga que hasta los más estables pierdan el equilibrio: una enfermedad repentina, la muerte de un ser querido, la pérdida de un empleo o la soledad; cualquiera de estas situaciones puede afectar al funcionamiento cerebral. Y, como verás, las decisiones que tomamos en nuestro día a día o bien contribuyen a la estabilidad y positividad, o nos roban nuestra naturaleza feliz.

Recuerda que, en el entorno actual, competitivo y desafiante, necesitas cualquier ventaja que puedas obtener. Si pretendes mejorar tu creatividad, agudizar tu memoria, lograr más éxito en el trabajo, hablar mejor en público, tener una relación más profunda con tu pareja o gestionar mejor las situaciones estresantes, todo empieza con tu cerebro.

Seguir las estrategias de optimización cerebral y centrarte en los siete secretos descritos en este libro te ayudará a superar a la media y alcanzar un rendimiento óptimo. Al final, dar lo mejor de ti y experimentar el éxito te hará más feliz.

También debo mencionar que algunas personas que obtuvieron la clasificación de «equilibrado» en el cuestionario de evaluación de la salud cerebral podrían haber «engañado al sistema» al no ser del todo honestas en sus respuestas. O tal vez simplemente no tienen una percepción clara de sus propias fortalezas y debilidades. Para asegurarte, puedes pedirle a tu pareja, a tu hermano o a una buena amiga que haga la evaluación de la salud cerebral contigo. Al responder las preguntas por segunda vez, pregúntale a esa persona si está de acuerdo con tus respuestas. Gracias a este paso el libro te será aún más útil. Y ahora sigue leyendo, aunque tu cerebro no encaje en esta categoría.

QUÉ MUESTRAN LOS ESCÁNERES SPECT SOBRE LOS CEREBROS EQUILIBRADOS

Nuestro trabajo con imágenes cerebrales revela que las personas del tipo equilibrado suelen tener cerebros saludables en general, con un nivel de actividad uniforme y simétrico en todas sus áreas, así como niveles elevados de actividad en el cerebelo, que es uno de los principales centros de procesamiento, como parte del cerebro reptiliano.

TIPO DE CEREBRO EQUILIBRADO

ESCÁNER SPECT CEREBRAL DE SUPERFICIE SANO

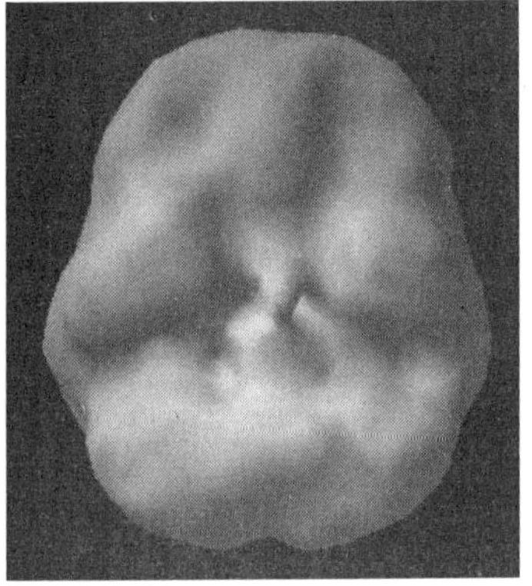

Nivel de actividad uniforme y simétrico en todo el cerebro.

ESCÁNER SPECT CEREBRAL DE ACTIVIDAD SANO

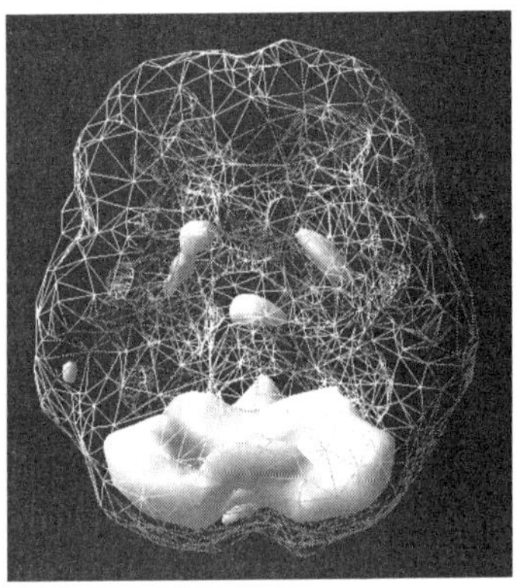

Actividad saludable en el cerebelo.

En las personas con un cerebro equilibrado, las áreas que causan malestar (entre las que se encuentran la amígdala y la corteza insular, de las que hablé en el capítulo 1) tienden a estar más calmadas.

TIPO DE CEREBRO 1: LAS SUSTANCIAS QUÍMICAS DE LA FELICIDAD EN EQUILIBRIO

En las personas con el tipo de cerebro 1 suele haber un equilibrio entre las sustancias químicas relacionadas con la felicidad. Sus niveles no son excesivos ni insuficientes, no hay una que predomine sobre las demás y todas interactúan de forma armoniosa.

Optimizar el cerebro equilibrado

Puedes optimizar tu cerebro utilizando los siete secretos de la felicidad y haciéndote las siete sencillas preguntas de las que ya hemos hablado. Seguir una dieta equilibrada, hacer ejercicio con regularidad, practicar la meditación o la oración, recibir masajes y, en general, cuidar tu cerebro y tu cuerpo es esencial para seguir produciendo cantidades equilibradas de dopamina, serotonina, oxitocina, endorfinas, GABA, endocannabinoides y cortisol.

En cuanto a los suplementos nutricionales, puedes contribuir a la salud de este tipo de cerebro tomando un multivitamínico de amplio espectro con un fuerte complejo mineral. También son clave los ácidos grasos omega-3, que se encuentran en los aceites de pescado ricos y ultrapurificados. Así mismo, dado que la salud de tu intestino es esencial para la de tu cerebro, te recomiendo los probióticos de alta calidad como suplementos nutricionales. Y no olvides la vitamina D, que interviene en muchos aspectos de la regulación de la salud cerebral, incluyendo el mantenimiento de la función cognitiva en las personas mayores (veremos más detalles sobre esto en los capítulos 10 y 11).

Receta de la felicidad para el tipo de cerebro 1: equilibrado

Contribuye al buen estado de tu tipo de cerebro. Para mantener en buen estado un cerebro equilibrado, aprende a quererlo, adopta comportamientos saludables y evita las cosas que lo perjudican. Esto te ayudará a mantenerte estable en lo emocional y a afrontar de manera adecuada los altibajos de la vida.

Conoce tu trayectoria profesional. Las personas equilibradas son el sueño de cualquier departamento de recursos humanos: estables y meticulosas, con potencial para ocupar cargos directivos y centrarse en las tareas.

Valora tu forma de aprender. Eres el tipo de persona que sigue instrucciones, toma notas incluso en la iglesia y se esfuerza por organizarse y prepararse bien las reuniones.

Descubre lo que quieres en una relación. Al ser una persona ecuánime, sin altibajos extremos, sueles huir del dramatismo. Puedes adaptarte a personas con otros tipos de cerebro para lograr que una relación funcione, ya sea de amistad, familiar o sentimental.

Tener una relación con alguien con un cerebro equilibrado

Tener a alguien con un cerebro equilibrado en tu vida, sea tu cónyuge, tu hermano/a o tu superior, es una garantía. Puedes contar con que esa persona hará lo que dice, terminará lo que empieza y sobrellevará bien los altibajos de la vida. En general, si surgen problemas las personas con este tipo de cerebro los abordarán de forma razonable y buscarán soluciones, ya que poseen grandes habilidades interpersonales. Los típicos consejos sobre relaciones funcionan para este tipo de personas, porque son expertas en relacionarse. Por ejemplo, si tenemos en cuenta que las relaciones necesitan:

Responsabilidad: capacidad de responder ante cualquier situación.
Empatía: capacidad para sentir lo que sienten las otras personas.
Escucha: saber escuchar y tener habilidades de comunicación eficaces.
Asertividad: expresar los pensamientos de forma firme, pero razonable.
Tiempo: dedicar el tiempo necesario para forjar la relación.
Indagación: cuestionar y corregir los pensamientos y patrones de pensamiento negativos.
Focalización: más en lo que te gusta que en lo que no te gusta.

Perdón: hallar formas sanas de seguir adelante y perdonar cuando te hacen daño.

En el capítulo 14 aprenderás más cosas sobre cómo relacionarte con otras personas y lograr que tus relaciones sean más felices.

Lo que dicen sus parejas sentimentales:
«Suele estar de buen humor».
«Es una persona muy considerada».

Lo que dicen sus colegas de trabajo:
«Trabaja muy bien en equipo».
«Siempre puedo confiar en que hará sus entregas a tiempo».

Lo que dicen sus amistades:
«Siempre está disponible para llevarnos en coche».
«Me encanta que se pueda confiar tanto en ella o él».

Detecta cuándo te desvías del camino. Te das cuenta de que alimentarte a base de comida rápida y para llevar, algo que fue necesario para mucha gente durante la pandemia, deja el cerebro y el cuerpo sin los nutrientes esenciales para funcionar de manera óptima.

Conoce lo que te hace feliz a ti. Céntrate en las cosas que te brindan alegría.

¿Qué hace felices a las personas con un cerebro equilibrado?

- Las relaciones saludables.
- Tener un trabajo que les resulte significativo.
- La seguridad económica.
- Cumplir las normas.
- Ser puntual.
- Seguir determinadas tradiciones festivas, como Acción de Gracias, Navidad o Janucá.
- Divertirse.

¿Qué hace infelices a las personas con un cerebro equilibrado?

- El caos.
- Asumir riesgos excesivos.
- Llegar tarde.
- Salir de su zona de confort.
- No cumplir con sus tareas o responsabilidades.
- Rodearse de personas poco fiables, negativas o que no respetan las normas.

☺ **Busca micromomentos de felicidad**

- Cuando tu pareja te da un masaje.
- El primer bocado de un delicioso plato de salmón.
- Sentir la frescura de las sábanas al meterte en la cama por la noche.
- Tu ritual matutino de preparación para el día.
- Usar FaceTime o Zoom para mantenerte en contacto con familiares y amigos que viven lejos.

CAPÍTULO 5

CEREBRO ESPONTÁNEO

La corteza prefrontal y la dopamina

Con la corteza prefrontal poco regulada, la mayoría de los mecanismos de control de los impulsos también se desactivan. Para quienes no están acostumbradas a esta combinación, las consecuencias pueden salir caras.

STEVEN KOTLER, *ROBAR EL FUEGO: CÓMO LAS GRANDES EMPRESAS DE SILICON VALLEY, LOS EJÉRCITOS Y LOS CIENTÍFICOS INCONFORMISTAS ESTÁN REVOLUCIONANDO LA FORMA EN QUE VIVIMOS Y TRABAJAMOS*

Una de las principales ventajas de mi trabajo es que me permite conocer a personas interesantes como Laura Clery, la actriz y cómica de la que hablé en el capítulo 1. Ella abandonó Hollywood y se dedicó a hacer vídeos de improvisación y sketches cómicos que comparte con millones de personas en sus canales de Instagram y YouTube. Tiene tres millones de seguidores en Instagram y más de 800.000 suscriptores en YouTube, donde publica escandalosas escenas protagonizadas por sus *alter ego*: Pamela Pupkin y Helen Horbath. En el mundo de las redes sociales es una auténtica *megainfluencer*.

Como muchos de nuestros pacientes, Laura quería hacerse una exploración cerebral en las Clínicas Amen porque le preocupaban varias cosas. Por ejemplo, pasaba por periodos en los que no quería ni levantarse de la cama y estaba teniendo algunos problemas de memoria, y eso que no es mayor; se trata de una joven madre de treinta y tantos años, con dos hijos menores de cuatro años.

Laura se crio en Chicago; era la payasa de su clase, la rubia divertida que siempre se reía de sí misma y de todo cuanto la rodeaba. Una vez que se mudó a Nueva York, antes de cumplir los veinte, con la intención de hacer carrera como actriz, empezó a tener problemas con las drogas y fumaba «un montón de marihuana», algo que no tuvo reparos en contarme a mí, ni tampoco en compartir con sus millones de seguidores en redes sociales. Aun así, lleva casi diez años sin consumir ninguna sustancia, pero le preocupaba que las drogas que tomó en el pasado le hubieran dañado el cerebro.

Su equipo grabó todo el proceso de evaluación en nuestra clínica de Costa Mesa, desde la administración de pruebas psicológicas y cognitivas en un ordenador hasta la cumplimentación de formularios con su historial médico y la preparación para el escáner SPECT. Laura se tumbó en la camilla y permaneció inmóvil unos quince minutos, mientras la tecnología hacía su trabajo. Aun así, mantenerse quieta resultó todo un desafío para esta *influencer*, siempre llena de energía, y tuvo que repetir la exploración SPECT.

Dos días después, Laura volvió a la clínica para conocer los resultados. Sus primeras palabras al verme fueron:

—¿Has visto mi cerebro?

—Lo he visto —respondí con una sonrisa mientras la acompañaba a mi despacho. Me senté frente a ella y abrí una carpeta con las impresiones de sus escáneres SPECT.

Laura, vestida de manera informal —con vaqueros y una camiseta de manga larga de rayas azules y blancas— juntó las manos en su regazo. A lo largo de los años he visto a muchas personas en esa misma situación: nerviosas y ansiosas por saber qué les depara el informe.

—Una de las cosas que me inquietan es que mi memoria no está funcionando bien —confesó—. Mi marido a veces me pregunta: «¿Recuerdas esta película?». Y yo me quedo en plan: «No tengo ni idea de qué me estás hablando». Muchas veces él se acuerda de cosas que yo no, y eso me preocupa.

Asentí para mostrarle mi comprensión.

—He leído lo que pusiste en el formulario y he revisado tus tomografías —continué, sosteniendo las imágenes en las manos—. Tu historial es muy consistente con el de una mujer con trastorno por déficit de atención, TDA.

—Ostras —respondió ella, visiblemente sorprendida.

—¿Alguna vez habías considerado esa posibilidad?

—TDA… No, nunca fui al médico por eso, a pesar de que me costaba mucho concentrarme cuando era pequeña. Tenía muchas dificultades para hacer los exámenes y nunca me sentí especialmente inteligente, pero sí graciosa, así que me enfoqué en eso. Pero nunca me han diagnosticado TDA.

A partir de su evaluación, las pruebas efectuadas y sus imágenes cerebrales, estaba seguro de que Laura tenía TDA, también conocido como trastorno por déficit de atención e hiperactividad (TDAH). Sus escáneres mostraban un patrón cerebral común en personas con este trastorno: sobre todo baja actividad en la corteza prefrontal (o CPF, como me gusta llamarla), en especial al intentar concentrarse. En personas sin TDA, la concentración incrementa la actividad en esta región del cerebro. Laura tiene el tipo de cerebro 2, pero no todas las personas con un cerebro espontáneo padecen TDA.

RASGOS COMUNES EN LOS CEREBROS DE TIPO 2: ESPONTÁNEOS

La gente con este tipo de cerebro suele obtener puntuaciones altas en los siguientes rasgos:

- Espontaneidad.
- Asunción de riesgos.
- Creatividad, pensamiento divergente.
- Curiosidad.
- Rango de intereses amplio.
- Déficit de atención.
- Impulsividad, errores por descuido.
- Inquietud.
- Desorganización.
- Amor por las sorpresas.
- Tendencia a presentar TDA.

En cambio, suelen obtener puntuaciones bajas en:

- Rechazo a las sorpresas.
- Aversión al riesgo.
- Rutina.
- Afinidad por la uniformidad.
- Apego a las convenciones.
- Sentido práctico.

- Atención al detalle.
- Control de impulsos.
- Sensación de estabilidad.

Las personas con un tipo de cerebro espontáneo suelen ser el alma de la fiesta. Les encanta probar cosas nuevas, disfrutan de emociones como lanzarse en paracaídas o hacer *puenting*, y no les importa dejar un trabajo estable para arriesgarse y emprender su propio negocio. En cierto modo, las características del tipo de cerebro espontáneo son algunas de las que más admiramos en la sociedad estadounidense: asumir riesgos, actuar de forma creativa y tener un espíritu aventurero. Basta con pensar en los protagonistas de las películas de Hollywood, personajes que desafían las normas y se atreven a intentar lo imposible.

Aunque en Estados Unidos parece haber una especie de fascinación por este tipo de personalidad, la gente con un cerebro espontáneo también se enfrenta a ciertas dificultades. Al ser personas inquietas y distraerse con facilidad, necesitan estar muy interesadas, emocionadas o estimuladas con lo que están haciendo para ser capaces de concentrarse en una tarea. Profesiones como las de bombero y piloto de carreras suelen encajar en este perfil. Además, la organización puede ser un auténtico reto para estos individuos, y puedo casi garantizarte que rara vez llegan puntuales a una cita. Quienes fuman o toman mucho café suelen pertenecer a este grupo, ya que utilizan estas sustancias para activar su cerebro.

La tendencia de este tipo de personas a asumir riesgos puedes a veces meterlas en líos. Vi un ejemplo de esto al tratar a un hombre que disfrutaba escondiéndose tras una esquina de su casa para saltar y asustar a su mujer cuando pasaba. Le gustaba el subidón de energía que sentía al oír sus gritos, que, por cierto, despertaban a medio vecindario. Por desgracia, su mujer acabó desarrollando una arritmia cardíaca y tuvo que llevar a su marido a las Clínicas Amen para evitar un riesgo para su propia vida.

No obstante, muchas personas con un cerebro espontáneo saben cuándo calmarse y pueden sentirse más felices que la mayoría. Un estudio descubrió que las personas encuestadas que se identificaban como con una «personalidad espontánea» tenían un 40 % más de probabilidades de considerarse felices. También eran un 38 % más propensas a manifestar satisfacción con su vida.[1]

LO QUE MUESTRAN LOS ESCÁNERES SPECT SOBRE LOS CEREBROS ESPONTÁNEOS

Los escáneres SPECT de las personas espontáneas suelen mostrar un nivel bajo de actividad en la CPF.

CEREBRO ESPONTÁNEO

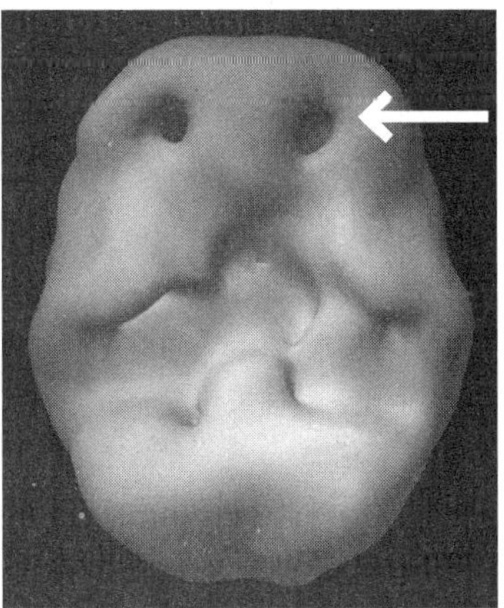

Bajo nivel de actividad en la CPF, en la parte anterior del cerebro.

LA CORTEZA PREFRONTAL: VISTA EXTERNA DEL CEREBRO

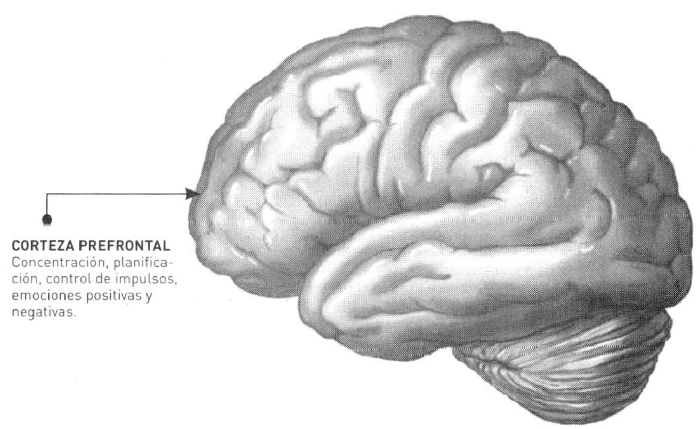

La CPF se encuentra en el tercio anterior del cerebro, justo detrás de la frente, y es la parte más evolucionada del cerebro. Es responsable de los procesos cognitivos de nivel superior que son necesarios para actuar considerando objetivos a largo plazo. Podríamos decir que la CPF actúa como CEO del cerebro, supervisando, dirigiendo, observando y guiando el comportamiento. Piensa en la CPF como si fuera el «jefe» de tu cerebro: te presiona para alcanzar tus metas, para que seas eficiente y colabores con los demás. Entre las funciones principales de la CPF encontramos las siguientes:

- **Concentración**: la CPF (sobre todo la dorsolateral) juega un papel crucial en la concentración y la atención, ambas necesarias para el aprendizaje, la memoria a corto plazo y el cumplimiento de tareas. Es el área del cerebro que te ayuda a mantener la concentración en una actividad específica —como elaborar un informe de trabajo o preparar una redacción de Lengua en la escuela—, de manera que puedas completar ese proyecto con éxito. Al mismo tiempo, emite señales para calmar la actividad en otras partes del cerebro, con el fin de filtrar distracciones como las conversaciones de tus colegas o las notificaciones de mensajes que llegan a tu teléfono. Cuando hay poca actividad en la CPF (algo bastante común en personas con un cerebro espontáneo), es más fácil que el individuo se distraiga y que le cueste continuar con las tareas hasta terminarlas.

- **Prevención**: me gusta ver la CPF como el «freno» del cerebro, por así decirlo. La CPF nos ayuda a pensar en las consecuencias de lo que decimos o hacemos antes de que lo digamos o lo hagamos. Por ejemplo, supongamos que te encuentras con un amigo después de varios meses sin verlo y notas que ha engordado un poco. Si tu CPF funciona bien, podrás concentrarte en expresar lo feliz que estás de volver a verle. Pero si la función de esta área cerebral es deficiente en tu caso, es más probable que sueltes algún comentario hiriente, del tipo: «¡Vaya, sí que has engordado!». Decir cosas de las que luego te arrepientes es común entre las personas con el tipo de cerebro 2.

- **Control de los impulsos**: una CPF saludable proporciona un buen control de los impulsos para evitar comportamientos perjudiciales. En cambio, con un nivel de actividad bajo en esta área somos más vulnerables a la falta de control. Por ejemplo, podemos excedernos con el alcohol pese a tener que conducir; quizá sucumbamos al deseo de tener un romance con alguien del trabajo; o tal vez nos gastemos de forma compulsiva el sueldo en juegos de azar. Este tipo de impulsividad puede tener consecuencias dañinas en las relaciones, la salud, la situación económica y el bienestar general. Y eso, sin duda, nos hace infelices.

- **Juicio**: la CPF es esa pequeña voz en la cabeza que ayuda a tomar buenas decisiones. Cuando funciona bien, nos permite decantarnos por una ensalada antes que por un *Happy Meal*. Por el contrario, si su función es deficiente es posible que no tomemos las mejores decisiones, y tomar malas decisiones de manera sistemática es un camino directo hacia la infelicidad.
- **Organización**: saber organizarse es signo de tener una CPF bien afinada. Si presentas un nivel bajo de actividad en esta región (cosa habitual en el tipo de cerebro espontáneo) es posible que tengas problemas para estar al tanto de todo. Seguro que tu mesa estará desordenada y cubierta de notas adhesivas. La falta de organización dificulta que cumplas con tus tareas cotidianas, causa demoras en tus proyectos y aumenta tus probabilidades de ser impuntual.
- **Planificación**: una CPF que funciona bien te permite planificar, resolver problemas y anticipar posibles inconvenientes. Piensa, por ejemplo, en una partida de ajedrez, donde los mejores jugadores anticipan varias jugadas. Bien, pues en el juego de la vida es esta región del cerebro la que te ayuda a diseñar tus mejores jugadas. Sin embargo, cuando la CPF no está funcionando a pleno rendimiento, esto afecta a tu capacidad para gestionar los imprevistos, y tal vez suelas sentir que siempre vas un paso por detrás.
- **Aprender de la experiencia**: esta poderosa región del cerebro también es fundamental para aprender de nuestros errores. Tener una CPF fuerte no implica que nunca cometamos fallos, sino que nos evita repetirlos. Cuando hay poca actividad en esta área del cerebro o —como me gusta más decir— se encuentra «adormecida», es más probable que cometamos los mismos errores absurdos una y otra vez. Esto puede generar fricciones en las relaciones,

problemas en el trabajo y dificultades en los estudios. Si presentas dificultades en cualquiera de estas áreas de tu vida, te será más difícil sentirte feliz.

- **Capacidad para sentir y expresar emociones**: puedes agradecer a este potente sistema cerebral que te permita sentir felicidad, alegría y amor. Pero la CPF también otorga la capacidad de experimentar tristeza y otras emociones no tan positivas. Cuando está dañada o presenta un nivel reducido de actividad, resulta más difícil expresar pensamientos y sentimientos, y se incrementa el riesgo de padecer depresión.
- **Empatía**: la capacidad para entender los sentimientos de otras personas o de ponerse en su lugar y ver las cosas desde su perspectiva se asocia con una actividad saludable de la CPF. Un nivel bajo de actividad en esta zona —que se observa en personas con un cerebro espontáneo (tipo 2)— hace más difícil captar lo que los demás pueden estar pensando o sintiendo. Esto no significa que quienes tienen un cerebro espontáneo sean insensibles, sino simplemente que su cerebro funciona de manera diferente.

TIPO DE CEREBRO 2: ESPONTÁNEO LAS SUSTANCIAS QUÍMICAS DE LA FELICIDAD

El tipo de cerebro 2 puede estar asociado a niveles bajos de dopamina. Esto genera sobre todo mayor inquietud y disposición a asumir riesgos innecesarios. En el capítulo 3 hice una breve introducción a la molécula «del más», que influye en la capacidad de concentración y la motivación. Ahora profundizaremos en este fascinante compuesto químico del cerebro.

La dopamina, sintetizada en el área tegmental ventral del tronco encefálico y en la sustancia negra, es el neurotransmisor del deseo, en especial el deseo de tener más. Está involucrada en la anticipación, la posibilidad, el amor y la búsqueda del éxito para maximizar los recursos futuros. Se libera cuando esperamos una recompensa (comida, sexo, dinero, compras) o cuando recibimos una sorpresa agradable. Este neurotransmisor participa en la motivación (por la búsqueda de una recompensa), la memoria, el estado de ánimo y la atención. La dopamina es como un comercial que te vende la búsqueda de una vida mejor. Pero, al igual que algunos comerciales, también puede mentirte y prometerte placer cuando, en realidad, solo obtendrás dolor (como ocurre con el abuso de drogas o con engañar a tu pareja). Además, la dopamina ayuda a regular la motricidad, razón por la cual saltamos de emoción al sentir entusiasmo, como me sucedió a mí cuando Los Angeles Lakers ganaron el Campeonato de la NBA en 2020 y los LA Dodgers se alzaron con la World Series pocas semanas después.

Un exceso de dopamina se relaciona con la agitación, la obsesión, las compulsiones, la psicosis y la violencia. En una ocasión, testifiqué como perito en el juicio por asesinato (con pena capital) de Louis Peoples, que había matado a cuatro personas mientras abusaba de las metanfetaminas, y eso lo convirtió en una persona paranoica y violenta. De los más de 100 asesinos a los que hemos escaneado el cerebro en las Clínicas Amen, casi la mitad cometieron sus crímenes bajo los efectos de las metanfetaminas, que aumentan los niveles de dopamina del cerebro.

Un déficit de dopamina puede causar depresión, baja motivación, apatía, fatiga, aburrimiento, párkinson, impulsividad, antojos de azúcar y comportamientos que buscan emociones extremas o conflictos. Se cree que la falta de dopamina también es el problema principal en el TDAH (trastorno caracterizado por un bajo nivel de atención y por distracción, desorganización, procrastinación y problemas de control de los impulsos). Muchas personas con TDAH juegan de forma inconsciente al «vamos a generar un problema» como forma de estimular la dopamina. Muchas madres de niños o niñas con TDAH me cuentan que, si tienen una mañana complicada en casa con su hijo (llantos, gritos y amenazas), entonces tendrá un buen día en la escuela; pero si el día en casa empieza bien (con cariño, dulzura y amabilidad), es probable que luego las cosas se tuerzan en la escuela.[2]

Existen en el cerebro dos sistemas principales de dopamina relacionados con la felicidad:

1. *El centro de recompensa de la dopamina*, situado en la parte anterior del núcleo *accumbens*, en los ganglios basales, y está implicado en la búsqueda de placer y las adicciones. Dicho de

otro modo, el sistema de recompensa de la dopamina tiene que ver con el ansia y el deseo.

2. *El centro de control de la dopamina*, que incrementa la actividad en la CPF/corteza orbitofrontal y nos ayuda a pensar antes de actuar y a frenar conductas poco indicadas. Este centro está involucrado en el pensamiento previsor, el juicio, la planificación, el control de los impulsos y la felicidad a largo plazo.

Me planteo estos dos sistemas comparándolos, respectivamente, con el acelerador (centro de recompensa de la dopamina) y los frenos (centro de control de la dopamina) de un coche; ambos son esenciales para llegar a cualquier destino que valga la pena.

La dopamina es conocida, ya lo he dicho, como la molécula «del más», porque, una vez que estimula los centros de placer, suele desarrollarse cierta tolerancia y es posible que necesitemos más y más de algo para obtener la misma sensación. Es lo que se denomina «adaptación hedónica». En el libro *Dopamina*, de Daniel Lieberman y Michael Long, encontramos el siguiente pasaje:

> Si vives debajo de un puente, la dopamina hará que quieras una tienda de campaña. Si vives en una *tienda*, la dopamina te lleva a querer una *casa*. Si vives en la mansión más cara del mundo, la dopamina hará que desees un castillo en la *luna*. La dopamina no tiene una medida de lo que está bien y no busca ninguna línea de meta. Sus circuitos cerebrales solo se estimulan con la posibilidad de cualquier cosa nueva y reluciente, con independencia de lo perfectas que sean las cosas en el presente. El lema de la dopamina es «más».[3]

Los niveles de dopamina disminuyen por la monotonía, la frustración de recompensas (no conseguir lo que deseas), la decepción, la familiaridad y las dietas ricas en alimentos procesados. Los medicamentos que la reducen se utilizan para tratar la depresión y ansiedad severas, el trastorno bipolar y la esquizofrenia. Por desgracia, estos medicamentos que salvan vidas pueden, como efecto secundario, causar apatía, aturdimiento emocional y síntomas motores anormales, como temblores o inquietud.

La dopamina, en cambio, se estimula por la emoción de buscar algo (a Mick Jagger, de los Rolling Stones, se le ha relacionado sentimentalmente con miles de mujeres a lo largo de los años, lo que añade un nuevo significado a la letra de la canción *I can't get no satisfaction*), la anticipación, el descubrimiento, la novedad o el error de predicción de la recompensa (cuando las cosas son mejores de lo que esperamos, como la sorprendente medalla de oro del equipo olímpico estadounidense de hockey en 1980, que lograron, sin ser favoritos, ante el poderoso equipo soviético). La dopamina también se estimula mediante recompensas aleatorias (como las máquinas tragaperras de Las Vegas), el ejercicio de alta intensidad, el juego, el sexo, la cafeína, la nicotina y la mayoría de las drogas, en particular la cocaína y las metanfetaminas. Por lo tanto, las personas con un cerebro espontáneo pueden verse arrastradas con facilidad a comportamientos o actividades de riesgo. Porque su cerebro busca un estímulo de dopamina.

En principio, la fama también incrementa los niveles de dopamina, ya que el hecho de que numerosas personas te reconozcan por tus logros satisface muchas necesidades humanas básicas (de éxito, reconocimiento, seguridad, amor, etc.). Pero recordemos que, cuanto más placer se obtiene, más se desea, y con el tiempo los centros de placer se desgastan y la gente se deprime. A lo largo de mi carrera, he tenido la suerte de tratar a muchas personas famosas, desde atletas olímpicos, golfistas profesionales, jugadores de fútbol, hockey, béisbol y baloncesto hasta ganadores de un Oscar, músicos del Salón de la Fama, políticos, escritores y periodistas ganadores del Pulitzer, modelos y mucha más gente parecida. Los subidones de dopamina de la fama suelen conducir a la tolerancia, lo que significa que se necesita cada vez más para obtener la misma sensación deseada, razón por la que muchos famosos acaban abusando de las drogas, embarcándose en múltiples aventuras amorosas, conduciendo a toda velocidad y enganchándose al juego; y todo eso solo para sentirse normales. Sin ir más lejos, las personas famosas recién casadas tienen cinco veces más probabilidades de divorciarse que la gente normal.[4]

La siguiente es una plegaria bastante frecuente en mí para la gente joven: «Por favor, Dios, no permitas que se hagan famosos antes de que se desarrolle su cerebro». El centro de control de la dopamina no termina de desarrollarse hasta los veinticinco años más o menos. Por tanto, la fama precoz y el abuso de drogas pueden causar daños persistentes en el cerebro. En las Clínicas Amen dedicamos gran parte de nuestro tiempo de terapia a trabajar en la reconstrucción de los centros de placer y la corteza orbitofrontal, evitando cualquier cosa que dañe el cerebro y potenciando otras que lo ayuden.

Diez formas naturales de equilibrar los niveles de dopamina para favorecer el buen funcionamiento de los cerebros espontáneos

1. **Ingiere alimentos ricos en tirosina, el aminoácido esencial de la dopamina.** Para poder generar dopamina, el cuerpo necesita tirosina, que podemos encontrar en almendras, plátanos, aguacates, huevos, alubias, pescado, pollo y chocolate negro. Nota: al parecer, el chocolate negro equilibra los niveles de todas las sustancias químicas de la felicidad.

2. **Sigue una dieta alta en proteínas y baja en carbohidratos. Se ha demostrado que las dietas cetogénicas incrementan la disponibilidad de dopamina en el cerebro.**[5] Consumir alimentos ultraprocesados y azucarados, como galletas, pastelitos o madalenas, hace que tengamos antojos y comamos en exceso. Ambas cosas dejan huella en los centros de placer de la corteza prefrontal y conducen al aumento de peso. Y el sobrepeso, a su vez, puede afectar a las vías de dopamina.

3. **Haz ejercicio con regularidad**. En general, el ejercicio físico es una de las mejores actividades para tu cerebro, porque incrementa la producción de neuronas y los niveles de dopamina, mientras que retrasa el envejecimiento neuronal. El ejercicio también se asocia con una mejora del estado de ánimo y, en general, una mejor perspectiva ante la vida. Y esto se debe a que el ejercicio ayuda a equilibrar todas las sustancias químicas de la felicidad. Las personas con un cerebro de tipo 2 deben elegir un deporte aeróbico o una actividad cardiovascular que les guste.

4. **Aprende a rezar o meditar**. Cientos de investigaciones han demostrado los beneficios generales para la salud de la oración y la meditación (que consisten, básicamente, en centrar la mente). Muchos de ellos han revelado que la meditación aumenta los niveles de dopamina, lo que mejora el enfoque y la concentración, y puede resultar beneficioso para las personas con un cerebro espontáneo. Pero la meditación también ayuda a equilibrar las demás sustancias químicas de la felicidad.

5. **Recibe un masaje**. Una forma de mantener altos los niveles de dopamina es evitar el estrés, algo casi imposible en los tiempos que corren. Para contrarrestar sus efectos, la investigación ha demostrado que son adecuados los masajes terapéuticos, ya que aumentan los niveles de dopamina en torno a un 30 %, al tiempo que disminuyen los de la hormona del estrés, el cortisol.[6]

6. **Duerme**. Para asegurar que tu cerebro genera dopamina de forma natural, procura dormir lo suficiente. Esto implica reservar un tiempo sin pantallas antes de acostarte. El sueño ayuda a las células del cuerpo a repararse y renovarse; le da al cerebro la oportunidad de eliminar las toxinas que se acumulan durante el día y contribuye a mantener las conexiones y vías neuronales activas y en constante

TRANSFORMACIÓN FELIZ EN 30 DÍAS

¡Gracias por este increíble reto! Me ayuda a sentirme más feliz. Disfruto escuchando música, y casi no enciendo la televisión. Elijo la música según mi estado de ánimo, y cada momento es especial.

CE

renovación. Se ha demostrado que la falta de sueño reduce las concentraciones de neurotransmisores, incluida la dopamina, y de sus receptores.

7. **Escucha música.** No es ninguna novedad que escuchar música relajante incrementa las sensaciones placenteras, mejora el estado de ánimo, reduce el estrés y ayuda al enfoque y la concentración. Múltiples estudios han demostrado que esto ocurre, en buena medida, gracias a una subida del nivel de dopamina.[7]

8. **Toma más el sol.** Se ha demostrado que la exposición a la luz solar aumenta los niveles de dopamina en el cerebro.[8]

9. **Toma suplementos.** Hierbas como la *ashwagandha*, la rodiola y el ginseng han demostrado incrementar los niveles de dopamina, mejorando así la concentración, la energía, la resistencia y la capacidad física. Entre los suplementos que suben el nivel de dopamina encontramos también la cúrcuma, la L-teanina y la L-tirosina, que favorecen el estado de alerta, la atención y la concentración. Estos nutracéuticos (es decir, suplementos con efecto farmacológico) promueven un funcionamiento cerebral saludable en el cerebro espontáneo. Asimismo, tomar un complejo multivitamínico con un buen perfil de minerales, ácidos grasos omega-3 (procedentes de aceites de pescado ricos y ultrapurificados) y probióticos también beneficia al tipo de cerebro 2.

10. **Márcate objetivos.** Ten siempre nuevos objetivos positivos por los que luchar, con independencia de tu edad o situación. La dopamina proporciona la energía necesaria para el viaje, no solo para alcanzar la meta.

Si tienes un cerebro de tipo 2 y te han diagnosticado TDAH, y los tratamientos naturales que acabamos de describir no son lo bastante efectivos, considera la opción de medicarte para tratar tu TDAH. Consulta mi libro *Healing ADD: The breakthrough program that allows you to see and heal the 7 types of ADD* para obtener más información al respecto. El TDAH no tratado está asociado con el fracaso escolar y laboral, así como con una mayor probabilidad de divorcio, de cometer delitos, abusar de sustancias y arruinarse, factores que contribuyen a la infelicidad.

Receta de la felicidad para el tipo de cerebro 2: espontáneo

Contribuye al buen estado de tu tipo de cerebro. Sigue las sugerencias para aumentar tus niveles de dopamina e incorpora hábitos saludables para el cerebro que protejan y cuiden la corteza prefrontal.

Conoce tu trayectoria profesional. El tipo de cerebro 2 es común entre emprendedores, personas que se dedican al entretenimiento, políticos, comerciales y agentes inmobiliarios.

Valora tu forma de aprender. Te distraes con facilidad y te cuesta organizarte, por lo que, aunque seas muy inteligente, quizá te sea difícil rendir al máximo de tu potencial. Aprovecha la tecnología creando alertas y notificaciones para reuniones, plazos y citas. Si te es posible, contrata a un asistente que te ayude a organizarte o pide a un colega que te enseñe técnicas de organización.

Descubre lo que quieres en una relación. Al ansiar la emoción en tu vida puede que tiendas a buscar el drama en tus relaciones. Pero ten en cuenta que si te enamoras de alguien con un cerebro persistente, que ama la rutina, o con un cerebro prudente, que prefiere cumplir las normas, esto podría generar fricciones.

Tener una relación con alguien con un cerebro espontáneo

Mantener una relación con alguien cuyo cerebro es espontáneo puede ser emocionante, divertido e impredecible. Tal vez te anime a probar nuevos platos, a hacer una escapada improvisada de fin de semana o a poneros en plan romántico en la playa. En entornos laborales suelen ser quienes aportan las ideas más innovadoras, cierran más ventas y se abren camino con facilidad entre la nueva clientela. Por otro lado, su tendencia a la impulsividad puede generar problemas en las relaciones, tanto en casa como en el trabajo. Si tu pareja, amigo o colega de trabajo pertenece a esta categoría es posible que, de vez en cuando, seas el blanco de sus comentarios hirientes, lo que puede hacerte pensar que está siendo cruel a propósito. También podrías interpretar como una falta de respeto hacia ti su costumbre de llegar tarde, que se distraiga cuando le hablas o su actitud despreocupada en cuanto a cumplir con sus compromisos. En casos más extremos, si tu pareja con cerebro espontáneo tiene una aventura, es probable que pienses que lo hace porque ya no te ama.

En realidad, si su CPF (corteza prefrontal) está «dormida», podemos interpretar que los frenos de su cerebro no están funcionando de manera óptima. Entender esto y alentar a esa persona a seguir las pautas para aumentar la actividad en su CPF y mejorar la producción de dopamina puede resultar útil. También ayudarla a organizarse, darle plazos específicos para tareas y proyectos, así como tener conversaciones durante un paseo (para mejorar su capacidad de concentración) puede salvar la relación.

Lo que dicen sus parejas sentimentales:
«Me encanta que siempre esté lista para subirse al coche y emprender una aventura».
«A veces me trata con desconsideración».

Lo que dicen sus colegas de trabajo:
«Si necesitamos una idea muy innovadora, es la persona indicada para preguntarle».
«Si le asignas un proyecto, tienes que decirle que la fecha de entrega es varios días antes de la real».

Lo que dicen sus amistades:
«Si quieres una gran fiesta, asegúrate de invitarle».
«No siento que siempre pueda contar con ella para que me apoye».

Detecta cuándo te desvías del camino. Es posible que adoptes conductas de riesgo como beber en exceso, consumir drogas o engañar a tu pareja. Ten en cuenta que este tipo de cerebro es vulnerable al TDAH, la depresión y las adicciones. Si tu naturaleza espontánea va más allá de ser un individuo divertido y aventurero, y empieza a interferir con tu vida cotidiana o a causarte problemas en el trabajo, en los estudios o en tus relaciones, es momento de buscar ayuda profesional.

Conoce lo que te hace feliz a ti. Asegúrate de centrarte en las cosas que te dan alegría.

¿Qué hace felices a las personas con un cerebro espontáneo?

- Probar cosas nuevas.
- Las sorpresas.
- Salir del trabajo.
- Las lluvias de ideas.
- Los proyectos creativos.
- Improvisar un viaje para el día siguiente.
- Mudarse a un sitio nuevo.
- Tener múltiples intereses.
- Probar un deporte extremo.
- Ver películas de miedo.
- Quedarse toda la noche en vela.
- Hacer de abogado del diablo para sacar de quicio a la gente.

¿Qué hace infelices a las personas con un cerebro espontáneo?

- El aburrimiento, la monotonía y la familiaridad.
- Estar demasiado tiempo sentado en un mismo sitio.
- Tener un plazo de entrega.
- Que les digan que no pueden hacer algo.
- No obtener respuestas a sus preguntas.
- Estar en un atasco.
- Tener que hacer cola.

☺ Busca micromomentos de felicidad

- Recibir un mensaje de invitación a una fiesta en el último minuto (aunque sea por Zoom).
- Descubrir que hay un nuevo sabor en tu tienda favorita de batidos.
- Despertarte y no tener planes para ese día.
- Probar una clase nueva en el gimnasio.
- Escuchar tu canción favorita en la radio mientras conduces para ir a trabajar.

CAPÍTULO 6

CEREBRO PERSISTENTE

Los cambios de marchas del cerebro y la serotonina

Observa que el árbol más rígido se parte con más facilidad, mientras que el bambú y el sauce sobreviven, doblándose con el viento.

BRUCE LEE

Hace unos años, durante un descanso matutino en un seminario de una jornada que impartía en Seattle para un grupo de profesionales médicos y de salud mental sobre nuestro hermoso y misterioso cerebro, un médico (a quien llamaré Greg) se me acercó y me dijo:

—Doctor Amen, me encanta su trabajo. Ha transformado mi práctica profesional y mi matrimonio.

—¿En serio? —repliqué.

—Sí. Mi esposa tiene un giro cingulado infernal.

Me reí a carcajadas. Para quienes no entiendan el chiste, lo que mi colega estaba diciendo es que el giro cingulado anterior de su esposa —ubicado en la parte frontal profunda del cerebro— era la causa de sus problemas matrimoniales. Para mí, el giro cingulado anterior es como el cambio de marchas del cerebro: nos permite ser flexibles y adaptarnos a las circunstancias. Cuando trabaja en exceso, una persona puede quedarse atrapada en pensamientos o comportamientos negativos. Es probable que eso fuera lo que le estaba ocurriendo a su mujer. Greg y yo sabíamos que el giro cingulado anterior tiene conexiones tanto con el sistema límbico (emocional) como con la CPF (cognitiva). Esas conexiones son responsables de funciones cerebrales como el procesamiento emocional y la capacidad para desviar la atención. Para Greg y su esposa, esas conexiones se estaban cruzando.

Greg prosiguió:

—Si las cosas no salen como ella quiere, se enfada. Le gusta discutir y llevar la contraria, y es rígida e inflexible. Cuando le pido que me acompañe a hacer la compra, se molesta. «No puedo ir —dice—. ¿No ves lo ocupada que estoy?». No importa qué le pida que haga, aunque sean cosas divertidas; dirá que no antes de que las palabras salgan de mi boca.

—Entonces, ¿qué ha pasado? —me atreví a preguntarle—. Has dicho que tu matrimonio ha cambiado.

—Una vez le oí decir a usted que, si estamos con alguien que tiene un cerebro persistente (como el de mi mujer) hay que plantear las cosas de forma inversa. Así que empecé a decirle: «Tal vez no quieras ir a dar un paseo en bicicleta conmigo, así que volveré en un...». Entonces ella me interrumpía y decía: «Por supuesto que quiero ir». De verdad, doctor Amen, funciona a la perfección. Siempre que digo: «Tal vez no quieras...», entonces quiere acompañarme.

—Es maravilloso oír eso —dije con sinceridad.

Le di las gracias y, cuando estaba a punto de atender a la siguiente persona que esperaba para hablar conmigo, me miró por encima del hombro y susurró:

—Doctor Amen, tengo problemas con la cuestión del sexo, porque no suena muy bien decir: «Tal vez no quieras acostarte conmigo». ¿Tiene alguna sugerencia?

Me encantó esa pregunta, porque muestra lo práctica que puede ser la neurociencia. Le respondí:

—Las personas con un cerebro persistente pueden usar el sexo como arma, lo cual es mortal para una relación, pero simplemente hay que entender cómo responder. Permítame darle un par de ideas. Con las personas persistentes hay que buscar formas de aumentar su producción de serotonina.

Greg asintió; sabía lo que era la serotonina. Se trata de otro neurotransmisor, producido de manera principal en el tronco encefálico y en el intestino. La serotonina ayuda a regular el estado de ánimo, la memoria y la adecuada digestión. También asiste al cuerpo en la función sexual, el sueño, la salud ósea y la coagulación sanguínea. Es un neurotransmisor que nos hace sentir bien y que suele presentar niveles bajos en las personas con un cerebro persistente.

—Esto es lo que quiero que haga —empecé, indicándole que se acercara—. Busque a alguien que haga de canguro con sus hijos. Antes de cenar, llévela a dar un paseo, porque el ejercicio favorece la producción de serotonina. Luego reserve mesa en un restaurante italiano. Pida pasta, pero no demasiada.

A ver, no suelo ser partidario de la pasta, porque eleva el nivel de azúcar en sangre, pero a su vez las subidas de azúcar en sangre aumentan la producción de serotonina, lo cual explica por qué a la gente le gusta ingerir alimentos ricos en carbohidratos, como espaguetis o lasaña, por la noche. Pequeñas cantidades de carbohidratos (preferiblemente complejos, también llamados «de digestión lenta») reducen la ansiedad, mejoran el estado de ánimo y ayudan a dormir. Le di a Greg otro consejo:

—Cuando regresen del restaurante italiano, póngase un poco de talco para bebés.

Greg me miró extrañado.

—¿Talco para bebés?

Le expliqué que el talco perfumado que se usa para los bebés es uno de los afrodisíacos más potentes, porque el cerebro trabaja por asociación. ¿Con qué asocian las mujeres el talco? Con bebés recién cambiados, lindos y adorables, lo que de forma inconsciente despierta su deseo de tener uno. Luego le di a Greg un consejo basado en la neurociencia: le dije que le ofreciera a su esposa un trozo de chocolate negro, ya que contiene una sustancia llamada feniletilamina, que actúa en el tronco encefálico indicándole al cuerpo que está a punto de ocurrir algo divertido.

—Pero no le dé una caja entera de bombones, porque entonces ya tendrá toda la diversión que necesita —señalé—. Ah, otra cosa más: cuando se acuesten esa noche, masajéele los hombros, pero no le pida nada directamente. Porque en cuanto le diga «¿Te gustaría...?», va a decir: «No».

Greg me estrechó la mano y le deseé lo mejor. Nunca pensé que volvería a saber de él, pero varias semanas después recibí un correo electrónico suyo dándome las gracias. Este es el final feliz de una historia sobre un joven médico casado con alguien con un cerebro de tipo 3, persistente.

RASGOS COMUNES EN LOS CEREBROS DE TIPO 3: PERSISTENTES

La gente con este tipo de cerebro suele obtener puntuaciones altas en los siguientes rasgos:

- Persistencia.
- Voluntad firme.
- Preferencia por la rutina.
- Inflexibilidad o testarudez.
- Facilidad para quedarse en un bucle de pensamientos.
- Resentimiento.
- Tendencia a ver lo que está mal.
- Tendencia a oponerse/discutir.
- Tendencias obsesivo-compulsivas.

En cambio, suele obtener puntuaciones bajas en los siguientes:

- Adaptabilidad.
- Timidez.
- Espontaneidad.
- Flexibilidad.
- Fácil renuncia a la negatividad.
- Fácil renuncia al rencor.
- Tendencia a ver lo que está bien.
- Escasa actitud crítica.
- Cooperación.

Si tienes un cerebro persistente, te gustará levantarte por la mañana y afrontar cada día con mucho ánimo. Seguro que quieres terminar las cosas e ir tachándolas de tu lista de tareas. No aceptas un «no» por respuesta y vas por la vida con una actitud de «o se hace a mi manera o no se hace». Es por eso por lo que otras personas pueden verte como alguien a quien le gusta discutir. Te creces cuando las cosas salen como quieres, pero te enfadas si surge un imprevisto. Te cuesta adaptarte sobre la marcha. Puede que tiendas a preocuparte demasiado y te resulte difícil curar viejas heridas.

Yo era el tercero de siete hijos y aprendí enseguida que la respuesta automática de mi padre a cualquier cosa que le pidiera era un «no». ¡Era muy frustrante! Él estaba tan convencido de sus opiniones y de su manera de hacer las cosas que cualquier sugerencia o propuesta le rebotaba como si llevara una armadura. Antes de fallecer, en 2020, mi padre era todo lo persistente que se podía ser, así que sé muy bien lo que es vivir con alguien con este tipo de cerebro. Le tuve que pedir un montón de veces que se hiciera un escáner como parte de un estudio que estaba llevando a cabo sobre personas que habían triunfado en la vida (mi padre era un hombre hecho a sí mismo, propietario de una cadena de supermercados y presidente de una empresa valorada en 4000 millones de dólares), hasta que finalmente accedió. Fue algo así como «no, no, no, no, no, no, no, no, no, no, no..., vale». Cuando al fin escaneé su cerebro, vi que su giro cingulado anterior estaba hiperactivo, lo que me concedió un poco de alivio emocional. Y es que aquello me demostró que su comportamiento no siempre estaba motivado por su voluntad (no es que *quisiera* ser una persona difícil), sino por su cerebro (menos controlable de lo que la mayoría imagina).

ESCÁNER SPECT ACTIVO DE PAPÁ (VISTA DEL LADO IZQUIERDO)

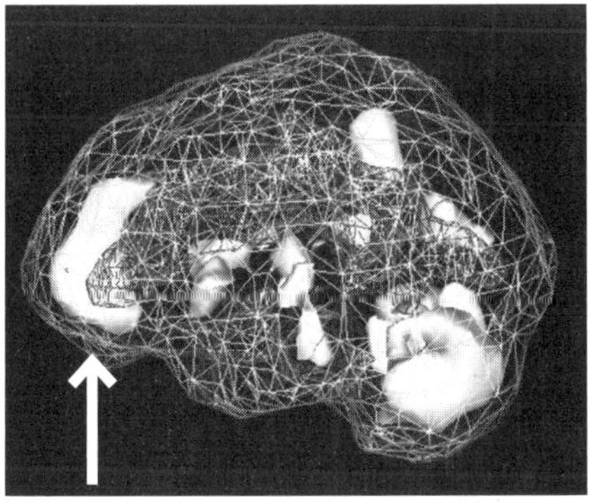

Actividad elevada en el giro cingulado anterior.

LO QUE LOS ESCÁNERES SPECT MUESTRAN SOBRE EL CEREBRO PERSISTENTE

El trabajo con imágenes cerebrales muestra que las personas con un cerebro persistente, como mi padre, presentan con frecuencia un nivel elevado de actividad en el giro cingulado anterior. Sé que es un trabalenguas, así que vamos a llamarlo GCA el resto del capítulo. En el cerebro persistente, este «cambio de marchas» trabaja en exceso, lo que provoca que la persona se quede «atrapada» en ciertos pensamientos o comportamientos. Un GCA hiperactivo también convierte a estos individuos en expertos en detectar errores, lo que puede generar problemas en las relaciones. Las funciones principales del GCA incluyen:

GIRO CINGULADO ANTERIOR: VISTA INTERNA DEL CEREBRO

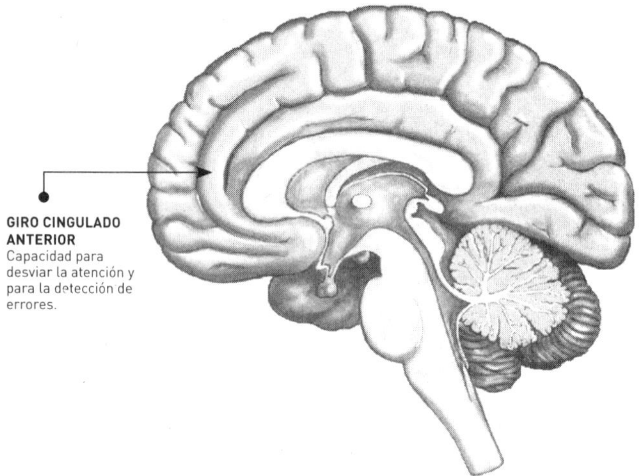

- **Capacidad para desviar la atención y pasar de una idea a otra**: cuando los niveles de actividad en el GCA están equilibrados, podemos pasar de un pensamiento a otro o de una actividad a otra. En cambio, si aumenta la actividad en esta parte del cerebro —cosa habitual en los cerebros persistentes— es más probable que la persona se quede atrapada en un bucle de pensamientos negativos o que tenga problemas para abandonar sus malos hábitos. Es como si no pudieras apartarte de tu propio camino, incluso queriendo cambiar patrones de pensamiento o de conducta.

- **Flexibilidad cognitiva, versatilidad y capacidad para adaptarse a las circunstancias**: ser capaz de afrontar los cambios, adaptarse a las circunstancias y gestionar con éxito las pequeñas (o grandes) emergencias de la vida son funciones del GCA. Ya sea al mudarnos de casa, empezar una relación o conseguir un cliente nuevo, debemos ser capaces de adaptarnos, y el pensamiento flexible nos ayuda a conseguirlo. Ser capaz de gestionar las transiciones es un elemento esencial de la felicidad que suele resultar escaso en las personas persistentes; debido a su pensamiento rígido, los cambios inesperados les generan frustración y merman su felicidad.
- **Capacidad para detectar opciones**: cuando nos enfrentamos a un problema en el trabajo o en una relación, el GCA es lo que puede ayudarnos a considerar varias posibles soluciones o, por el contrario, hacer que nos bloqueemos en una, aunque no sea la mejor. Las personas con un cerebro persistente tienden a centrarse en un objetivo y perseguirlo con tenacidad. Esta característica puede ser útil para alcanzar metas y centrarse en lo que uno desea en la vida. Lo malo es que este tipo de personas también se suelen resistir a adoptar nuevas ideas o tecnologías.
- **Capacidad para cooperar**: el GCA está implicado en la capacidad de cooperación, ya que requiere adaptabilidad, predisposición a adoptar perspectivas ajenas y apertura mental para cambiar de rumbo en función de informaciones nuevas. Cuando el GCA trabaja demasiado, puede entorpecer esa naturaleza cooperativa y dar la impresión de que no se nos da bien trabajar en equipo.
- **Detección de errores**: el GCA juega un papel relevante en la detección de errores. Un GCA hiperactivo provoca que la detección de errores se dispare, lo que lleva a estas personas a ser críticas en exceso y a centrarse en lo que no les gusta. Es el tipo de individuo capaz de sacar defectos a unas vacaciones en la playa más bella del mundo. «No puedo disfrutar; ¡hay demasiada gente en esta playa!».

Problemas con un GCA que trabaja demasiado

- Preocupación.
- Rencor por heridas del pasado.
- Bloqueo en pensamientos (obsesiones).

- Bloqueo en conductas (compulsiones).
- Tendencia a la oposición («No. Ni hablar. ¡Jamás! No puedes obligarme a hacerlo»).
- Ganas de discutir.
- Falta de cooperación.
- Tendencia a decir que no de forma automática.
- Conductas adictivas (abuso de alcohol o drogas, trastornos alimentarios).
- Dolor crónico.
- Inflexibilidad cognitiva.
- Trastorno obsesivo-compulsivo (TOC).
- Trastornos del espectro TOC.
- Trastornos alimentarios.
- Agresividad al volante.

Si tienes un cerebro persistente, estas dificultades pueden resultar algo molestas (para ti o para la gente que te rodea), pero también te debilitan y te roban la felicidad.

TIPO DE CEREBRO 3: LAS SUSTANCIAS QUÍMICAS DE LA FELICIDAD EN LOS CEREBROS PERSISTENTES

Este tipo de cerebro suele asociarse con niveles más bajos del neurotransmisor serotonina, la «molécula del respeto». Los investigadores que buscaban los receptores de serotonina en el cerebro descubrieron que el GCA contenía muchos de ellos.[1] Sintetizada en el tracto gastrointestinal y en múltiples grupos de células (núcleos del rafe) en el tronco encefálico, la serotonina mejora y estabiliza el estado de ánimo, regula el estrés y nos ayuda a lograr más flexibilidad y apertura, y a adaptarnos a los cambios en el entorno. También nos ayuda a desviar la atención de preocupaciones poco útiles y a cooperar más con otras personas. Hay evidencias de que la serotonina aumenta cuando sientes que te respetan (lo que promueve la autoestima), y disminuye cuando detectas que te están menospreciando.

La serotonina también está involucrada en el sueño, la alimentación, la digestión, el bloqueo del dolor y la función de las plaquetas sanguíneas en la cicatrización de heridas. Tener niveles bajos de este neurotransmisor se relaciona con la depresión, la ansiedad, la preocupación, la mala memoria, el dolor, la agresividad, los intentos de suicidio, la baja autoestima, la tendencia a la oposición o la discusión, y la rigidez o inflexibilidad cognitiva.

Los niveles bajos de serotonina causan dificultades a las personas con este tipo de cerebro porque conducen a comportamientos insistentes en los que el cerebro se queda atrapado, como obsesiones o compulsiones. Estas personas también odian las sorpresas. Viviendo en el sur de California, he tratado a varios niños que han sufrido enormes rabietas en los aparcamientos de Disneyland al darles sus padres una sorpresa por su cumpleaños. Aunque a esos niños seguro que les encantaba Disneyland, no eran capaces de cambiar su estado mental para pasar el día en el parque de manera espontánea.

Por el contrario, unos niveles más altos de serotonina se asocian a un mejor estado de ánimo, una mayor sensación de estatus social o respeto, y sobre todo a la flexibilidad. Aunque también pueden disminuir la motivación. La serotonina y la dopamina se contrarrestan entre sí; cuando una sube, la otra tiende a bajar. Es crucial, pues, mantener un equilibrio entre ambas. El triptófano, que es el aminoácido precursor de la serotonina (es decir, el cuerpo lo utiliza para producirla) reduce la tendencia a discutir, aumenta la cooperación y mejora el estado de ánimo.[2]

Ciertos medicamentos aumentan los niveles de serotonina, en especial los inhibidores selectivos de la recaptación de serotonina (ISRS), que son los antidepresivos más recetados (como Prozac, Paxil, Zoloft, Celexa, Lexapro y Luvox). Las drogas psicodélicas, como el LSD y las setas alucinógenas, estimulan los receptores de serotonina, lo que ayuda a sentirse más abierto al cambio,[3] pero pueden ser adictivas y tener ciertos efectos secundarios perjudiciales.

Para incrementar los niveles de serotonina en un cerebro persistente, o al menos mantenerlos equilibrados, recomiendo lo siguiente:

1. **Incrementar la ingesta de triptófano.** Este aminoácido, presente en alimentos como carne de pavo o pollo, pescado, zanahorias, arándanos, semillas de calabaza, boniatos y garbanzos, ayuda a llevar triptófano al cerebro, donde se convierte en serotonina. Aunque el 90 % de la serotonina se produce en el intestino, el cerebro necesita fabricar la suya, lo que hace esencial que haya triptófano en la dieta. En cambio, evita los dulces, ya que, aunque el azúcar eleva el nivel de serotonina con rapidez, no lo mantiene y además puede generar adicción y causar otros problemas de salud a largo plazo a las personas con un cerebro persistente.

2. **Comer pescado y marisco (y mucho).** El pescado y el marisco no solo proporcionan abundante triptófano, sino que sus omega-3 de cadena larga incrementan la producción de serotonina en el cerebro.[4] Sin embargo, hay que vigilar el consumo de vino. Las personas persistentes suelen creer que *necesitan* una copa de vino cada noche (o dos o tres) para aliviar sus preocupaciones. Pero son pasos en la dirección equivocada.

3. **Esforzarse por compararse con los demás de forma positiva.** Hacerlo de forma negativa es la mejor manera de bajar la autoestima. A mis pacientes les recomiendo que se centren en lo que tienen en la vida, y no en lo que no tienen. Por ejemplo, Tana y yo adoptamos a nuestras sobrinas, porque se habían criado en un hogar caótico donde predominaban las adicciones. Les dijimos, con cariño, que podían elegir entre centrarse en lo que no habían tenido (un entorno familiar estable en su primera infancia) o en lo que sí tenían (una tía y un tío que prometían darles un hogar y una vida afectuosa, predecible y saludable).

4. **Hacer ejercicio con regularidad.** El ejercicio ayuda a llevar triptófano al cerebro, lo que contribuye a «recargarlo» de serotonina. Múltiples estudios han demostrado que el ejercicio mejora el estado de ánimo y la flexibilidad cognitiva.

5. **Tomar determinados suplementos nutricionales.** Los que yo recomiendo son el azafrán, el L-triptófano, el 5-HTP, la hierba de san Juan, el magnesio, las vitamina D, B6 y B12 y la curcumina. Ten en cuenta, por otro lado, que la cafeína y las pastillas para adelgazar tienden a empeorar los rasgos negativos en las personas persistentes, porque este tipo de cerebro no necesita más estimulación.

6. **Darse masajes con regularidad.** En un estudio se evaluó a 84 mujeres embarazadas que padecían depresión gestacional. Aquellas cuya pareja les daba un masaje de 20 minutos, dos veces por semana, al cabo de 16 semanas declararon notar menos ansiedad y sentirse menos deprimidas. También presentaron niveles más altos de serotonina y dopamina, y más bajos de cortisol.[5]

7. **Usar una lámpara de luminoterapia por las mañanas.** Esto sube los niveles de serotonina y mejora el estado de ánimo.[6] Se comprobó que el efecto negativo sobre el estado de ánimo de la carencia severa de triptófano en mujeres sanas se había invertido por completo con la luminoterapia (3000 lux).[7]

8. **Meditar y tener «momentos de silencio».** Se ha comprobado que los niveles de serotonina aumentan en respuesta a casi cualquier forma de reflexión espiritual o meditación.

9. **Centrarnos más en lo que nos gusta que en lo que no.** La investigación en este ámbito demuestra que el lugar al que dirigimos la atención determina cómo nos sentimos y el nivel de serotonina que produce el cerebro.[8] Mediante tomografías por emisión de positrones (técnica conocida por sus siglas en inglés, PET), los investigadores pudieron medir los niveles de serotonina en el cerebro de participantes sanos que se centraban

TRANSFORMACIÓN FELIZ EN 30 DÍAS

Mi cerebro no siente la tristeza profunda que sentía al inicio del programa. Seguiré trabajando en ello.

KJ

en pensamientos positivos, negativos y neutros. La concentración en pensamientos positivos correlacionó con un aumento de los niveles de serotonina en el GCA. Esto implica que la serotonina puede ser bidireccional: cuando está baja, nos sentimos tristes, pero podemos sentirnos mejor si nos centramos en lo que nos gusta.

Receta de la felicidad para el tipo de cerebro 3: persistente

Contribuye al buen estado de tu tipo de cerebro. Sigue las estrategias para potenciar la producción de serotonina y ayuda así a «engrasar» el cambio de marchas de tu cerebro y calmar el GCA.

Conoce tu trayectoria profesional. El cerebro persistente es común entre directores de operaciones, contables, planificadores de eventos y gestores de cuentas.

Valora tu forma de aprender. Eres buen estudiante (o al menos aprendes rápido) cuando se te da cierta libertad para trabajar la materia. No te gusta que te digan: «Tienes que saber esto»; prefieres decidirlo por tu cuenta y a tu ritmo.

Descubre lo que quieres en una relación. Puede que seas una persona testaruda y tiendas a recordar cada desaire y pelea que has tenido con tu pareja. Si él o ella también tiene un cerebro persistente, ten cuidado, porque eso puede acabar en enfrentamiento.

Tener una relación con alguien con un cerebro persistente

Las personas con un cerebro persistente son decididas, de opiniones firmes y proactivas. Estar cerca de alguien que tiene claro quién es y cuáles son sus creencias, y que se esfuerza para que le salgan bien las cosas puede resultar abrumador, sobre todo cuando hay tanta gente en apariencia sin rumbo ni inspiración. No obstante, los problemas surgen si se les contradice o se desea hacer un cambio; ya sea pareja, familiar o amigo, es probable que la persona persistente diga que «no» con frecuencia, lo que puede resultar bastante frustrante. También es posible que te recuerde algún error que cometiste hace mucho tiempo, como aquella vez que hiciste un comentario inapropiado sobre su corte de pelo, cuando cambiaste algo en los archivos del departamento sin consultarle o cierta ocasión en que le organizaste una cita a ciegas que salió mal.

Aprender a dar opciones a las personas con un cerebro persistente ayuda a evitar su «no» automático. Otras cosas, como hacer ejercicio o cocinar carbohidratos complejos juntos les ayudará a favorecer la producción de serotonina, lo cual a su vez rebajará su nivel de intensidad y propiciará una relación más feliz.

Lo que dicen sus parejas sentimentales:

«Creo que jamás le he oído decir "Lo siento"».

«Sigue sacando a relucir algo que hice hace 30 años. Me gustaría que fuera capaz de superarlo».

Lo que dicen sus colegas de trabajo:

«Se mantiene fiel a sus objetivos contra viento y marea».

«Le cuesta cambiar de marcha cuando el mercado evoluciona».

Lo que dicen sus amistades:

«Si necesito a alguien que me ayude a planificar cualquier cosa, es la persona indicada».

«Cuando se alteran los planes, se enfada».

Detecta cuándo te desvías del camino. Cuando tu GCA está hiperactivo o sobreestimulado, puedes meterte en un bucle de pensamientos negativos y caer en el pozo. Esta mentalidad afecta a tu felicidad y está asociada a la ansiedad, la depresión, el trastorno obsesivo-compulsivo (TOC) y los trastornos alimentarios.

Conoce lo que te hace feliz a ti. Haz una lista de las cosas que te dan alegría y léela cada día para recordar las actividades que te gustan.

¿Qué hace felices a las personas con un cerebro persistente?

- Estar al mando.
- Sentirse respetadas.
- Los días predecibles.
- Tener una visión de conjunto.
- La monotonía y la familiaridad.
- Mantener las tradiciones.
- Mantener una rutina.
- Tomar sus propias decisiones.

¿Qué hace infelices a las personas con un cerebro persistente?

- Quienes no hacen lo que dijeron que harían.
- El fracaso.
- Que les digan que no.
- Que las hagan esperar.
- No encontrar aparcamiento.
- Que sus superiores les pongan obstáculos.
- Que les cambien las normas.

☺ **Busca micromomentos de felicidad**

- Tachar algo de tu lista de tareas pendientes.
- Hacer planes.
- Levantarte y saber con exactitud cómo va a ser tu día.
- Pasar tiempo leyendo un buen libro.
- Contemplar la puesta de sol al final de un día que ha ido bien.

CAPÍTULO 7

CEREBRO SENSIBLE

El sistema límbico, la oxitocina y las endorfinas

Protegeré mi energía de quienes me agotan.
Aprenderé a fijar límites saludables.
Aprenderé a decir «no» en los momentos adecuados.
Haré caso de mi intuición sobre las relaciones que me nutren.

DOCTORA JUDITH ORLOFF, *GUÍA DE SUPERVIVENCIA PARA PERSONAS ALTAMENTE EMPÁTICAS Y SENSIBLES*

¿Sientes que eres capaz de conectar con los sentimientos de quienes te rodean, en especial los de los miembros de tu familia?

¿Experimentas empatía con los problemas y contratiempos ajenos? ¿Eres capaz de percibir las emociones de los demás?

¿Te consideras una «esponja emocional», que absorbe lo que sienten otras personas? Antes de la pandemia, ¿sentías incomodidad al estar en medio de una multitud?

Si tu respuesta a alguna de (o todas) estas preguntas es que sí, es probable que tengas un cerebro del tipo 4, sensible. La mayoría de la gente es incapaz de percibir y sentir las emociones como tú lo haces. Debido a tu tipo de cerebro, el dolor y la felicidad de los demás se convierten en parte de tu dolor y felicidad, en parte de *tu* experiencia.

RASGOS COMUNES EN LOS CEREBROS DE TIPO 4: SENSIBLES

Las personas con este tipo de cerebro suelen obtener puntuaciones altas en los siguientes rasgos:

- Sensibilidad.

- Sentimientos profundos.
- Empatía.
- Variabilidad del estado de ánimo.
- Pesimismo.
- Muchos ANT (en español, PNA, pensamientos negativos automáticos).
- Depresión.

En cambio, suelen obtener puntuaciones bajas en:

- Superficialidad.
- Felicidad constante.
- Pensamientos positivos.

También podríamos denominar los cerebros sensibles como «empáticos». Las personas empáticas tienen una capacidad innata para comprender las experiencias y los sentimientos ajenos; tienden a ser sensibles y a experimentarlo todo con intensidad.

Estos individuos suelen evitar las multitudes, y su idea de una tarde ideal de sábado es probable que incluya un libro de poesía, un tranquilo paseo por un bosque desierto, o recorrer en solitario un parque o una reserva natural. Siempre que los cerebros de tipo sensible tengan la oportunidad de alejarse de los cláxones, el bullicio de las zonas comerciales, las fiestas ruidosas o la estimulación excesiva, se encontrarán en su zona de confort.

Las personas sensibles son más felices cuando pueden relajarse. Les encanta la idea de un retiro silencioso en un monasterio, pasar una tranquila noche en casa o salir a cenar con un solo amigo o con su pareja, en lugar de quedar con un gran grupo de gente en una pizzería abarrotada. No les entusiasman las conversaciones triviales, prefieren profundizar. Les desagrada que todo su tiempo esté «programado», prefieren gozar de cierta flexibilidad o huecos sin planificar a lo largo del día. Una larga ducha y mucho tiempo para prepararse es el paraíso para el tipo de cerebro 4. Lo mismo ocurre con disponer de tiempo para escribir en su diario o disfrutar de un libro que le recargue las «pilas espirituales».

Conocimientos de una experta

Aunque yo no tengo este tipo de cerebro, hace mucho tiempo que me fascinan quienes sí lo poseen. Por eso invité a una de las pioneras en comprender a las personas sensibles al pódcast que presento con Tana, *The Brain Warrior's Way*. Nuestra invitada fue la doctora Judith Orloff, autora de *Thriving as an empath: 365 days of self-care for sensitive people.*

No te lo pierdas
The Brain Warrior's Way Podcast

A mí me encanta escuchar audiolibros y por eso disfruto también con los pódcast. Si es tu caso, te encantará escuchar a los fascinantes invitados que Tana y yo llevamos al nuestro. Tana es enfermera de traumatología neuroquirúrgica en cuidados intensivos, y estoy encantado de poder contar con ella para que aporte su perspectiva a las discusiones que surgen.

Comenzamos a grabar el pódcast en 2016, y ya hemos superado los diez millones de descargas, con casi mil episodios sobre una amplia variedad de temas relacionados con la salud cerebral. Los programas no duran más de diez o quince minutos, para poder disfrutarlos en pequeñas dosis. Es difícil destacar un episodio, pero algunos de los más populares han sido los de Jay Shetty —un exmonje que se ha convertido en un fenómeno en las redes sociales, presenta el podcast *On purpose* y es autor de *Piensa como un monje* y la doctora Caroline Leaf, neurocientífica cognitiva y autora de *Limpia tu enredo mental.*

Sean cuales sean tus intereses, encontrarás algo que escuchar mientras conduces o haces ejercicio. Visita nuestra web: brainwarriorswaypodcast.com

La doctora Orloff nos habló con entusiasmo sobre cómo pueden prosperar las personas empáticas y sensibles. Nos contó que esta clase de individuos tienen habilidades preciosas y maravillosas, pero también deben aprender a cuidarse para enfrentarse al reto que supone ser tan sensible.

—El secreto no es volverse menos sensible ni tener una piel más gruesa. Mi madre, que era médica, me repetía una y otra vez: «Cariño, solo tienes que endurecer la piel. Tienes que ser más fuerte» —comenzó Orloff—. Pero esa no es la respuesta. Se trata de expandir tus sensibilidades, pero aprendiendo a centrarte, a fijar buenos límites. Aprende a practicar el autocuidado. Aprende a disponer de suficiente tiempo a solas. Aprende a detectar las señales de sobrecarga sensorial para cortar de raíz la situación antes de que explote y termines diciendo algo de lo que te arrepientas.

Le pregunté a la doctora Orloff —que admitía ser ella misma sensible— cómo había descubierto estos rasgos en su personalidad. Nos explicó que había sido la hija única de dos médicos y tenía 25 antepasados médicos en total en su familia. De pequeña era muy tranquila, hasta que descubrió que las multitudes le provocaban ansiedad y depresión.

—No sabía qué pasaba en ese lugar abarrotado que provocaba un cambio tan drástico en mi cuerpo —confesó.

El consejo de su madre de «endurecerse» no la ayudó.

—No adopté ninguna técnica de autocuidado en mis años de desarrollo. Estaba sola —nos contó.

Esto dio lugar a un fascinante diálogo entre Tana y la doctora Orloff:

> **Tana:** *Entonces, ¿ser una persona empática es diferente del simple hecho de experimentar empatía hacia los demás? Lo que dices es que puedes sentir empatía, por ejemplo, si ves a un niño herido, pero no tienes por qué sentir su dolor. Es diferente tener empatía que definirse como una persona empática, ¿correcto?*
>
> **Doctora Orloff:** *Exacto. En cuanto a la empatía, hay un espectro, y en mitad del espectro están las personas normales y buenas, que experimentan empatía y sienten alegría y dolor por los demás. Pero si subimos en el espectro empático encontramos a las personas sensibles en extremo, que tienen sensibilidad al ruido, los olores, los sonidos fuertes, el barullo de conversación, la luz brillante, etc.*
>
> *Si subimos aún más, encontramos a personas que tienen todos estos rasgos sensoriales y, además, son esponjas emocionales y físicas.*

Se funden con [la otra persona], lo cual es positivo desde el punto de vista espiritual, pero hacerse cargo de las emociones ajenas no es beneficioso para uno mismo.

Tana: *Pero ¿tus sentimientos son más intensos hacia unas personas que hacia otras? Es decir, ¿sientes más cosas cuando estás con una sola persona, o siempre es igual, con independencia de con quién estés?*

Doctora Orloff: *No, varía en función de la persona. Depende. Puedo sentir todo lo positivo. Las personas empáticas tienen unos dones increíbles, y una parte del autocuidado implica cuidar de tus dones: la intuición, la profundidad, la capacidad de amar, la creatividad, el amor por la naturaleza, saber que existe una unidad en el mundo, que todos somos hermanos y hermanas de una misma familia, que cualquier otra cosa es una ilusión; eso lo sabemos sin duda… Lo tenemos muy claro, y esa claridad es muy útil.*

Recordé los análisis de imagen cerebral de personas con trastornos sensoriales y PAS (personas altamente sensibles) que había efectuado como parte de nuestro trabajo en las Clínicas Amen. En esas imágenes se observaba con frecuencia que los lóbulos parietales (la parte superior trasera del cerebro, responsable de percibir el mundo) trabajaban demasiado, en comparación con los de otras personas.

Doctor Amen: *¿Cómo puede una persona saber si ella misma, uno de sus hijos o su cónyuge son personas empáticas?*

Doctora Orloff: *Bueno…, hay ciertas preguntas muy básicas que pueden hacerse:*

- *¿Te han dicho toda tu vida, para menospreciarte, que eres «demasiado sensible»?*
- *¿Necesitas pasar mucho tiempo a solas para descomprimirte y reponerte?*
- *¿Prefieres pasar tiempo a solas en lugar de estar con gente cuando te estás recuperando?*

A algunas personas extrovertidas les encanta salir y estar con más gente, y así es como recuperan su energía. Pero yo, cuando experimento esa sobrecarga sensorial, busco la soledad. Quiero estar sola. Porque esa soledad es mi lugar de cuidado. Es mi… espíritu. Estar sola es como maná del cielo, porque reduce la estimulación.

También hay otras preguntas que se pueden plantear: «¿Soy sensible al ruido, los olores o las conversaciones bulliciosas?» Las personas empáticas tienen un sentido del olfato muy agudo. Podríamos entrar en un ascensor y, si hay perfume, yo sentiría que me están bombardeando con él, mientras que tú podrías pensar: «Oh, qué aroma tan agradable». Si multiplicas tu capacidad sensorial por un millón **más o menos,** *entonces puedes entender lo que es ser una persona empática.*

Esto es bonito, porque mi capacidad para amar es muy profunda. También lo es mi capacidad para la conexión espiritual y con la naturaleza. Digamos que la conexión es lo que me importa. Como persona empática, dispongo de esa capacidad de conexión.[1]

Numerosos estudios han demostrado que esa conexión con la naturaleza correlaciona de forma positiva con sentirse feliz y en una situación de bienestar. Así pues, las personas con un cerebro sensible necesitan salir al aire libre tanto como les sea posible para potenciar su felicidad cotidiana.[2]

Funcionamiento interno de los cerebros de tipo 4

Las personas sensibles forman parte del 20 % de la población cuyo cerebro procesa la información con mayor profundidad que el resto. Para entender por qué sucede esto fijémonos en los neurotransmisores. Hay que tener en cuenta lo siguiente:

1. **Tu cerebro responde de forma distinta a la dopamina.** Hemos visto que esta es la molécula «del más», la sustancia química cerebral de la recompensa. Nos gusta la dopamina porque su presencia nos lleva a «querer» abordar ciertas tareas, pero el reconocimiento y las recompensas externas no son lo que impulsa a las personas con un cerebro sensible. Por eso te contienes en determinadas situaciones, mientras observas a los demás y procesas esa información hasta que sientes la suficiente comodidad para actuar. Tu cuerpo también reacciona de forma diferente a la sobreestimulación de un ruidoso concierto, con

los graves intensos, la música a todo volumen y las luces estroboscópicas. Y es que tu cerebro no produce tanta dopamina como el de, digamos, la gente fiestera.

2. **Tu cerebro es más activo que el de los demás a la hora de procesar información.** Cuando observas, tu cerebro trabaja. Mientras que otros tipos «hacen un paréntesis» y sueñan despiertos, el tuyo está procesando todo el tiempo el mundo que hay a tu alrededor; porque está especialmente preparado para observar e interpretar el comportamiento que te rodea. Esto explica por qué eres hipersensible a las películas violentas, al lenguaje soez y a las escenas de sexo en pantalla. Otras personas pueden ignorar el caos, las groserías o los cuerpos desnudos, pero tú no eres capaz de «compartimentar» esas imágenes de la misma manera.

3. **Experimentas las emociones de manera más profunda e intensa que el resto de la gente.** Si te dedicas a la enfermería, tus pacientes te dirán que les das un trato maravilloso. Si eres terapeuta, te elogiarán por tus habilidades de escucha. Si eres pastor o sacerdote, tus feligreses valorarán tu sabiduría y humildad.

   Esto es así porque sientes tus emociones con mayor profundidad que la mayoría, ya que tienes la capacidad de acceder a una zona del cerebro llamada «corteza prefrontal ventromedial» (CPFvm). Quizá tienes la suerte de poseer un gen que aumenta la intensidad de tus sentimientos. Así que, aunque disfrutas más del amor de un bebé en tu regazo que otras personas, también es más probable que le des vueltas a la cabeza por haber perdido una venta o la posibilidad de un ascenso.

4. **Te gusta fijarte en lo que tienes alrededor.** No te es posible ignorar a la gente, tu cerebro no te lo permite. Digamos que se te ha programado para recabar información sobre lo que ves, oyes, tocas y sientes. Los escáneres de tu tipo de cerebro muestran una mayor actividad en el GCA, también conocido como la «sede de la conciencia», porque está involucrado en la percepción de cada momento.

Hay mucho que decir sobre los cerebros de tipo 4. No todo el mundo es capaz de procesar la información a un nivel así de profundo, conectar con otras personas con tanta empatía y relacionarse con su entorno de forma significativa.

Si tienes hijos...

Los progenitores con un cerebro de tipo 4 son madres y padres llenos de empatía y amor, que se esfuerzan por criar a sus retoños con cariño y bondad. A su vez, los hijos de personas con un cerebro sensible se benefician de unos padres que comprenden en gran medida sus sentimientos.

LO QUE LOS ESCÁNERES SPECT MUESTRAN SOBRE EL CEREBRO SENSIBLE

El trabajo con neuroimágenes revela que los cerebros sensibles suelen presentar un mayor nivel de actividad en las áreas límbicas o emocionales.

ESCÁNER SPECT ACTIVO NORMAL

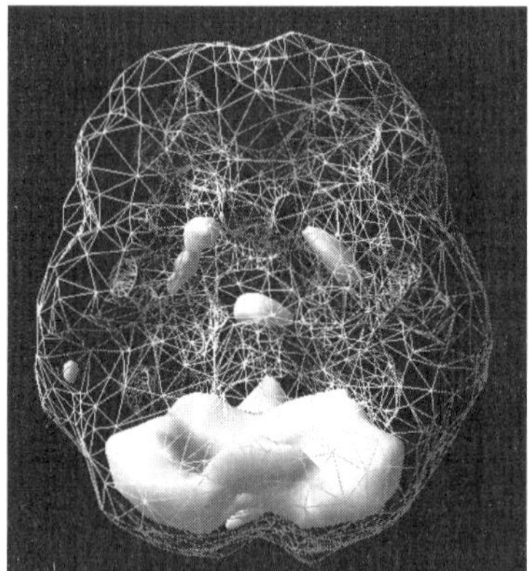

Las zonas más activas se encuentran en el cerebelo, en la parte trasera del encéfalo.

ESCÁNER SPECT ACTIVO DE UN CEREBRO SENSIBLE

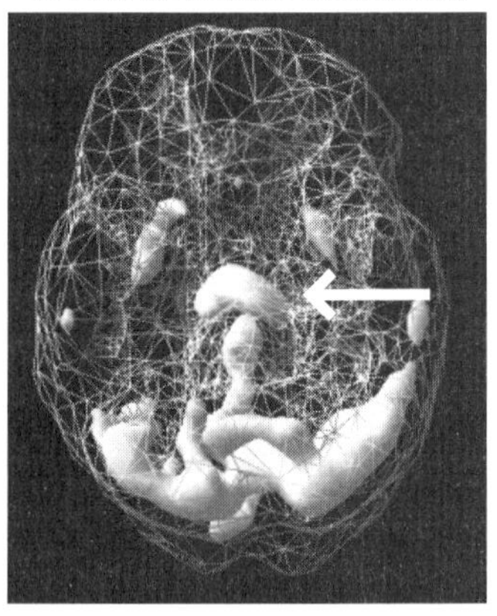

Nivel elevado de actividad en la región límbica (flecha).

El sistema límbico es una de las partes más fascinantes y esenciales del ser humano, y tiene muchísimas funciones, todas ellas fundamentales para la conducta y la supervivencia. Entre las principales del sistema límbico encontramos las siguientes:

- **Fijar el tono emocional de la mente**: la perspectiva emocional general depende en gran medida de esta región del cerebro. Una menor actividad del sistema límbico se asocia con una sensación de positividad y esperanza. Por tanto, las personas con un cerebro sensible, que presentan un mayor nivel de actividad en esta zona, tienden a la negatividad y a sentirse desesperanzadas e impotentes.
- **Filtrar los acontecimientos externos a través de estados internos (crear un «tinte emocional»)**: el tinte emocional, también conocido como «tonalidad emocional», es la forma de interpretar los acontecimientos cotidianos. Imagínalo como un filtro en el objetivo de una cámara, que hace que todo parezca un poco más brillante o adopte un tono más oscuro. Cuando el sistema límbico está hiperactivo, como ocurre en las personas con un cerebro sensible, es más probable interpretar los acontecimientos y las conversaciones de forma negativa.
- **Almacenar recuerdos con alta carga emocional**: piensa en los mejores días de tu vida (tu graduación, tu boda o el nacimiento de tu primer hijo) y en los peores (un terrible accidente de coche, cuando tu empresa se declaró en bancarrota o la muerte de un familiar). ¿Qué tienen en común todos estos acontecimientos? Su componente emocional se almacena en el sistema límbico. Con una mayor actividad en esta región del cerebro, ciertos recuerdos son capaces de evocar fuertes reacciones emocionales en las personas con un cerebro sensible.
- **Modular la motivación**: el sistema límbico está involucrado en la cantidad de energía y motivación disponibles para lograr lo que deseamos en la vida. Una menor actividad en esta región del cerebro se asocia con una actitud de «soy capaz de hacerlo». En cambio, su mayor actividad está relacionada con una disminución de la motivación y puede dificultar que las personas con un cerebro sensible se levanten del sofá para perseguir sus sueños.

- **Controlar el apetito y los ciclos del sueño**: el hipotálamo (que forma parte del sistema límbico) está muy involucrado en cuánto comemos y dormimos. Para quienes pertenecen al grupo de los sensibles, una actividad elevada en el sistema límbico provocará cambios en la ingesta diaria de alimentos y en los hábitos de sueño, ya sea mediante una disminución del apetito y la aparición del insomnio, o haciendo que la persona coma y duerma en exceso.

- **Favorecer el vínculo**: esta región del cerebro juega un papel básico en la capacidad para conectar con otras personas. Cuando tenemos vínculos sociales fuertes, nuestro estado de ánimo mejora y gozamos de una visión más positiva de la vida. Si tu cerebro es sensible, tal vez tiendas a aislarte de la gente, privándote así de los beneficios emocionales que aporta la interacción social.

- **Procesar de forma directa el sentido del olfato**: cuando hueles una rosa, ese olor va directo del sistema olfativo al límbico, donde se procesa. Esto ayuda a explicar por qué los aromas ejercen una influencia tan poderosa en el estado de ánimo y las emociones. Si tu cerebro es del tipo sensible te conviene rodearte de aromas agradables.

- **Modular la libido**: una actividad sexual saludable es un componente clave de una vida feliz. Y es que hacer el amor desencadena la liberación de ciertas sustancias químicas de la felicidad que promueven el vínculo emocional. El aumento de actividad en el sistema límbico de los cerebros sensibles implica mayor probabilidad de disminución del deseo sexual. Por lo tanto, las personas sensibles pueden perderse estas sustancias neuroquímicas que generan bienestar.

Nuestra experiencia en las Clínicas Amen nos indica que, cuando el sistema límbico está menos activo, en general se produce un estado mental más positivo y esperanzador. Sin embargo, cuando trabaja en exceso esto suele asociarse con problemas.

Problemas con un sistema límbico que trabaja demasiado

- Tristeza o depresión clínica.
- Más pensamientos negativos.
- Percepción negativa de los acontecimientos.

- Torrente de emociones negativas como la desesperanza, el desamparo y la culpa.
- Problemas de apetito y sueño.
- Mayor o menor capacidad de respuesta sexual.
- Aislamiento social.
- Dolor físico.

TIPO DE CEREBRO 4: LAS SUSTANCIAS QUÍMICAS SENSIBLES DE LA FELICIDAD

Los cerebros sensibles suelen presentar niveles bajos de una serie de sustancias químicas como la dopamina, la serotonina, la oxitocina y las endorfinas. La clave, pues, es incrementar estos niveles. Ya hemos hablado de cómo subir los niveles de dopamina (ver capítulo 5, sobre el cerebro espontáneo) y de serotonina (ver capítulo 6, sobre el cerebro persistente). Aquí me centraré, por tanto, en la oxitocina y las endorfinas.

Oxitocina: la molécula de la confianza

Producida por el hipotálamo, la oxitocina es la hormona del afecto o del amor, pero en realidad es mucho más que eso. La investigación ha demostrado que las parejas, en la primera etapa de su relación, tienen niveles más altos de oxitocina, así como de dopamina (placer), y más bajos de serotonina (obsesiones), en comparación con sus amigos sin pareja. La oxitocina también aumenta durante la actividad sexual y está vinculada a la intensidad de los orgasmos.[3] Se ha asociado con un mayor nivel de confianza, bienestar, conexión de pareja, comportamientos maternales, generosidad, reducción del estrés e interacciones sociales. En cuanto a los lazos afectivos, la oxitocina también se ha relacionado con comportamientos que protegen al grupo social: hace que la se incline hacia quienes son similares a ella, llegando incluso a mentir para proteger a otros dentro del grupo. Se ha demostrado, así mismo, que reduce el dolor y favorece la cicatrización de heridas (y es que las relaciones de intimidad mejoran la salud física). La oxitocina estimula la sensación de satisfacción, disminuye la ansiedad y genera sentimientos de calma y seguridad cuando uno está con su pareja, elementos clave en las relaciones satisfactorias. Además, incrementa los efectos tanto de las interacciones sociales positivas como de las negativas.

Por el contrario, niveles bajos de oxitocina se han asociado con la depresión y la sensación de amenaza a la supervivencia, lo que, desde luego, no conduce a la felicidad. También se han relacionado los niveles bajos de esta sustancia con el autismo. En cambio, niveles más altos de oxitocina pueden disminuir los de cortisol y, con ello, el estrés, además de aumentar la probabilidad de que las parejas sean monógamas (porque reduce el nivel de testosterona).

Como sucede con otras sustancias químicas de la felicidad, demasiada oxitocina puede ser contraproducente, ya que puede provocar que las personas se encariñen en exceso y se vuelvan demasiado confiadas o codependientes. Así, niveles elevados de esta sustancia nos hacen pasar por alto los defectos ajenos o mantener una relación (de pareja o de amistad) abusiva, debido a que el vínculo es demasiado fuerte. Por esta razón, animo a mis pacientes a ir con cuidado en sus encuentros sexuales. Unos niveles elevados de oxitocina también se han asociado con la envidia, la arrogancia y la típica agresividad de «mamá osa» si alguien amenaza a tus seres queridos. Además, puede estar involucrada en el contagio social, el pensamiento grupal, la desconfianza hacia quienes no son como tú (lo que lleva a protegerse dentro del grupo) y los prejuicios raciales.

Entonces ¿qué reduce los niveles de oxitocina? Cosas como la testosterona, separarse de la persona amada, el aislamiento, la traición, el duelo y el estrés agudo hacen que los niveles de oxitocina bajen. Así pues, la pandemia fue desastrosa para los niveles de oxitocina y, en consecuencia, de felicidad de mucha gente.

La oxitocina puede recetarse como medicamento. Múltiples estudios han demostrado que tiene un efecto beneficioso en los traumas emocionales,[4] calma los circuitos del miedo en el cerebro y reduce los síntomas del trastorno de estrés postraumático (TEPT).[5] La primera vez que tuve conocimiento del impacto positivo de la oxitocina en procesos de duelo fue al leer un libro del doctor Ken Stoller, que trabajó para las Clínicas Amen durante varios años. En *Oxytocin: The hormone of healing and hope*, Ken describe su experiencia de primera mano con la oxitocina en un proceso de duelo:

> En 2007, mi querido hijo de dieciséis años, Galen, murió en un accidente de tren. Aquello me hizo caer en el abismo de lo que llegué a considerar duelo patológico. Era incapaz de controlar los pensamientos obsesivos sobre lo ocurrido: cómo había muerto mi hijo, qué había sentido, qué habría pasado si yo hubiera podido estar allí, etc. Este cúmulo de miedo, ansiedad y pánico cobró vida propia, como si fuera una corriente de pensamientos independiente que yo no podía frenar. Era asfixiante e incapacitante.
>
> Aunque había llegado a ser experto en emplear la oxitocina para tratar el miedo y la ansiedad en niños con trastornos del espectro autista, tras la muerte de mi hijo tardé más de tres semanas en darme cuenta de que podría ayudarme a mí también [...] Tardé unos diez minutos en notar su efecto completo y, con cada minuto que pasaba, se iba apoderando de mí una mayor sensación de ecuanimidad emocional. El pánico y el miedo desaparecieron como si fueran prendas de vestir de las que me estuviera despojando. Era capaz de pensar en el accidente de tren de mi hijo, pero cuando no quería hacerlo ese acontecimiento se desvanecía en el fondo de mi mente; no estaba ahí, machacándome, como si tuviera vida propia [...] Pude procesar mi duelo sin la interferencia de obsesiones negativas.[6]

Aquí tienes trece formas de estimular la oxitocina:

1. **La creación de alianzas sociales.** Cuando pasas tiempo con tus amistades o seres queridos, sientes que te apoyan y experimentas menos soledad. Por eso la pandemia fue tan difícil para

tanta gente: perdieron la oxitocina que obtenían al quedar para dar un paseo en bicicleta el sábado por la mañana o hacer un *brunch* después de ir a la iglesia.

2. **El tacto.** Cuando necesites un subidón de oxitocina, acércate a alguien que quieras y tócale. El simple acto de tomarse de la mano puede disparar los niveles de la molécula de la confianza.

3. **Dar (o recibir) un masaje.** Es lógico pensar que al recibir un masaje relajante el cerebro se deleitará con un repunte de oxitocina, pero investigadores como la doctora Kerstin Uvnäs-Moberg, autora de *The oxytocin factor*, afirman que esta sustancia también se libera al dar un masaje a otra persona.[7]

4. **Regalar.** Si quieres fomentar la liberación de oxitocina, sorprende a alguien que te importe con un regalo. No tiene por qué ser nada extravagante ni caro, basta con un detalle que le haga sonreír. Esto generará sentimientos positivos en ti.

5. **Establecer contacto visual.** Mirar a los ojos a un ser querido (aunque sea un amigo peludo de cuatro patas) puede desencadenar la liberación de oxitocina.[8] Mantener el contacto visual tiene un efecto calmante y favorece las conexiones, incluso entre desconocidos.

6. **Escuchar música que te guste.** Al parecer, la investigación está afinando los conocimientos sobre el modo en que la música altera cuerpo y mente durante el ejercicio físico. Escuchar canciones animadas no solo aumenta los niveles de oxitocina,[9] también distrae del dolor y el agotamiento, incrementa la resistencia y mejora el estado de ánimo.[10] ¿Acaso crees que Rocky no estaba motivado cuando subió corriendo los 72 escalones que llevan al Philadelphia Museum of Art con *Gonna fly now* sonando de fondo? Así que cuando escuches música, canta (aunque solo lo hagas en la ducha) para subir tus niveles de oxitocina.

7. **Practicar yoga.** Décadas de investigaciones apuntan a la capacidad del yoga para reducir la depresión, la ansiedad y el estrés, al tiempo que mejora el sueño y la calidad de vida en general.

Parece un buen ingrediente para la felicidad, ¿verdad? Bien, pues estudios adicionales sugieren que practicar yoga también incrementa los niveles de oxitocina.[11]

8. **La meditación de la bondad amorosa**. Dedica tiempo a esta forma de meditación para desencadenar la liberación de oxitocina. Consiste en dirigir pensamientos de amor, compasión y benevolencia hacia ti, hacia quienes te rodean y hacia personas con quienes tengas una relación tensa.

9. **Las interacciones sociales positivas**. Decirle a alguien que le quieres o compartir tus sentimientos con una persona de confianza puede disparar la producción de oxitocina.

10. **Los actos aleatorios de amabilidad**. ¿Hiciste un voluntariado en un banco de alimentos durante la pandemia? ¿Diste clases en tu barrio? Los niveles de oxitocina aumentan en quienes hacen voluntariado con regularidad.[12]

11. **Acariciar a tus mascotas**. Hay una razón para decir que el perro es el mejor amigo del ser humano: el simple hecho de acariciar su suave pelaje estimula la liberación de la molécula de la confianza, y está documentado.[13] La investigación ha revelado, asimismo, que los gatos, aun con su temperamento a veces irritable y distante, ¡también nos hacen sentir felices![14]

12. **Quedar a comer con alguien que te importe**. Hoy en día, mucha gente come sola o mientras se desplaza en transporte público, pero el acto de compartir comida puede hacer maravillas en cuanto a la producción de oxitocina. Piensa en todas las conversaciones estimulantes que has tenido a lo largo de los años o en cómo te has sentido cada vez que alguien que aprecias te pregunta: «¿Qué tal el día?».

13. **Hacer el amor**. La intimidad que surge de las relaciones sexuales es una forma fundamental de aumentar los niveles de oxitocina y mostrar afecto por la otra persona. La ciencia ha descubierto que la oxitocina se libera durante el contacto sexual y a través de gestos como abrazarse y darse la mano.[15]

Endorfinas: la molécula del alivio del dolor

Otro grupo de sustancias químicas que con frecuencia presenta niveles bajos en las personas con un cerebro sensible son las endorfinas, que se activan para gestionar el dolor y el estrés severo. Al bloquear el dolor, las endorfinas nos ayudan a escapar de situaciones peligrosas y potencialmente mortales, como huir después del ataque de un animal salvaje o salir de un coche en llamas con una pierna rota. También se liberan cuando nos esforzamos hasta el límite, como ocurre con el llamado «subidón del corredor», cuando los deportistas llevan su cuerpo al extremo. Estas moléculas nos hacen sentir euforia, lo que explica por qué algunas personas se vuelven adictas al ejercicio intenso. Las endorfinas también están involucradas en las relaciones sexuales placenteras, en la experiencia de escuchar ciertas piezas musicales o de comer alimentos deliciosos, como el chocolate. En definitiva, las endorfinas y los opiáceos ayudan a aliviar el dolor, pero a menos que se receten con extrema precaución también pueden ser mortales. Fármacos como la oxicodona, la hidrocodona, la codeína, la morfina, el fentanilo y la heroína se hallan entre las sustancias más adictivas que existen, y están devastando nuestra sociedad. El National Institute on Drug Abuse de Estados Unidos ha informado recientemente que más de 100 personas mueren cada día en este país por sobredosis de opioides.[16]

Se han relacionado los niveles bajos de endorfinas con la depresión, la ansiedad, el estrés, los cambios de humor, la fibromialgia, los dolores de cabeza y las dificultades para dormir. Además, como cabe esperar, esto predispone a sufrir adicciones, en especial a las drogas opiáceas.

La relación entre el placer y el dolor

¿Recuerdas el debate entre lo que deseamos y lo que nos gusta? El deseo y el dolor están muy relacionados, y la razón son las endorfinas. En la mitología griega, Tántalo, hijo de Zeus, fue condenado por sus faltas a tener comida y bebida delante de él, pero siempre fuera de su alcance. En otras palabras, fue dolorosamente tentado.[17] Del mismo modo, una montaña rusa, las películas de terror, los deportes extremos, correr delante de los toros en un encierro o embarcarse siempre en relaciones conflictivas son ejemplos de este fenómeno. Cuando los niveles de endorfinas son demasiado bajos, la tentación es buscar situaciones extremas que los eleven.

¿Te has preguntado alguna vez por qué hay gente que se autolesiona una y otra vez, de forma intencionada, que pasa horas en estudios de tatuaje o tiene comportamientos sexuales sadomasoquistas? Se causan dolor para liberar endorfinas y obtener la euforia asociada. Cuando se comprende cómo funciona el sistema de las endorfinas y su respuesta, estas conductas inusuales empiezan a tener sentido. Esas personas pueden estar buscando un subidón de endorfinas para bloquear el dolor emocional. Cuando les receto el bloqueador opiáceo naltrexona, que bloquea el efecto eufórico, suelen abandonar la conducta problemática. La naltrexona también se ha utilizado con personas alcohólicas, para bajar la sensación de borrachera y reducir, en consecuencia, la ingesta de alcohol.

Hace poco se pusieron en contacto conmigo desde el programa televisivo *Dr. Phil* para que escaneara el cerebro de un hombre que se había vuelto adicto a que las mujeres le hicieran daño. Les pagaba para que lo golpearan, le escupieran y lo humillaran. En una ocasión, incluso le pidió a una que lo atropellara con su coche. Todo empezó de manera inocente cuando era niño, provocando a las chicas hasta que se enfadaban con él, pero la situación escaló a un nivel peligroso, lo que llegó a destruir sus relaciones y a hacerle sentir una enorme vergüenza. Lo que ocurría es que su cerebro se había vuelto adicto a las endorfinas generadas por el dolor físico.

Para las personas con un cerebro sensible, presentamos aquí ocho formas naturales de equilibrar las endorfinas e incrementar la felicidad:

1. **Hacer ejercicio.** La actividad física desencadena la liberación de esta sustancia neuroquímica que alivia el dolor y produce el «subidón del corredor», que genera una sensación muy placentera.

2. **Dar a los demás.** En términos de aumentar los niveles de endorfinas, es mejor dar que recibir. Así que encuentra formas de ser útil a los demás.

3. **Practicar yoga**. Los efectos del yoga para reducir el estrés están bien documentados, pero un beneficio menos conocido es su capacidad para incrementar los niveles de endorfinas.[18]

4. **Meditar**. La práctica regular de la meditación se ha asociado a un aumento de las endorfinas,[19] así como a un estado de ánimo positivo, lo que resulta útil para las personas con un cerebro sensible.

5. **La comida picante**. La capsaicina, un compuesto presente en los jalapeños, los habaneros y otros pimientos picantes —de esos que nos hacen sudar— está asociada con un aumento de las endorfinas y con la reducción del dolor.[20]

6. **El chocolate negro**. ¿Por qué comer chocolate reduce el dolor y mejora el estado de ánimo? En parte es gracias a los ingredientes antiinflamatorios del cacao, que también favorecen la liberación de endorfinas.

7. **Reírse más**. Podemos agradecer a las endorfinas muchos de los beneficios de la risa, entre ellos la elevación del umbral del dolor. Basta con ver media hora de comedia con unos amigos para subir nuestros niveles de endorfinas.[21]

8. **Probar la acupuntura**. Se ha demostrado que esta milenaria terapia[22] ayuda con la depresión,[23] la fibromialgia[24] y el insomnio.[25] De hecho, he tratado a muchos pacientes con depresión resistente al tratamiento (es decir, con quienes los tratamientos tradicionales no funcionan) que decían que cuando tomaban un opiáceo, como la hidrocodona para un procedimiento dental, se sentían mejor al instante. Por supuesto, nunca les recetaría un opiáceo para la depresión (la vulnerabilidad a la adicción los hace demasiado peligrosos), pero aquello me animó a enviarlos a un acupuntor, y muchas veces les ayudaba a encontrar alivio. La acupuntura no funciona para todas las depresiones, pero suele ser eficaz en los cerebros de tipo 4.

Receta de la felicidad para el tipo de cerebro 4: sensible

Contribuye al buen estado de tu tipo de cerebro. Sigue las sugerencias anteriores para estimular la oxitocina y las endorfinas, y adopta conductas saludables para el cerebro que lo protejan y que calmen tu sistema límbico.

Conoce tu trayectoria profesional. Los cerebros sensibles son habituales entre enfermeros, terapeutas y otros profesionales de la salud, y también pastores y sacerdotes. Poetas, pintores, compositores y demás artistas suelen asimismo entrar en esta categoría.

Valora tu forma de aprender. No funcionas bien en un ambiente ajetreado, ya sea en una clase o teletrabajando desde una cafetería mientras la gente hace cola para pedir su café con leche.

Descubre lo que quieres en una relación. Elige a una persona positiva y animada que al mismo tiempo sepa respetar tu necesidad de paz y tranquilidad. Lo que te hace falta es estar con alguien que también tenga un propósito vital.

Tener una relación con alguien con un cerebro sensible

Las personas con un cerebro sensible pueden conectar con lo que piensas y sientes, y están junto a ti cuando necesitas un hombro en el que llorar, que escuchen tus problemas o un poco de caldo de pollo si tienes gripe. Estas personas te brindan la oportunidad de establecer una conexión profunda, y sus relaciones románticas, de amistad y laborales pueden ser muy intensas. En algunos casos, el sistema límbico de un cerebro sensible estará hiperactivo, lo que puede llevar a estas personas a la negatividad, al aislamiento social y a interpretar las cosas de forma equivocada. Es posible que te sientas impotente a la hora de ayudarles a recuperar su actitud positiva o de despertar su deseo de salir con amigos o de ser sociable en el trabajo. Anímale a que pruebe la lámpara terapéutica BRIGHT MINDS o Happy Saffron Plus de BrainMD para fomentar un estado de ánimo más positivo y mayor felicidad en la pareja.

Lo que dicen sus parejas sentimentales:
«Me gusta charlar con él hasta altas horas».
«A veces malinterpreta las cosas».

Lo que dicen sus colegas de trabajo:
«Es como la "mamá de la oficina" que cuida de todo el mundo».
«Es una persona solitaria».

Lo que dicen sus amistades:
«Tenemos muchos recuerdos divertidos juntos».
«A veces me arrastra a su negatividad».

Detecta cuándo te desvías del camino. A lo largo de tu vida, ¿has hecho caso de los ANT (pensamientos negativos automáticos), es decir, del monólogo interno que te dice que no estás a la altura o que vas a fracasar?

Conoce lo que te hace feliz a ti. Haz una lista de las cosas que te dan alegría y repásala todos los días para recordarte las actividades que te gustan.

¿Qué hace felices a las personas con un cerebro sensible?

- Escuchar música relajante.
- Tener un propósito vital claro.
- Las reflexiones profundas.
- Oler esencia de lavanda.
- Cuidar de la salud de los demás.
- Practicar el *mindfulness*.
- Disfrutar de tiempo a solas a lo largo del día.

- Las relaciones cercanas y significativas.
- Los paseos por la naturaleza.
- Llevar un diario.
- El sueño reparador.
- Escribir, pintar y otras formas creativas de expresar las emociones.

¿Qué hace infelices a las personas con un cerebro sensible?

- Los pensamientos negativos que no desaparecen.
- Pensar en relaciones pasadas que no funcionaron.
- Desconectar de los demás.
- Los contratiempos en el trabajo.
- Engordar.
- Conducir con mucho tráfico.
- Muchas luces intensas a su alrededor.
- Los sonidos fuertes.
- Ver películas de miedo o violentas.
- Acostarse tarde.

☺ **Busca micromomentos de felicidad**

- Mirar a tu pareja a los ojos y sentir la conexión.
- Escuchar en la radio una canción alegre que te guste.
- Lo que experimentas cuando alguien sonríe por algo que has hecho por él o ella.
- Abrazar a tus seres más queridos.
- Dar un paseo con tu adorable perro.

CAPÍTULO 8

CEREBRO PRUDENTE

Los centros de ansiedad y el GABA

> *La felicidad no es un colofón esplendoroso tras años de lucha sombría y ansiedad. Es una larga sucesión de pequeñas decisiones para limitarse a ser feliz en el momento.*
>
> J. DONALD WALTERS

Una de las lecciones que he aprendido a lo largo de más de tres décadas de práctica clínica es que los cómicos, que pasan su vida haciendo reír a los demás, no tienen por qué ser las personas más felices. Tomemos como ejemplo a Brittany Furlan: esta *influencer* de Instagram, con 2,4 millones de seguidores, genera contenido que hace reír a carcajadas, pero su mente está llena de preocupaciones y pensamientos angustiosos. Cuando Brittany vino a verme a nuestras clínicas para hacerse un escáner cerebral, me contó que todo le daba ansiedad.

—No dejo de decirme a mí misma que quizá debería hacerme una lobotomía —me confesó, riéndose solo a medias.

Desde fuera Brittany parece llevar una vida de ensueño. Es megainfluyente en redes sociales (la revista *Time* la nombró una de las personas más influyentes de internet en 2015) y está casada con un famoso músico que cuenta con los recursos económicos suficientes para permitirse vacaciones de lujo. Pero incluso eso la pone nerviosa.

—Cualquier otra persona pensaría: «¿Vacaciones en Bali? ¡Sí!». Sin embargo, yo pienso: «¿Y si algo sale mal? ¿Dónde estará el hospital más cercano? ¿Y si me da un ataque de pánico que me provoca un infarto? ¿Qué harán conmigo? ¿Me meterán en un avión de carga?».

Su marido dice que el suyo es un caso grave de «síndrome del pensamiento catastrófico».

Es algo que suelo ver en pacientes con un cerebro prudente. En la población general, tener un cerebro prudente se asocia con estar alerta, pensar antes en las consecuencias de lo que se dice y se hace, evitar riesgos y ser puntual. Es el tipo de persona a quien le gusta llegar temprano a las reuniones, que hacía los deberes del colegio primero y luego salía a jugar con sus amigos, y que en el trabajo empieza los proyectos de inmediato para tenerlos terminados mucho antes de la fecha límite.

Si le preguntamos a Brittany dirá que, si tiene algo que entregar de aquí a tres meses, intentará acabarlo la primera noche solo para poder tacharlo de su lista.

—No puedo tener nada pendiente. Me genera ansiedad —admitió durante nuestra sesión, que puedes ver en nuestra página de Facebook.[1]

Como mucha gente con un cerebro prudente, Brittany posee una mente muy activa que le dificulta relajarse, incluso estando de vacaciones en un lugar tan hermoso como Bali.

ESCÁNER SPECT ACTIVO DE BRITTANY

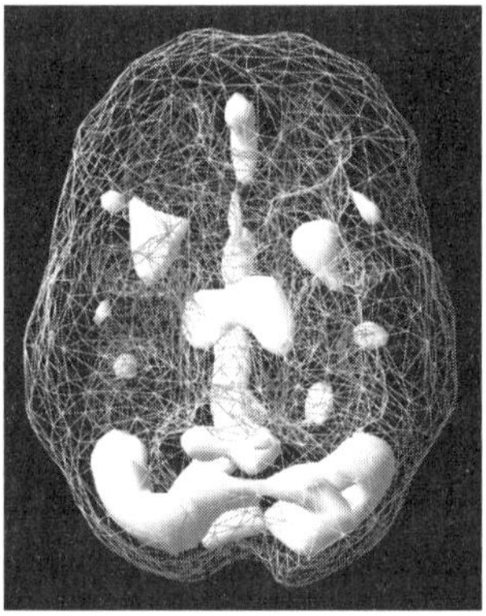

Niveles elevados de actividad en el giro cingulado anterior, la región límbica y los ganglios basales.

RASGOS COMUNES EN LOS CEREBROS DE TIPO 5: PRUDENTES

Las personas con este tipo de cerebro suelen obtener puntuaciones altas en los siguientes rasgos:

- Preparación
- Precaución

- Aversión al riesgo
- Motivación
- Cautela
- Ajetreo mental
- Cambios de humor
- Dificultad para relajarse
- Ansiedad

En cambio, suelen obtener puntuaciones bajas en:

- Falta de preocupación sobre la preparación
- Asunción de riesgos
- Calma
- Capacidad para relajarse
- Paz mental
- Temperamento equilibrado
- Seguridad

Las personas prudentes tienen muchas cualidades y puntos fuertes. Si eres de ese grupo, es probable que goces de un nivel alto de exigencia (para ti y para los demás), que analices cualquier tema al detalle antes de actuar y que seas una persona rigurosa y fiable. Cuando dices que harás algo es porque lo harás.

La seguridad, la protección y la previsibilidad son importantes para ti. No te gusta asumir grandes riesgos (dices «No, gracias» a actividades como el *puenting*, saltar desde un acantilado o la escalada libre) y muestras idéntica cautela en otras áreas de tu vida. Por ejemplo, invertir en criptomoneda, si no está contrastada, no va con tu estilo. Tampoco someterte a un procedimiento quirúrgico experimental o ser la primera persona de tu barrio en comprarse un coche autónomo.

Eres la clase de persona que hace las cosas y las hace bien. Alguien con un caso extremo de cerebro espontáneo y con TDAH nunca podría lograr lo que una persona prudente consigue en el mismo tiempo. Recuerdo a una directora ejecutiva con TDAH a la que estaba tratando. Tenía problemas para organizarse en el trabajo, por lo que le recomendé que contratara a un asistente con rasgos de los tipos persistente y prudente para ayudarla con ese cometido, y que así pudiera hacer sus tareas de principio a fin. ¡Pues la combinación funcionó! Ella pudo centrarse en sus puntos fuertes, mientras que el asistente persistente-prudente hacía que todo funcionara.

Las personas con un cerebro prudente suelen mirar al futuro con inquietud. Pero cuando uno se preocupa demasiado por el futuro se pierde el presente y vive con un nivel de ansiedad constante que genera malestar.

Tener un poco de ansiedad es bueno. Cuando está equilibrada, la ansiedad nos mantiene a salvo, porque el cerebro está cumpliendo su misión de protegernos para no cometer errores tontos o trágicos. Con un nivel saludable de estrés ante un examen importante o una tarea relevante, nos involucramos y nos preparamos para rendir al máximo. Y, al preparamos desde el punto de vista mental, entendemos los parámetros y límites del proyecto, cosa que reduce el nivel de ansiedad y nos permite desempeñar esa labor lo mejor posible.

En algunas personas con el tipo cerebral 5, esta ansiedad puede intensificarse en situaciones de estrés. Anton *Neels* Visser es un ejemplo claro de ello. Como explica este joven empresario de veintidós años, creció siendo «la persona menos ansiosa y más confiada del mundo». Pero eso cambió cuando su estilo de vida se trasformó por completo: empezó a viajar en avión cada cuatro días de media. Según él, esto alteró su equilibrio interior. Para entender mejor por qué sus niveles de ansiedad habían cambiado, acudió a las Clínicas Amen con el fin de hacerse un escáner cerebral.

—Quería entender la ansiedad y el estrés que recorren a diario mi cerebro —comentó durante su sesión con el doctor Daniel Emina, un excelente psiquiatra que trabaja conmigo en las Clínicas Amen.[2] Al hablar con el doctor Emina, Neels describió que había desarrollado un «bucle de retroalimentación negativa» en la mente. Entonces mi colega le hizo una pregunta inesperada:

—¿Ese bucle de pensamientos… tiene algún beneficio?

Tras pensarlo un instante, Neels respondió:

—El beneficio tal vez sea la preparación. Es como prepararme para no hacer algo que he hecho antes, o entrenarme para entender que aquello me hizo daño o me hirió.

—Pues has descrito bastante bien cómo funcionan la neuroanatomía y la neurofisiología —le explicó el doctor Emina—. Tenemos un patrón de pensamiento que, en última instancia, lleva a una emoción, que luego conduce a una conducta, para más tarde repetir el ciclo. Como con cualquier otro hábito (sea bueno o malo), podemos reforzarlo. Así pues, encuentras beneficios en pensar en exceso sobre una situación, porque te permite prepararte para algo. El problema surge cuando llegas a una situación en la que sientes que no puedes mejorar o solucionarla.

Neels asintió y admitió lo siguiente:

Eso es lo doloroso para mí, las cosas que siento que no puedo arreglar.

Sentir falta de control resulta conflictivo para muchas personas con un cerebro prudente. Y nada ha hecho sentir a la gente más fuera de control en la historia reciente que la pandemia. Muchas personas no se desenvolvieron bien durante los meses que el mundo estuvo en alerta por la COVID-19. Las alarmantes noticias, las preocupaciones sobre la salud y la seguridad, y la incertidumbre económica alimentaron su ansiedad e incrementaron sus preocupaciones, destruyendo así su felicidad.

Fueron los prudentes quienes salieron corriendo a comprar hasta el último rollo de papel higiénico en los primeros días de la pandemia. Recuerdo aquellas escenas de compra compulsiva y los estantes vacíos en las tiendas, algo que también ocurre cuando un huracán se dirige a la Costa del Golfo o una gran tormenta de nieve se aproxima a la ciudad de Nueva York. Paul Marsden, psicólogo británico especializado en consumo en la Universidad de las Artes de Londres, afirma que las «compras por pánico» son nuestra forma de «retomar el control» cuando el mundo parece irse al traste. Adquirir productos de forma compulsiva responde a una necesidad psicológica fundamental de autonomía cuando el futuro es incierto.[3]

Las personas con un cerebro prudente (tipo 5) también son más propensas a los ataques de pánico, episodios repentinos de miedo intenso basados en amenazas percibidas más que en un peligro inminente. Para calmar sus nervios, hay quienes recurren al alcohol, la marihuana u otras sustancias. Sin embargo, existen formas más saludables de aliviar el estrés y la ansiedad. La buena noticia es que puedes controlar tus síntomas siguiendo un sencillo plan de cuatro pasos para gestionar el pánico que he enseñado a cientos de pacientes.

PLAN EN CUATRO PASOS DEL DOCTOR AMEN PARA COMBATIR EL PÁNICO

Paso 1: no te olvides de respirar. Cuando la ansiedad amenaza con devorarnos, la respiración se vuelve superficial, acelerada e irregular. Puesto que el cerebro es el órgano más activo del cuerpo desde el punto de vista metabólico, cualquier estado mental que reduzca la entrada de oxígeno desencadenará más miedo y pánico. De modo que detén en seco esta espiral descendente siendo consciente de lo que ocurre, y respira lenta y profundamente para aumentar los niveles de oxígeno en el cerebro. La entrada de nuevas moléculas de oxígeno te ayudará a recuperar el control sobre cómo te sientes.

Pero ¿cómo se practica la respiración profunda? Aprendiendo a respirar desde el diafragma, una zona del cuerpo que tiende a «contraerse» cuando experimentamos ansiedad. Para practicar la respiración diafragmática haz lo siguiente:

- Túmbate boca arriba y ponte un libro pequeño en la barriga.
- Observa el libro elevarse mientras inhalas con lentitud por la nariz durante tres o cuatro segundos. Luego aguanta la respiración un segundo.
- Observa el libro bajar mientras exhalas poco a poco. La exhalación debe durar entre seis y ocho segundos. Luego vuelve a aguantar la respiración un segundo antes de volver a inhalar.
- Repítelo diez veces y observa tu propia relajación.

Paso 2: no huyas, aunque todo te esté diciendo: «¡Corre!». Cuando sientas que la ansiedad te envuelve en un abrazo de oso, resiste la tentación de huir y desaparecer. No ignores lo que sea que causa tu ansiedad. Si abandonas la situación —a menos que sea de verdad peligrosa o suponga un riesgo para tu vida— estarás dejando que la ansiedad te controle.

Paso 3: anota tus pensamientos. Con demasiada frecuencia, en situaciones de pánico los pensamientos se distorsionan y deben ser cuestionados. Presta atención a los pensamientos negativos automáticos (ANT, por sus siglas en inglés), asegurándote de anotar o grabar todos los que puedas.

Si puedes enseñárselos a un terapeuta, estupendo, pero si no, examina con detenimiento lo que has escrito. ¿Puede reescribirse alguno de ellos para que sea una versión más realista del mismo pensamiento? Consulta el capítulo 13 para obtener más consejos al respecto.

Paso 4: plantéate tomar un suplemento como el GABA o el magnesio. Los ataques de pánico muchas veces provienen de los centros de ansiedad del cerebro, y estos suplementos pueden calmarlos con rapidez.

Algunas personas con cerebro prudente sienten que están en alerta máxima en todo momento. La práctica clínica me ha enseñado que esto suele estar relacionado con traumas emocionales del pasado. Conozco y utilizo varios métodos terapéuticos excelentes para ayudar a la gente a superar los síntomas de ansiedad provocados por experiencias traumáticas. Uno de los que suelo recomendar se llama «desensibilización y reprocesamiento por movimientos oculares» (DRMO). A algunos de mis pacientes, como Troy y Shannon Zeeman, esta forma de terapia les ha ayudado a suprimir las cargas emocionales de los recuerdos traumáticos.

El tiroteo del Route 91 y la terapia DRMO

El 1 de octubre de 2017, en una cálida noche de domingo, dos aficionados a la música country, Troy y Shannon Zeeman, marcaban el ritmo con sus botas de vaquero al compás del country rock de Jason Aldean y su banda, en el último concierto del festival de música Route 91 Harvest, celebrado en Las Vegas.

Los Zeeman estaban entre los 20.000 felices asistentes de esa noche. Troy y Shannon, que recientemente habían superado una dura batalla contra el cáncer de mama, disfrutaban con sus amigos frente al escenario cuando un hombre armado comenzó a disparar con un rifle de asalto desde el piso 32 del Mandalay Bay Resort and Casino, que daba al lugar del concierto. Cientos de balas de gran calibre fueron disparadas al público. Algunos asistentes corrieron hacia la salida, pero otros se quedaron paralizados, demasiado asustados para moverse.

Troy y Shannon recordaron este horrible acontecimiento en un episodio del pódcast *The Brain Warrior's Way* con Tana y conmigo.[4] Troy, que era oficial de policía en Newport Beach, comentó lo que había sucedió durante la ráfaga de disparos:

—Podías ver las balas impactando a nuestro alrededor, lloviendo sobre nosotros.

Él enseguida recurrió a su experiencia como policía y se puso a evaluar la situación. Pronto entendió que el tirador no estaba entre la multitud.

Para Shannon, en cambio, al no tener esa formación, la situación fue de puro terror. Llegó un momento en que todo el mundo pensaba que el tipo se dirigía hacia ellos. Eso desencadenó su respuesta de lucha o huida, y pensó: «He estado luchando por mi vida durante el último año. Si este tipo dobla la esquina, no me la quitará».

Mientras Shannon describía lo sucedido era capaz de sentir la energía en su cuerpo de la misma forma que aquella terrible noche.

—La experiencia fue muy intensa —admitió—. Sentía que una vibración me recorría todo el cuerpo [...] Estaba en piloto automático, como tú dices, solo intentaba sobrevivir y salir de allí.

Troy recibió un balazo en la pierna y fue alcanzado por la metralla varias veces, pero tuvo la entereza suficiente para poner a salvo a unas 20 personas.

Aquel fue el tiroteo de una sola persona más mortífero de la historia de Estados Unidos. Fallecieron 58 aficionados a la música country y más de 700 resultaron con heridas de diversa consideración, entre ellos Troy, que sobrevivió, pero que aún conserva fragmentos de bala en una pierna.

Los Zeeman, agradecidos por estar vivos, tuvieron dificultades con sus emociones en los meses posteriores a su regreso a casa, con todos esos recuerdos de la sangre y semejante carnicería siempre presentes en su conciencia. Cuando acudieron a las Clínicas Amen en busca de respuestas, sus escáneres SPECT mostraron hiperactividad en los centros cerebrales de la preocupación (giro cingulado anterior), el estado de ánimo (sistema límbico) y la ansiedad (ganglios basales), en lo que llamamos el «patrón en forma de diamante» que suele observarse en quienes padecen TEPT.

ESCÁNER SPECT ACTIVO DE SHANNON

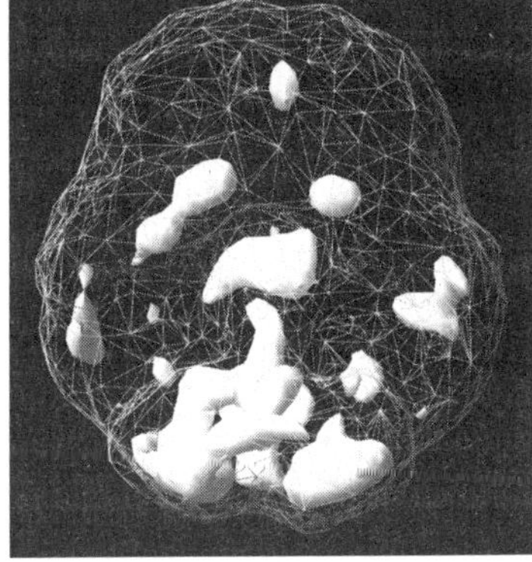

ESCÁNER SPECT ACTIVO DE TROY

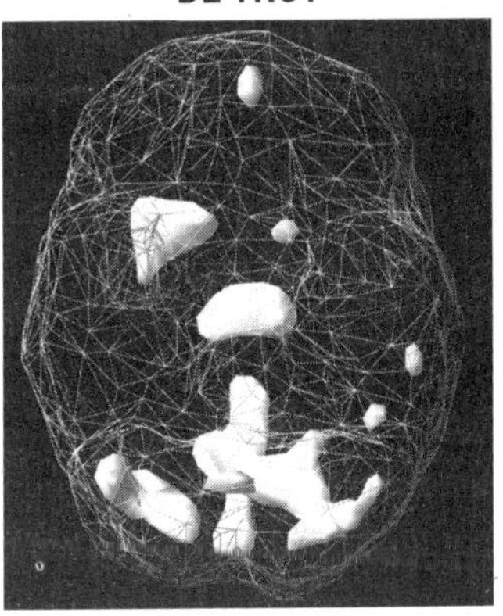

Patrón en forma de diamante por los elevados niveles de actividad en el giro cingulado anterior (preocupación), el sistema límbico (estado de ánimo) y los ganglios basales (ansiedad), que se suelen asociar con el TEPT.

Cuando me reuní con los Zeeman, me contaron que habían consultado a terapeutas especializados en traumas de guerra y por catástrofes, y que habían seguido todas sus recomendaciones, desde hacer yoga y meditación a tomar determinados suplementos nutricionales. Todo esto parecía ayudarles, pero Shannon y Troy aún no habían superado del todo el impacto emocional de lo que vivieron.

—¿Alguna vez os han hablado de la terapia DRMO? —les pregunté.

Shannon y Troy se miraron el uno al otro. Estaba claro que no.

Les expliqué que la terapia DRMO emplea los movimientos oculares para estimular ambos hemisferios del cerebro de forma simultánea, y así eliminar las cargas emocionales asociadas con recuerdos traumáticos.

La idea intrigó a los Zeeman e hice que visitaran a una de nuestras terapeutas. Ella les pidió que trajeran recuerdos específicos a la mente mientras seguían con la vista su mano moviéndose de un lado a otro. Evocar recuerdos traumáticos mientras se hacen estos movimientos oculares suele apaciguar las áreas hiperactivas y disminuir la respuesta emocional asociada a dichos recuerdos.

Si has sufrido un trauma, infórmate sobre la DRMO (emdria.org). Aunque el cerebro está programado de forma natural para ayudar a recuperarnos de sucesos traumáticos, algunas circunstancias pueden serlo tanto que interrumpen el flujo normal de la comunicación neuronal durante mucho tiempo. Es como si los recuerdos se quedasen atascados y uno se viera atrapado en el tiempo, La terapia DRMO puede ayudar a desatascarlos restableciendo el proceso de comunicación neuronal.

Este tipo de terapia ha ayudado bastante a los Zeeman. Troy dice que cuando empezó su nivel de ansiedad era de ocho en una escala del uno al diez (siendo diez el nivel máximo). Hoy en día se siente mucho más tranquilo, y dice que su nivel de ansiedad es de dos, lo que supone un progreso excelente. Me alegro de que Shannon y Troy decidieran no permitir que el trauma emocional del Route 91 pudiera con ellos.

Hasta el momento han cumplido ese objetivo.

LO QUE LOS ESCÁNERES SPECT MUESTRAN SOBRE EL CEREBRO PRUDENTE

Un vistazo a nuestro trabajo con imágenes cerebrales muestra que los cerebros de tipo prudente suelen presentar un nivel elevado de actividad en los ganglios basales. En estas imágenes SPECT vemos más actividad en los centros de ansiedad del cerebro, como los mencionados ganglios basales, la corteza insular o la amígdala.

ESCÁNER SPECT ACTIVO DE UN CEREBRO NORMAL

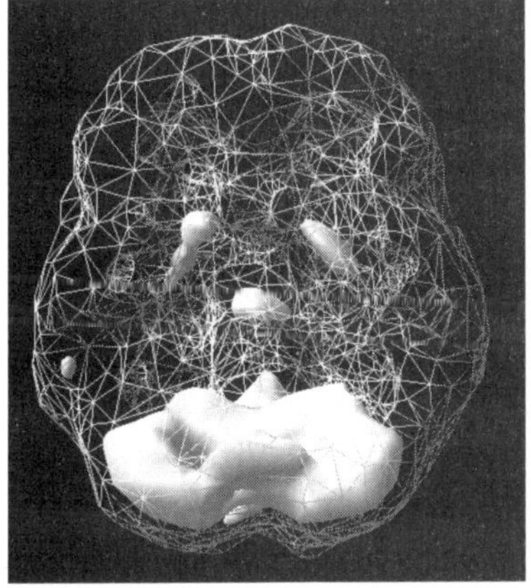

Las zonas más activas se encuentran en el cerebelo, en la parte trasera del encéfalo.

ESCÁNER SPECT ACTIVO DE UN CEREBRO PRUDENTE

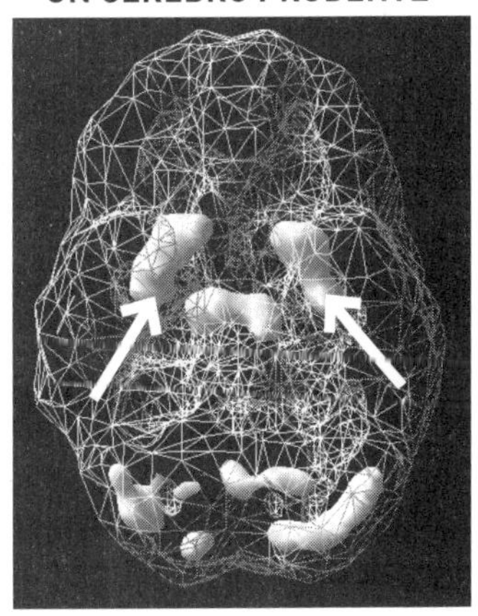

Actividad elevada en los ganglios basales (flechas).

Los ganglios basales, que rodean el sistema límbico, poseen múltiples funciones entre las que se encuentran:

- **Integración de los sentimientos y el movimiento**: un nivel de actividad equilibrado en los ganglios basales ayuda a pensar y reaccionar sin problemas en cualquier situación. En las personas con un cerebro prudente, el nivel de actividad en esta zona es más elevado, por lo que resulta más probable que se queden paralizadas en caso de emergencia, que tiemblen al asustarse o que se les trabe la lengua por los nervios en una entrevista de trabajo.

- **Combinación y estabilización de la motricidad fina**: los ganglios basales intervienen en la coordinación motora y son fundamentales para escribir a mano. Un aumento de la actividad en esta zona —común en las personas prudentes— está relacionado con una mayor destreza y habilidad para el trabajo manual minucioso.

- **Supresión de la conducta motora involuntaria**: las deficiencias en los ganglios basales se asocian a dos enfermedades que afectan al control motor: el párkinson y el síndrome de Tourette. Ambas implican falta de control del movimiento.

- **Ayuda para fijar el nivel de ansiedad del organismo**: ser una persona relajada y despreocupada, o sentirse tenso y nervioso depende del nivel de actividad en los ganglios basales. A quienes poseen un cerebro prudente una mayor actividad en esta zona del cerebro los hace propensos a la ansiedad, el miedo, el estado de alerta y la tensión.

- **Creación de hábitos**: nuestras costumbres y decisiones cotidianas son elementos esenciales de la felicidad. Los ganglios basales funcionan de manera instrumental en la formación de tales hábitos, ya sean saludables —que promueven la felicidad— o poco saludables —que, literalmente, nos roban la alegría—. Es posible que las personas con un cerebro prudente sean propensas a morderse las uñas, rechinar los dientes o rascarse de forma compulsiva.

- **Aumento de la motivación y el empuje**: en algunos casos, unos niveles de ansiedad más elevados, asociados a un incremento de la actividad en los ganglios basales, pueden actuar como motivadores. En las personas con un cerebro prudente, esto puede llevar a que se esfuercen por rendir al máximo, aumenten su productividad y cuenten con suficiente energía para abordar una larga lista de tareas pendientes.

- **Mayor placer o éxtasis**: la felicidad depende de la capacidad para sentir placer. Cuando hay poca actividad en los ganglios basales suele existir dificultad para sentir placer. Por suerte, este no es el caso de las personas con un cerebro prudente, que presentan de forma habitual un nivel de actividad elevado en los ganglios basales.

Problemas derivados de un esfuerzo excesivo de los ganglios basales:

- Ansiedad, nerviosismo.
- Sensaciones físicas vinculadas a la ansiedad, como dolores de cabeza, estómago revuelto o falta de aliento.
- Tendencia a ponerse en lo peor.
- Evitación de conflictos.
- Aversión al riesgo.
- Síndrome de Tourette, tics.
- Tensión y dolor muscular.
- Temblores.

- Problemas de motricidad fina.
- Poca o excesiva motivación.
- Sensibilidad al rechazo.
- Ansiedad social.

Cuando el doctor Emina le mostró al emprendedor *Neels* Visser sus escáneres cerebrales, señaló que el nivel de actividad en los ganglios basales era elevado. Luego le explicó que los ganglios basales intervienen en muchas actividades útiles, como podemos constatar observando la lista anterior. Tener un mayor nivel de actividad en esta región del cerebro conlleva algunos beneficios, como el aumento de las sensaciones positivas por actividades placenteras o la destreza, ya que los ganglios basales están asociados con la psicomotricidad fina.

—Intento que mis pacientes canalicen de alguna forma este exceso de actividad —señaló el doctor Emina. Por ejemplo, tocando un instrumento musical, tejiendo, haciendo cerámica, pintando, trabajando la madera o practicando cualquier otra actividad que implique algún tipo de destreza manual. Neels, de forma intuitiva, había encontrado una forma de expresarse produciendo música y ejerciendo de DJ.

—En realidad, la ansiedad es necesaria —continuó el doctor Emina—. Todo el mundo piensa que es algo malo, pero no deberíamos tratar de evitarla por completo. Tendríamos que verla más bien como la forma en que el cerebro intenta decirnos algo.

Esa ansiedad es el mecanismo que usa el cerebro para advertir de un peligro potencial. Puede estar recordándote algo que hiciste hace tiempo y que te causó daño físico o emocional. Es la forma que tiene el cerebro de decirte: «¡No cometas el mismo error!».

—De hecho, me preocupa cuando la gente llega a tener niveles de ansiedad demasiado bajos. Algunas personas tratan de reducir su ansiedad de forma drástica, ya sea tomando medicamentos o con otras opciones como la marihuana o el alcohol. Pero si reduces demasiado tu ansiedad terminará afectándote a la motivación —le explicó el doctor Emina a Neels. Lo que en general necesitamos —y lo que las personas con un cerebro prudente pueden esforzarse en conseguir— es un nivel saludable de ansiedad, suficiente para motivarnos a hacer las cosas, pero no tan excesivo como para que los miedos y preocupaciones nos impidan ser felices.

TIPO DE CEREBRO 5: LAS SUSTANCIAS QUÍMICAS DE LA FELICIDAD EN LOS CEREBROS PRUDENTES

Sobre la base de nuestra experiencia clínica en Amen, hemos descubierto que las personas con un cerebro prudente suelen presentar niveles bajos del neurotransmisor GABA y altos de cortisol. Veamos más en detalle cómo influyen estas sustancias químicas en el tipo de cerebro 5.

GABA, la molécula de la calma

El ácido gamma aminobutírico (GABA, por sus siglas en inglés) es el principal neurotransmisor inhibidor del cerebro. Su función principal es reducir la excitabilidad de las neuronas y ralentizar su activación. Por ejemplo, ayuda a equilibrar los neurotransmisores más estimulantes, como la dopamina y la adrenalina. Demasiada estimulación puede provocar ansiedad, insomnio y convulsiones, mientras que si la activación neuronal es demasiado lenta sufriremos letargo, confusión y sedación. Una vez más, se trata de encontrar el equilibrio.

Una gran variedad de células del cerebro y del resto cuerpo producen GABA. Esta sustancia tiene efectos relajantes, ansiolíticos y anticonvulsivos, e incrementa la sensación de calma en muchos de mis pacientes. Encontramos niveles bajos de GABA en gente con ansiedad, ataques de pánico, alcoholismo, trastorno bipolar, temblores y epilepsia. Las deficiencias pueden deberse a una mala alimentación, al estrés crónico o a factores genéticos (es más probable si se tienen antecedentes familiares de ansiedad).

Se ha descubierto que el GABA es útil para reducir los síntomas de ansiedad, la abstinencia de alcohol, la hipertensión, comer en exceso, el síndrome premenstrual y algunos casos de depresión. Hace poco le sugerí a un adolescente que tomara un suplemento de GABA. Tras unas semanas, su madre me escribió: «¡El GABA ha ayudado a mi hijo! Sufría mucho por sus pensamientos atropellados. La pandemia parecía haber desencadenado algo en él que hacía que no lograra calmar la mente. Le costaba dormir. Y ahora he notado un gran cambio positivo en su temperamento. Se asegura de tomarlo todos los días».

Una de mis historias favoritas sobre el GABA ocurrió en mi propia casa, durante la pandemia. Tana y yo trabajamos juntos: hemos grabado más de mil episodios del pódcast *The Brain Warrior's Way* y cuatro especiales para la televisión pública a nivel nacional. Al principio tuvimos dificultades para trabajar juntos, ya que tenemos una personalidad fuerte. Pero con el tiempo dimos con la forma de hacerlo funcionar. Para los especiales de televisión yo escribo los guiones y ella edita sus secciones, y lo revisamos todo juntos. A veces eso genera tensiones o desacuerdos. Durante la pandemia, el malestar social le causó mucha ansiedad a Tana y le sugerí que tomara nuestro suplemento GABA Calming Support. Unas semanas después, estábamos preparando nuestro último especial para televisión, «Superando la ansiedad, la depresión, el trauma y el duelo». Durante la lectura del guion, ella estaba tan reflexiva como siempre, pero mucho más tranquila. No hubo ninguna tensión entre nosotros. Cuando terminamos, me miró y dijo: «Ha sido muy fácil. No he sentido la necesidad de decir continuamente que no». Ambos pensamos que el GABA había ayudado mucho en esa situación.

Cierta clase de medicamentos, como las benzodiacepinas (por ejemplo, el Xanax, el Valium o el Ativan), aumentan los niveles de GABA, pero pueden ser adictivos, por lo que en general los evito con mis pacientes, igual que los anticonvulsivos.

A continuación te presento ocho formas naturales de equilibrar los niveles de GABA:

1. **Ingiere los componentes básicos para la producción de GABA.** Los alimentos no contienen GABA, pero para producirlo el cerebro y el resto del cuerpo utilizan determinados compuestos que podemos encontrar en el té verde, el negro o el *oolong*; en las lentejas; en las bayas; en la carne de vacuno alimentado con pasto; en el pescado salvaje y las algas marinas; en el *noni* o fruta del diablo, las patatas y los tomates.

2. **Toma cantidades adecuadas de vitamina B6.** Esta vitamina, abundante en las espinacas, el brócoli, las coles de Bruselas y los plátanos, es un cofactor necesario para la síntesis de GABA.

3. **Consume alimentos fermentados.** Las bacterias beneficiosas del intestino pueden sintetizar GABA. Los alimentos fermentados como el chucrut, el *kimchi*, el kéfir natural o el de agua de coco pueden aumentar los niveles de GABA.

4. **Favorece la producción saludable de GABA con probióticos.** Sobre todo el *Lactobacillus rhamnosus*, entre otros probióticos, aumenta los niveles de GABA. Otras cepas a tener en cuenta son el *Lactobacillus paracasei*, el *Lactobacillus brevis* y el *Lactobacillus lactis*.

5. **Prueba los nutracéuticos.** Suplementos como el GABA, la melisa, la L-teanina, el magnesio, la taurina, la pasiflora y la valeriana han demostrado mejorar los niveles de este neurotransmisor tan fundamental.

6. **Medita.** Las investigaciones recientes sugieren que la meditación está relacionada con la producción de GABA y mejora la regulación emocional.[5]

7. **Practica la postura del perro boca abajo.** Un estudio constató un aumento del 27 % en los niveles de GABA entre quienes practicaban yoga después de una sesión de 60 minutos, en comparación con quienes pasaron ese tiempo leyendo.[6]

8. **Suprime los ladrones de GABA.** La cafeína, la nicotina, el alcohol y el estrés crónico reducen los niveles de GABA. Por tanto, si tienes un cerebro prudente, haz lo posible por limitarlos o evitarlos.

El cortisol, la molécula del miedo

Aunque es conocida sobre todo como la «hormona del estrés», el cortisol es mucho más que eso. Fabricado en las glándulas suprarrenales (es decir, situadas encima de los riñones), el cerebro ordena su liberación al sentir peligro, en especial por el hipotálamo y la glándula pituitaria. La mayoría de las células del cuerpo tienen receptores de cortisol, de modo que afecta a muchas funciones. Interviene, por ejemplo, en la respuesta de lucha o huida ante una amenaza, ayuda a controlar los niveles de azúcar en sangre, regula el metabolismo, disminuye la inflamación y nos ayuda a formar nuevos recuerdos, en especial sobre posibles amenazas. También contribuye a equilibrar la presión arterial y las proporciones de sal y agua del organismo. El cortisol es, pues, una hormona crucial para la salud y el bienestar general. Sus niveles suelen ser más elevados por la mañana y disminuyen de forma gradual a lo largo del día.

El cortisol también se libera durante los periodos de estrés. Si este es demasiado elevado o dura en exceso (pensemos de nuevo en la pandemia de COVID-19), el cortisol puede llegar a dañar el organismo. Unos niveles elevados de cortisol se asocian con ansiedad, depresión, irritabilidad, tristeza, dolores de cabeza, pérdida de memoria (ya que contrae el hipocampo), aumento de peso (sobre todo alrededor del vientre y en la cara), piel fina y frágil que tarda en cicatrizar, diabetes de tipo 2, facilidad para la aparición de hematomas, mayor vulnerabilidad a las infecciones, acné y, en el caso de las mujeres, vello facial y periodos menstruales irregulares, nada de lo cual contribuye a la felicidad. Unos niveles siempre bajos de cortisol, por el contrario, se asocian con fatiga, mareos, pérdida de peso, debilidad muscular, zonas de la piel que se oscurecen, presión arterial baja e incapacidad para controlar el estrés. Una vez más, el equilibrio es básico.

En un estudio con 216 hombres y mujeres de mediana edad cuyos niveles de cortisol fueron medidos ocho veces al día, los investigadores hallaron que los niveles más bajos estaban asociados con la felicidad.[7] Además, el grupo más feliz tenía frecuencias cardíacas más lentas y otros indicios de un corazón más saludable.

El estrés, la cafeína, la nicotina, el ejercicio intenso y prolongado, los desplazamientos largos, la apnea y la mala calidad del sueño, los ruidos perturbadores y los bajos niveles de zinc aumentan los de cortisol. También el azúcar libera cortisol, por lo que nos hace sentir bien en el momento, pero a largo plazo aumenta la inflamación y daña el sistema inmune.

A continuación te ofrezco trece sencillas formas de equilibrar tus niveles de cortisol:

1. **Duerme** al menos siete horas de calidad cada noche.

2. **Muévete.** La actividad física mantiene el cortisol a raya. Pero sin excederte: no practiques ejercicio intenso justo antes de irte a la cama.

3. **Medita.** Numerosos estudios han demostrado que la meditación reduce el estrés y los niveles de cortisol.

4. **Prueba la hipnosis.** Las investigaciones pioneras al respecto, que se remontan a la década de 1960, muestran que las sesiones de hipnosis médica pueden reducir los niveles de cortisol[8] (la hipnosis médica se centra en apoyar y restablecer la mente). En las Clínicas Amen hemos hallado beneficios en el uso de la hipnosis para superar la ansiedad, reducir el dolor y mejorar el sueño, entre otros aspectos.

5. **Experimenta con el *tapping*.** La técnica de liberación emocional (TLE), también conocida como *tapping*, es un tratamiento natural que se ha usado desde los años noventa para la ansiedad, la depresión, el TEPT, el dolor crónico y otras afecciones. Los estudios al respecto demuestran que contribuye a reducir los niveles de cortisol.[9]

6. **Ríete más.** Una buena carcajada baja los niveles de la «molécula del peligro».

7. **Practica la respiración profunda.** Unas pocas respiraciones abdominales profundas bastan para reducir casi al instante el cortisol, la frecuencia cardiaca y la tensión arterial, lo que te ayudará a relajarte.

8. **Pon música relajante.** La música tiene un efecto calmante y frena la producción de cortisol.

9. **Practica el taichí.** Esta forma de arte marcial, que se caracteriza por sus movimientos lentos, reduce el estrés mental y emocional y provoca una disminución de los niveles de cortisol.[10]

10. **Recibe un masaje:** puede hacer maravillas con las sustancias neuroquímicas de la felicidad; esta experiencia reduce el cortisol y aumenta la dopamina y la serotonina.[11]

11. **Adopta un amigo peludo.** Está demostrado que tener perro, gato u otra mascota a la que puedas hacer arrumacos aumenta la dicha y minimiza los niveles de la molécula del peligro.

12. **Come alimentos saludables.** El chocolate negro, las peras, los alimentos que contienen fibra, el té verde, el negro y el agua

contribuyen a equilibrar el cortisol[12] (encontrarás más información al respecto en el capítulo 11).

13. **Prueba los nutracéuticos específicos.** Suplementos como la *ashwagandha*, la rodiola, la fosfatildilserina, la L-teanina y el aceite de pescado resultan ser beneficiosos en la reducción de los niveles de la hormona del estrés.

Receta de la felicidad para el tipo de cerebro 5: prudente

Contribuye al buen estado de tu tipo de cerebro. Sigue las sugerencias anteriores para estimular el GABA y reducir el cortisol, y adopta conductas saludables para el cerebro, con el fin de protegerlo y apaciguar la actividad de los ganglios basales.

Conoce tu trayectoria profesional. A las personas con un cerebro prudente les gusta la seguridad laboral y su mente tiende a ser analítica, lo que hace que tengan preferencia por carreras relacionadas con la contabilidad, la investigación o la minería de datos.

Valora tu forma de aprender. Te gusta enfrentarte a las nuevas materias con entusiasmo, empezar a estudiar temprano y dedicar algunas horas extra por las tardes o los fines de semana. No obstante, a pesar de prepararte bien, los nervios previos a un examen o una presentación pueden hacerte rendir menos de lo esperado.

Descubre lo que quieres en una relación. Quizá tengas miedo al rechazo y no te guste que te juzguen, por lo que tiendes a buscar personas que te reconforten y aumenten tu confianza.

Tener una relación con alguien con un cerebro prudente

Tener en tu vida a alguien con un cerebro prudente puede evitar que hagas cosas peligrosas, irracionales o no contrastadas. Puedes contar con este tipo de persona para que esté siempre preparada, ya sea para ocuparse de las diapositivas de tu presentación en el trabajo, hacer las reservas para tus vacaciones con los amigos o cocinarte una cena romántica. Esa persona nunca olvidará precalentar el horno y recordará que te encantan los espárragos, pero detestas las coles de Bruselas. No obstante, a veces tanta preparación puede transformarse en ansiedad, lo que les dificulta relajarse. Estas personas pueden volverse dependientes y necesitadas, lo que tal vez resulte poco atractivo, o querer evitar cualquier tipo de conflicto, dejando que los problemas se acumulen hasta volverse más graves.

Para mejorar las relaciones con este tipo de persona, haz que se sienta segura, valorada y amada. Anímala con amabilidad a que se relaje: un masaje de pies después del trabajo, poner ambientadores de aceites esenciales relajantes en la oficina o pasar un día en el balneario con amigos pueden ser buenas opciones.

Lo que dicen sus parejas sentimentales:
«Nunca tengo que preocuparme por si llega tarde».
«Le importa demasiado lo que los demás piensen de él».

Lo que dicen sus colegas de trabajo:
«Si necesitas ayuda para organizar algún proyecto, es la persona adecuada».
«Siempre echa por tierra las nuevas ideas y halla razones por las que no funcionarán».

Lo que dicen sus amistades:
«Me encanta poder confiar en él».
«Ojalá pudiera relajarse y divertirse, aunque fuera por una vez».

Detecta cuándo te desvías del camino. Presta atención al momento en que empiezas a ponerte en escenarios catastróficos. No permitas que la ansiedad se apodere de ti. Detén de inmediato los pensamientos ansiosos con respiraciones profundas y vuelve a evaluar la situación.

Conoce lo que te hace feliz a ti. Haz una lista de las cosas que te dan alegría y repásala cada día para recordar las actividades que te gustan.

¿Qué hace felices a las personas con un cerebro prudente?

- Sentirse en un entorno relajado.
- Que cada cosa esté en su sitio y tener un sitio para cada cosa.
- Una larga caminata en plena naturaleza.
- Un baño caliente al final del día.
- Añadir esencias relajantes al agua de la bañera.
- Hacer una lista de pros y contras antes de tomar una importante decisión.
- Salir de vacaciones cerca de casa.
- Hacerse una buena revisión dental.
- Cuadrar perfectamente las cuentas.
- Terminar a tiempo una tarea asignada.

¿Qué hace infelices a las personas con un cerebro prudente?

- Encontrarse en un entorno caótico.
- Vivir pensando en el futuro con miedo.
- Llegar tarde a una cita.
- Tener demasiadas cosas que hacer.
- Síntomas físicos de estrés que les hagan pensar que les ocurre algo grave.
- Leer o ver noticias sobre alguna tragedia.
- Los sonidos fuertes o las luces intensas.
- Pensar en el peor escenario posible.
- No poder llevar a cabo sus rutinas relajantes.

☺ **Busca micromomentos de felicidad**

- Ese momento en el que te metes en un baño caliente y el estrés se esfuma.
- El primer sorbo de tu infusión favorita al caer la tarde.
- Acurrucarte bajo una manta en el sofá.
- Disponer de 20 minutos para meditar tranquilamente.
- Una buena caminata matutina con tu pareja.

TIPOS DE CEREBRO DEL 6 AL 16

Es habitual tener un tipo de cerebro combinado. Recuerda, pues, que los tipos del 6 al 16 son combinaciones de los tipos del 2 al 5:

Tipo 6: espontáneo-persistente
Tipo 7: espontáneo-persistente-sensible
Tipo 8: espontáneo-persistente-sensible-prudente
Tipo 9: persistente-sensible-prudente
Tipo 10: persistente-sensible
Tipo 11: persistente-prudente
Tipo 12: espontáneo-persistente-prudente
Tipo 13: espontáneo-prudente
Tipo 14: espontáneo-sensible
Tipo 15: espontáneo-sensible-prudente
Tipo 16: sensible-prudente

Que posees un cerebro combinado quiere decir que presentas algunos rasgos característicos de cada tipo. Como indican los nombres de la lista de arriba, se puede ser espontáneo en algunos aspectos y persistente en otros, o es posible ser al mismo tiempo sensible y prudente. Quizá descubras que un conjunto de rasgos es más dominante en determinados momentos de tu vida y, en cambio, otro se impone en otros momentos.

Veamos como ejemplo el cerebro de tipo 6, espontáneo-persistente. En nuestras clínicas vemos con frecuencia este tipo de cerebro en descendientes (hijos y nietos) de personas alcohólicas.

Las personas espontáneas-persistentes tienden a:

- Ser espontáneas.
- Ser proclives al riesgo.
- Pensar de forma creativa y original.
- Ser inquietas.
- Distraerse con facilidad.
- Ser capaces de concentrarse en algo solo si les interesa.
- Ser persistentes.
- Ser incansables o de voluntad férrea.
- Quedarse atrapadas en sus pensamientos.

Los escáneres SPECT de este tipo de cerebros suelen mostrar poca actividad en la CPF (función ejecutiva y toma de decisiones). Los cerebros espontáneos-persistentes también tienden a presentar niveles bajos de dopamina y serotonina. Las mejores estrategias para equilibrar un cerebro espontáneo-persistente son, por tanto, las que incluyen la estimulación de la dopamina y la serotonina. El ejercicio físico favorece la producción de ambas hormonas, igual que la combinación de determinados suplementos, como el 5-HTP y el té verde.

En cuanto a las recetas de la felicidad para los tipos combinados de cerebro, prueba con una mezcla de las intervenciones sugeridas para los tipos del 2 al 5 en función de los rasgos más dominantes en tu caso. La clave es hallar el equilibrio de las sustancias neuroquímicas de la felicidad y optimizar la actividad cerebral.

☺

LAS CLAVES DE LA FELICIDAD RELACIONADAS CON EL SECRETO 1:

CONOCE TU TIPO DE CEREBRO

- Contribuye al buen estado de tu tipo de cerebro, ya sea equilibrado, espontáneo, persistente, sensible, prudente o una combinación de varios tipos.
- Conoce tu trayectoria profesional.
- Valora tu forma de aprender.
- Descubre lo que quieres en una relación.
- Detecta cuándo te desvías del camino.
- Conoce lo que te hace feliz a ti, incluidos tus micromomentos particulares de felicidad.

RESUMEN DE LOS TIPOS PRINCIPALES DE CEREBRO

Puntuación baja	Rasgo	Puntuación alta
Déficit de atención Impulsividad Poca fiabilidad Preocupación Negatividad Ansiedad	 EQUILIBRADO	Capacidad de concentración Buen control de los impulsos Minuciosidad Flexibilidad Positividad Resiliencia Estabilidad emocional
Odio a las sorpresas Aversión al riesgo Rutina Afinidad por la uniformidad Apego a las convenciones Sentido práctico Atención al detalle Control de impulsos Sensación de estabilidad	 ESPONTÁNEO	Espontaneidad Asunción de riesgos Creatividad, pensamiento divergente Curiosidad Rango de intereses amplio Déficit de atención Impulsividad, errores por descuido Inquietud Desorganización Amor por las sorpresas Tendencia a presentar TDA
Adaptabilidad Timidez Espontaneidad Flexibilidad Dejar a un lado la negatividad con facilidad Dejar a un lado el rencor con facilidad Tendencia a ver lo que está bien Baja tendencia a criticar Cooperación	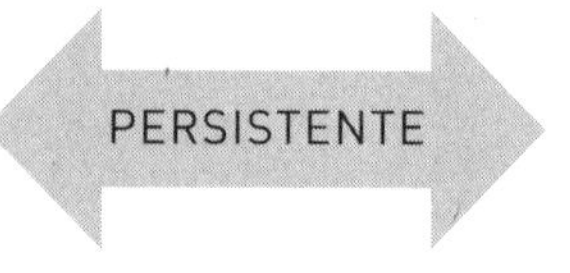 PERSISTENTE	Persistencia Voluntad firme Preferencia por la rutina Inflexibilidad o testarudez Bloquearse con facilidad en ciertos pensamientos Guardar rencor por heridas pasadas Tendencia a ver lo que está mal Tendencia a oponerse/discutir Tendencias obsesivo-compulsivas
Superficialidad Felicidad constante Pensamientos positivos	 SENSIBLE	Sensibilidad Sentimientos profundos Empatía Variabilidad del estado de ánimo Pesimismo Muchos ANT (PNA, pensamientos negativos automáticos) Depresión
Falta de preocupación sobre la preparación Asunción de riesgos Calma Capacidad para relajarse Paz mental Temperamento equilibrado Seguridad	 PRUDENTE	Preparación Precaución Aversión al riesgo Motivación Cautela Ajetreo mental Cambios de humor Dificultad para relajarse Ansiedad

PARTE 2

LA BIOLOGÍA DE LA FELICIDAD

SECRETO 2

OPTIMIZA EL FUNCIONAMIENTO FÍSICO DE TU CEREBRO

PREGUNTA 2

¿Esto es bueno o malo para mi cerebro?

CAPÍTULO 9

LAS MENTES DESPIERTAS SON MÁS FELICES

Once estrategias básicas para optimizar tu cerebro y conseguir una actitud más positiva

Poco a poco he aprendido que ser feliz se reduce a asegurarte de que estás utilizando todas las áreas de tu cerebro de forma equilibrada y que, además, tu cerebro está conectado a tu cuerpo.

DOCTORA WENDY SUZUKI, *CEREBRO ACTIVO, VIDA FELIZ*

La salud cerebral es el eslabón perdido de la felicidad, de las relaciones sanas y del rendimiento máximo. Mi amigo Tony Robbins y muchos otros divulgadores del ámbito de la autoayuda proporcionan estrategias útiles para optimizar el software del cerebro, pero si el hardware no funciona bien jamás darás lo mejor de ti ni te sentirás en tu mejor momento. El secreto de la felicidad es que primero hay que optimizar el funcionamiento físico del cerebro; una vez lo hagas, es mucho más probable que seas capaz de aplicar los demás secretos de la felicidad y logres ser feliz de forma prolongada.

Una de las lecciones más importantes que hemos aprendido gracias a nuestro trabajo en las Clínicas Amen en los últimos 30 años es que, si quieres preservar la salud de tu cerebro (o recuperarla si ya sufres problemas), has de prevenir o tratar los once principales factores de riesgo para la mente. Con el fin de ayudarte a recordar estos factores de riesgo he creado el acrónimo BRIGHT MINDS («mentes despiertas», en inglés). He

TRANSFORMACIÓN FELIZ EN 30 DÍAS

Me encanta la pregunta: «¿Esto es bueno para mi cerebro?». He dejado de pensar en mi cerebro como algo programado. ¡Yo decido!

JB

escrito mucho sobre estos factores en mis libros *Memory rescue* y *The end of mental illness*,[1] de modo que aquí resumiré las principales ideas y te mostraré las fascinantes formas en que estos factores de riesgo se relacionan con tu felicidad.

Blood flow (Flujo sanguíneo)
Retirement/aging (Jubilación/envejecimiento)
Inflammation (Inflamación)
Genetics (Genética)
Head trauma (Traumatismo craneal)
Toxins (Toxinas)

Mental health (Salud mental)
Immunity/infections (Inmunidad/infecciones)
Neurohormone issues (Problemas hormonales)
Diabesity («Diabesidad»)
Sleep issues (Problemas de sueño)

FLUJO SANGUÍNEO

La sangre nutre cada célula del cuerpo y elimina los residuos. Las investigaciones existentes sugieren que los vasos sanguíneos son incluso más rápidos que las neuronas. Cualquier cosa que los dañe perjudica también al cerebro y lo priva de los nutrientes que necesita. Así pues, una deficiente circulación sanguínea está asociada a sufrir depresión, trastorno por déficit de atención e hiperactividad (TDAH) y esquizofrenia. También es el principal factor de riesgo de alzhéimer. En mi experiencia con nuestros pacientes he descubierto que mejorar su flujo sanguíneo cerebral les hace más felices.

Así pues, ¿cómo puedes mejorar tu flujo sanguíneo a partir de hoy?

- Hidrátate. El cerebro está compuesto por un 80 % de agua. Cualquier forma de deshidratación es perjudicial para el cerebro.
- Limita la cafeína y la nicotina. Ambas ralentizan el flujo sanguíneo cerebral. No hay problema en tomar una taza de café al día, pero no más.

Una de las cosas más asombrosas que he descubierto observando escáneres SPECT es que el cerebro no tiene por qué degenerarse. Con el plan adecuado, es posible retardar o incluso revertir el proceso de envejecimiento. Y esto sí que debería hacer feliz a todo el mundo. Para reducir los riesgos derivados de la jubilación y el envejecimiento, hay que evitar cualquier cosa que acelere este proceso, como por ejemplo:

- La soledad, que está relacionada con la depresión y la demencia. Un estudio de 2019 reveló que tres de cada cinco estadounidenses manifiestan sentirse solos,[8] y hay que tener en cuenta que la soledad se disparó durante la pandemia.
- Abandonar los estudios antes de tiempo o tener una formación académica limitada.
- Trabajar en algo que no requiera nuevos aprendizajes, o jubilarse y dejar de plantear retos al cerebro. Cuando dejamos de aprender, el cerebro empieza a morir.
- Niveles altos de ferritina. El análisis de ferritina en sangre mide el almacenamiento de hierro; un nivel elevado favorece el envejecimiento.
- Telómeros cortos. Los telómeros son los extremos de los cromosomas, algo así como los topes de plástico de los cordones de los zapatos. Su función es proteger los genes. Tener unos telómeros más cortos se relaciona con el envejecimiento y con problemas de memoria, pero no los hacen inevitables. Hace cuatro años me sometí a una prueba de telómeros: tenía sesenta y tres años, pero mi «edad telomérica» era de cuarenta y tres. Y no lo digo por presumir, sino para transmitir el mensaje. Por cierto, se descubrió que la OTHB también reduce la edad de los telómeros.

La investigación ha demostrado que las siguientes estrategias pueden ayudar a retrasar el envejecimiento y la jubilación:

- Aprender a lo largo de toda la vida y entrar en programas de entrenamiento de la memoria.
- Tener conexiones sociales y hacer voluntariado.

- Meditar.
- Tener algún tipo de motivación vital, pero tomarse también tiempo para descansar. Los adultos mayores que combinan actividad con descanso y relajación son más felices.[9]
- Tomar un complejo multivitamínico a diario.
- Ingerir alimentos que contengan vitamina C, como las fresas o los pimientos rojos; esto se asocia a una mayor longitud de los telómeros.
- Uno de los secretos de mi abuela era que mantenía la mente activa y pasaba miles de horas tejiendo mantas para sus seres queridos. Tejer es un ejercicio de coordinación que activa el cerebelo, involucrado en la velocidad de procesamiento y la memoria.

INFLAMACIÓN

Inflamación proviene de una palabra latina que significa «incendio». Si el cuerpo está inflamado es como si un fuego de baja intensidad estuviera destruyendo los órganos, y esto incrementa el riesgo de padecer depresión y demencia. La medición de la proteína C reactiva y el índice omega-3 son dos de los análisis de sangre que pueden detectar la inflamación. La rosácea y el dolor articular son otros de sus signos. Quizá ya sepas que un exceso de inflamación está relacionado con el cáncer y la artritis, pero ¿sabías que también lo está con la depresión, el autismo y la demencia?

Es posible controlar una serie de relevantes y sorprendentes causas de inflamación crónica, como por ejemplo:

- Una dieta rica en azúcar y alimentos procesados. La dieta estándar estadounidense nos está matando, además de engordándonos e inflamándonos más que nunca (lo veremos con mayor detalle en el capítulo 11). Si cuidas tu alimentación estarás cuidando tu mente.
- La enfermedad de las encías (gingivitis) es una de las principales causas de inflamación, y se ha relacionado una mala higiene bucal con la depresión y la ansiedad.[10] Usa siempre hilo dental y cuida tus dientes. Yo siempre andaba demasiado ocupado para pasarme el hilo dental, hasta que descubrí las investigaciones que

demuestran que la gingivitis es una de las principales causas de inflamación, depresión y pérdida de memoria. Ahora uso hilo dental todos los días. Hace poco estuve en el dentista y me dijo que tenía la boca mejor que nunca. Me sentí como un niño de siete años, tan contento que quería un imán del dentista para ponerlo en la nevera. Incluso llamé a Tana para contárselo y me dijo: «¿En serio? ¿Eso es lo que te hace feliz?».

- Tener niveles bajos de ácidos grasos omega-3 es otra de las causas habituales de inflamación que afecta al 97 % de la población. No es de extrañar que estemos sufriendo una auténtica epidemia de problemas de salud cerebral. Se ha demostrado que tomar omega-3 ayuda a mejorar el estado de ánimo, la concentración, la memoria y el peso. En un nuevo estudio que publicamos en el *Journal of Alzheimer's Disease* vimos que el hipocampo (responsable de la memoria y el estado de ánimo) estaba más sano en personas con niveles más altos de omega-3.[11]

- Los problemas intestinales también son una causa importante de inflamación y se han asociado a la depresión. Pero ¿qué tiene que ver el cerebro con los intestinos? La verdad es que todo. De hecho, tres cuartas partes de los neurotransmisores se producen en los intestinos. Se suele decir que el aparato digestivo es un segundo cerebro, porque está repleto de tejido nervioso. Esta es la razón por la que nos emocionamos y sentimos «mariposas en el estómago», o evacuamos heces blandas cuando tenemos ansiedad o nos deprimimos. Cuidar los intestinos es fundamental para reducir la inflamación, y por eso se ha visto que los probióticos ayudan al cerebro.

- La infelicidad percibida. El simple hecho de pensar que no eres demasiado feliz se asocia con niveles elevados de citocinas proinflamatorias (proteínas).[12] En cambio, quienes se consideran felices tienden a presentar niveles más bajos de estos compuestos dañinos.

- La falta de positividad. Quienes manifiestan tener pocas experiencias positivas cotidianas presentan niveles más elevados de inflamación. Ser capaz de identificar momentos frecuentes de positividad a lo largo del día está asociado, pues, a niveles de inflamación más bajos.[13]

GENÉTICA

La depresión, la ansiedad, el TDAH, el alzhéimer y otros problemas de salud mental y cognitivos se heredan, igual que las enfermedades cardiovasculares. Las últimas investigaciones demuestran que la sensación global de bienestar (es decir, de felicidad) también tiene un componente genético. Un estudio de 2015 publicado en *Behavior Genetics* reveló que la genética explica más o menos una tercera parte de la satisfacción vital de una persona.[14] ¿Significa esto que si te criaste en una familia donde reinaba la negatividad, la ansiedad o la infelicidad eso te condena a repetirlo? ¡No! Pese a lo que piensa la mayoría, el riesgo genético no es una sentencia, debería limitarse a ser un aviso para tomarnos en serio nuestros factores de riesgo (incluidos los genéticos) y empezar cuanto antes a ser diligentes con la prevención.

- Si crees que posees riesgo genético de padecer problemas cerebrales, una detección precoz es esencial. En las Clínicas Amen usamos tomografías cerebrales SPECT, además de valoraciones psicológicas y otras pruebas como herramientas para evaluar la salud cerebral. Por desgracia, las imágenes cerebrales no son pruebas que se hagan de forma estándar en la psiquiatría ni en la medicina en general. Cuando cumplí los cincuenta, mi médico me dijo que debía hacerme una colonoscopia. Le pregunté por qué no quería ver también mi cerebro. ¿No son ambos extremos igual de relevantes? Como sociedad, examinamos nuestros corazones, nuestros huesos, nuestros pechos y nuestras próstatas, pero muy pocas personas se miran el cerebro. En el futuro, esto cambiará.

- Hazte una prueba genética para conocer tus vulnerabilidades, sea con 23andMe o con otros servicios similares, y pide una cita con un profesional médico para ayudarte a interpretar los resultados.

- Si tienes factores de riesgo genéticos, lo principal es tomarte en serio la prevención lo antes posible. Deja de buscar excusas como que es demasiado difícil o caro, o que no te apetece privarte de nada. Créeme, perder la memoria y la independencia, eso sí que es difícil y muy caro, ¡y supondrá muchos problemas y carencias para ti y tu familia!

- Asume la responsabilidad sobre tu vida y tu felicidad. Si el 40 % de tu sensación de bienestar reside en la genética, esto significa que el 60 % restante está en tus manos. Tú controlas la manera en que ves la vida.

TRAUMATISMOS CRANEALES

El cerebro tiene la consistencia de la mantequilla templada, mientras que el cráneo es duro y presenta crestas óseas afiladas en su interior. Los traumatismos craneales, incluso los leves y los que ocurrieron hace décadas, son una de las principales causas de depresión, adicciones y problemas de memoria. Un estudio de la Clínica Mayo reveló que una tercera parte de quienes habían jugado al fútbol americano a *cualquier* nivel presentaban daños cerebrales persistentes.[15] Yo mismo había jugado en el instituto, y pude verlo la primera vez que me escaneé el cerebro. Pero 20 años después mi escáner tenía mucho mejor aspecto, y eso fue porque había seguido los mismos pasos que te estoy proponiendo a ti.

Si has sufrido algún traumatismo craneal, la buena noticia es que hay muchas cosas que pueden ayudarte a repararlo, incluso años más tarde. En las Clínicas Amen llevamos a cabo el primer y más extenso estudio con imágenes cerebrales en jugadores de la NFL en activo y retirados. La gravedad de sus daños era alarmante, pero lo que nos emocionó fue que, gracias a nuestro programa BRIGHT MINDS, el 80 % de los jugadores mostró mejoras significativas en el flujo sanguíneo, el estado de ánimo, la memoria, la atención y el sueño. Y es que cuando te sientes mejor, tienes mejor memoria y duermes mejor, es más probable que saques lo mejor de ti. Y esto te hará más feliz.

La argentina Mercedes Maidana es otro gran ejemplo de lo que estoy comentando. Ella es una famosa surfista, además de conferenciante motivacional y coach vital. En una ocasión sufrió una grave conmoción cerebral cuando surfeaba una ola de nueve metros en la costa de Oregón. Más tarde empezó a tener ansiedad, depresión y problemas de memoria. Su escáner cerebral mostraba poca actividad, pero modificando su dieta, tomando suplementos específicos y sometiéndose a OTHB, hoy es una persona más feliz, que incluso organiza y lidera retiros de salud para mujeres. Si situamos el cerebro en un entorno sanador puede mejorar, pero es esencial protegerlo, y es especialmente importante hacer esto con los cerebros en desarrollo.

TOXINAS

Desde el punto de vista metabólico, el cerebro es el órgano más activo del cuerpo humano. Solo representa el 2 % de su peso, pero necesita entre el 20 y el 30 % de las calorías que ingerimos en un día, y el 20 % del flujo sanguíneo y el oxígeno. La exposición a cualquier toxina puede perjudicar al cerebro y minar nuestra felicidad. Las toxinas son una de las causas más habituales de depresión, ansiedad, niebla mental, irritabilidad, trastornos del sueño, confusión, pérdida de memoria y envejecimiento. Pero el origen de estos problemas (la exposición a toxinas) muchas veces pasa desapercibido.

Cuando empecé a hacer escáneres SPECT observé un patrón tóxico en los cerebros de personas que abusaban de sustancias como el alcohol, la cocaína o la marihuana. En las Clínicas Amen publicamos un estudio comparando a casi mil fumadores de marihuana con personas que no la consumían. Como grupo, los fumadores de marihuana mostraron menos flujo sanguíneo en todas las áreas del cerebro, sobre todo en el hipocampo (responsable del estado de ánimo y la memoria).[16] Esta es, pues, una clara evidencia de que colocarse puede provocar daños persistentes.

Pero los escáneres me enseñaron otra cosa fundamental, que además de las drogas y el alcohol hay muchas otras sustancias tóxicas para el cerebro, por ejemplo:

- Fumar, aunque sea de forma pasiva.
- La exposición al moho por daños causados por el agua.
- El monóxido de carbono.
- La quimioterapia y la radioterapia. Y es que, igual que matan células cancerígenas, matan células sanas.
- Los metales pesados, como el mercurio, el aluminio o el plomo. ¿Sabías que, cuando el Gobierno estadounidense quitó el plomo

> de la gasolina, lo mantuvo en el combustible de los aviones pequeños? Hicimos un análisis a 100 pilotos en nuestras clínicas y descubrimos que el 70 % tenían un cerebro con aspecto tóxico. Asimismo, el plomo se encuentra en el 60 % de los pintalabios que se venden en Estados Unidos. Así que vigila a quién le das un beso, porque podría ser el beso de la muerte.

Los pacientes de las Clínicas Amen que se han expuesto a toxinas se encuentran entre los más infelices, porque sienten que han perdido su personalidad. Pamela, por ejemplo, acudió a nosotros porque ya no podía terminar las frases, a veces olvidaba los nombres de sus hijos y se pasaba los días en la cama.

—No soy la persona que era antes —dijo—. Era una mujer de negocios enérgica y exitosa. Lo tenía todo y, de repente, empecé a desmoronarme.

La situación de Pamela fue empeorando de forma progresiva con los años.

—Al final me deprimí porque parecía que nadie lo entendía de verdad —me contó.

Tras practicarle pruebas exhaustivas descubrimos que Pamela había estado expuesta a moho tóxico, además de tener la enfermedad de Lyme y otros problemas. Con un tratamiento personalizado pudo volver a sentirse ella misma de nuevo.

Si presentas cualquiera de estos factores de riesgo, como la exposición al moho o a la quimioterapia, eso significa que debes tomarte todavía más en serio el cuidado de tu cerebro, igual que harías si tuvieras un riesgo genético o hubieras sufrido un traumatismo craneal.

Para reducir el riesgo de exposición a toxinas:

- Limita tu exposición siempre que puedas.
- Compra alimentos ecológicos para reducir el consumo de pesticidas.
- ¡Lee las etiquetas! Si un producto tiene en su lista de ingredientes ftalatos, parabenos o aluminio, no lo compres. Lo que te aplicas en el cuerpo entra en él y afecta a tu cerebro.

Cuida también los cuatro «órganos de desintoxicación»:

- Riñones: bebe más agua.
- Intestinos: asegúrate de comer mucha fibra.
- Piel: suda haciendo ejercicio y date una sauna. Se ha descubierto que la sauna ayuda a mejorar los síntomas de depresión en pacientes con cáncer,[17] incrementa los niveles de las placenteras endorfinas[18] y reduce los de cortisol,[19] la hormona del estrés.
- Hígado: come más verduras del género *brassica*, que ayudan a desintoxicar; lo son el brócoli, la coliflor, la col y las coles de Bruselas.

Algo que puedes hacer hoy mismo es descargarte una de las muchas aplicaciones gratuitas existentes para escanear los productos de higiene personal (Think Dirty, por ejemplo) y ver así cuán tóxicos son. Este tipo de aplicaciones te dirá lo rápido que te están matando en una escala del uno al diez. La primera vez que usé una tiré la mitad de los productos de mi baño.

SALUD MENTAL

Los trastornos de salud mental sin tratar, como la depresión, la ansiedad, el trastorno bipolar, el trastorno obsesivo-compulsivo (TOC), el TDAH, las adicciones o el estrés crónico pueden dañar el cerebro y hacerte infeliz. Se ha demostrado que la exposición prolongada a las hormonas del estrés contrae el hipocampo, que está involucrado en el estado de ánimo y la memoria. Por tanto, si sufres alguna de estas afecciones es crucial que recibas tratamiento. En un estudio de 2015, sus investigadores descubrieron que la felicidad media es más elevada en países que invierten más en atención a la salud mental.[20] No obstante, hay que tener en cuenta que el tratamiento de la salud mental no implica necesariamente el uso de medicamentos. En un artículo de 2016 del *American Journal of Psychiatry*, los investigadores apuntaron que los nutracéuticos (suplementos con efectos farmacológicos) eran una opción de bajo coste que debía considerarse en el tratamiento de la depresión.[21]

A la hora de hacer recomendaciones a nuestros pacientes en las Clínicas Amen, tenemos en cuenta una serie de principios que tú también deberías considerar siempre que vayas al médico:

- Sigue los tratamientos menos tóxicos y más efectivos.
- No empieces a tomar algo que te va a costar dejar solo para gestionar la ansiedad del momento. Por ejemplo, a muchas personas les recetan medicación para la ansiedad o la depresión en consultas muy cortas, y los médicos no suelen explicarles que estas pastillas pueden ser difíciles de dejar.
- La medicación jamás debería ser la primera y única opción.
- Destrezas, no solo recetas. Una vez optimizado el funcionamiento físico del cerebro, debemos proporcionar a la gente las habilidades que necesita para programarlo de forma adecuada.

Cuando trato a alguien con depresión severa, trastorno bipolar o esquizofrenia, suelo empezar con la medicación para estabilizar su situación mientras intento averiguar qué ha podido causarla. Al mismo tiempo, siempre intento reforzar el estado nutricional del paciente para poder bajar las dosis de los medicamentos necesarios. En mi libro *The end of mental illness*, comparto mi método para afrontar muchos problemas de salud mental, como la depresión, las adicciones, el trastorno bipolar o el TDAH. Pero por ahora permíteme enseñarte seis cosas que recomiendo para la ansiedad antes de recetar medicamentos:

1. Comprueba que no tengas un nivel bajo de azúcar en sangre, anemia o hipertiroidismo, ya que estas carencias pueden provocar ansiedad.

2. La meditación y la respiración abdominal profunda incrementan la sensación de calma de forma inmediata.

3. La hipnosis médica y los ejercicios de visualización pueden ser muy efectivos para aliviar la ansiedad.

4. El ejercicio relajado, como el yoga o el *qi gong*, también ayudan.

5. Acaba con los pensamientos negativos automáticos (consulta el capítulo 13) que te hacen sentir fatal. No tienes que creerte cada pensamiento estúpido que tengas.

6. Empieza a tomar suplementos nutricionales como la L-teanina, el GABA y el magnesio antes de recurrir a medicamentos para la ansiedad que son difíciles de dejar.

Hay estudios que demuestran que todas estas estrategias pueden ayudarte y *ninguna* de ellas te hará daño jamás. Y no siempre podemos decir lo mismo de los medicamentos.

Veamos el caso de Terry,[22] un chico al que le costaba mucho seguir el ritmo en el colegio. Sus padres y maestros le hicieron creer que era «perezoso, estúpido e irresponsable». Se sintió avergonzado toda su vida. Terminó abandonando los estudios, cayó en una depresión y vivía aislado. Pensaba que jamás podría tener una familia y a duras penas lograba sobrevivir. A los cuarenta y seis años, su salud mental empeoró y pensó que le pasaba algo a su cerebro, aunque su resonancia magnética salió normal, lo cual es habitual. La razón es que una resonancia magnética muestra la estructura del cerebro, cuando muchas veces el problema está en cómo funciona.

Cuando acudió a nuestra clínica de Nueva York, su tomografía SPECT indicó que existían daños severos en los lóbulos frontales, lo cual es compatible con un traumatismo cerebral. Más tarde supo por su madre que su lesión había tenido lugar cuando era muy pequeño. Al contarle a su madre lo del escáner cerebral, ambos lloraron durante horas; se dieron cuenta de que Terry no tenía una mala actitud, sino un cerebro con problemas.

Terry se tomó en serio la rehabilitación de su cerebro y siguió nuestro programa BRIGHT MINDS, que incluía dieta, suplementos y OTHB. Meses después, sus escáneres mostraron una mejora espectacular, igual que su vida. Su estado de ánimo, su nivel de energía y su esperanza se dispararon y ahora visualiza un futuro mucho más brillante en el que incluye la posibilidad de formar una familia.

TERRY

Terry (derecha) con el doctor Sandy Lowe, de nuestra clínica de Nueva York.

TOMOGRAFÍAS SPECT DE TERRY ANTES Y DESPUÉS

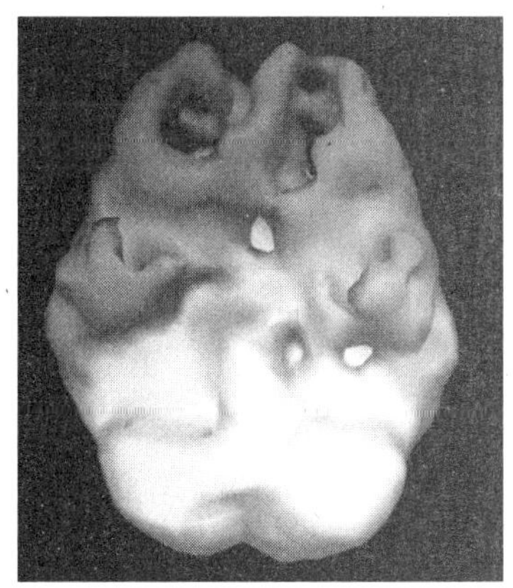

Daños severos en los lóbulos frontales y temporales.

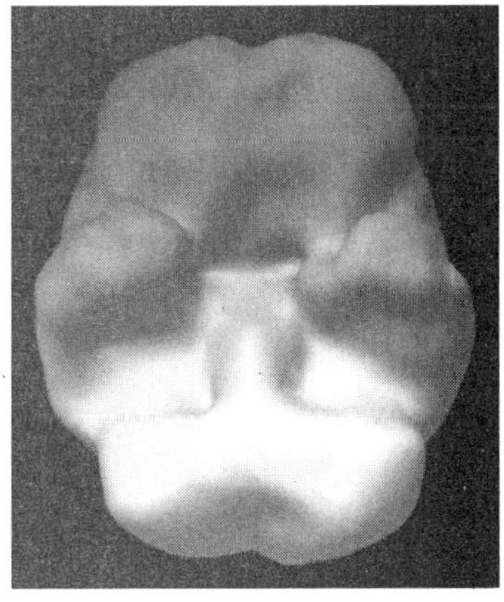

Notable mejora general.

INMUNIDAD E INFECCIONES

El sistema inmunitario nos protege de invasores externos (por ejemplo, virus como el de la COVID-19) y también de «alborotadores» internos (como las células cancerígenas). Cuando el sistema inmunitario está debilitado es más probable que suframos infecciones o cáncer; cuando está hiperactivo es más probable sufrir trastornos autoinmunes, como la artritis reumatoide o la esclerosis múltiple, además de que aumenta el riesgo de depresión, ansiedad e incluso psicosis. Y tenemos claro que sufrir una enfermedad, sea cual sea, nos roba la alegría de vivir.

Tomemos como ejemplo a quienes padecieron COVID persistente. La mayoría de quienes se infectaron de COVID-19 vieron como sus síntomas remitían tras varias semanas. Sin embargo, el personal sanitario se percató de que había un subgrupo de pacientes con síntomas que persistían incluso mucho tiempo después de que sus test de COVID-19 dieran negativo. Cabría esperar que problemas como la dificultad para respirar, la tos persistente o los dolores corporales (entre otros síntomas) tardaran un tiempo en remitir tras contraer el virus, en especial si la persona había sido hospitalizada. Pero resulta sorprendente ver que un número significativo de pacientes (incluso con casos leves o moderados) experimentaron síntomas persistentes relacionados con el cerebro; por ejemplo:

- Depresión.
- Ansiedad.
- Fatiga intensa.
- Niebla mental o dificultad para pensar con claridad.
- Problemas de concentración y de memoria.
- Dolores de cabeza.
- Problemas de sueño.
- Pérdida del gusto y el olfato.

Estos síntomas persistentes de la infección les quitaron a muchos las ganas de vivir. En las Clínicas Amen cada vez vemos a más pacientes con síntomas persistentes. Sus escáneres SPECT pos-COVID muestran una serie de anomalías entre las cuales están una disminución del flujo sanguíneo general (patrón habitual en casos de infección, y asociado a niebla mental y problemas de memoria) y un nivel elevado de actividad en los centros emocionales del cerebro (habitual en casos de depresión).

ESCÁNERES SPECT ACTIVOS ANTES Y DESPUÉS DEL COVID-19

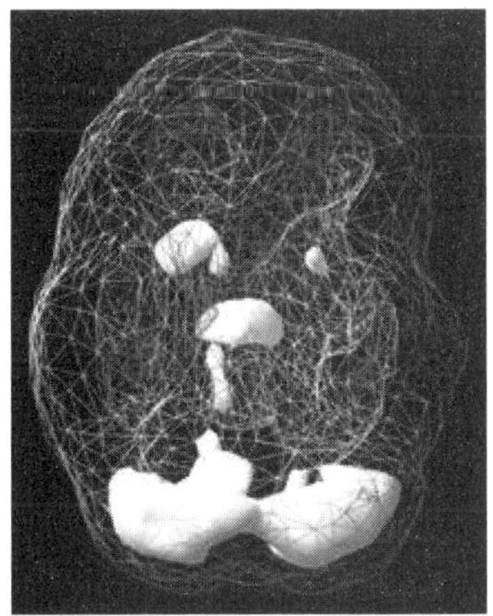

Antes de la infección por COVID-19.

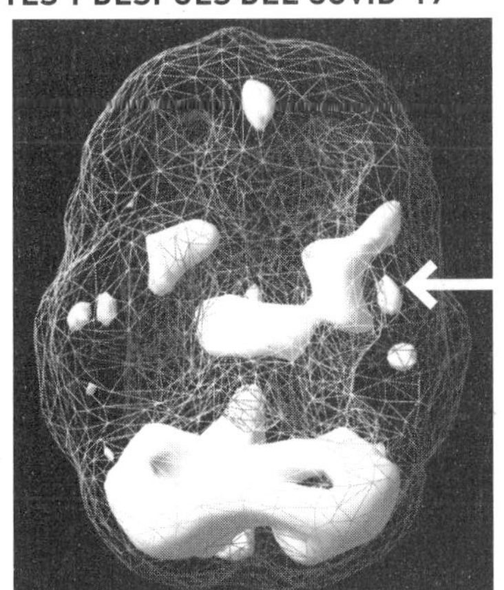

Después de la infección por COVID-19, con mayor nivel de actividad en el sistema límbico.

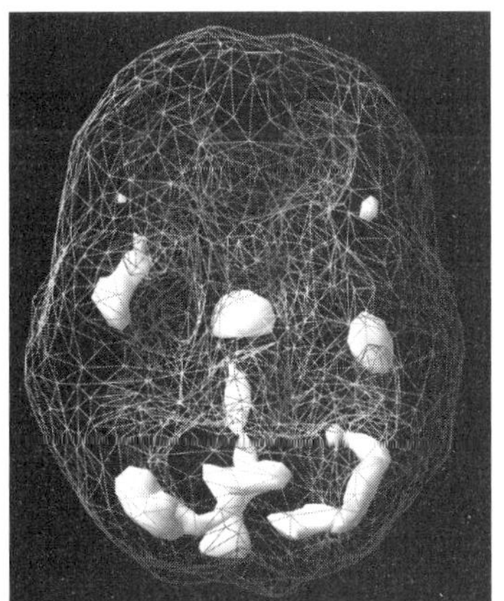

Antes de la infección por COVID-19.

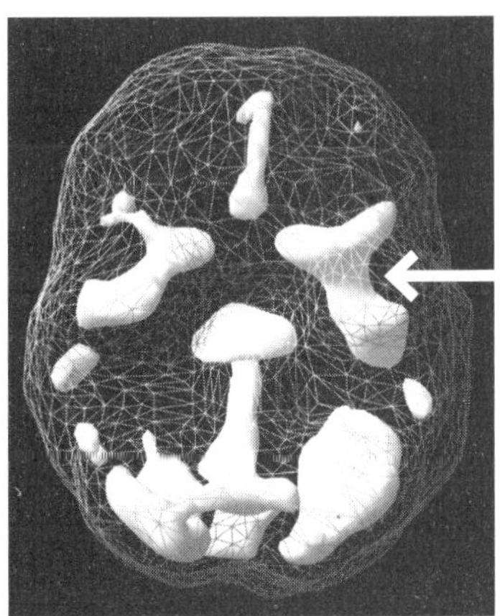

Después de la infección por COVID-19, con mayor nivel de actividad en el sistema límbico.

ESCÁNERES SPECT ACTIVO Y DE SUPERFICIE EN UN PACIENTE CON COVID PERSISTENTE

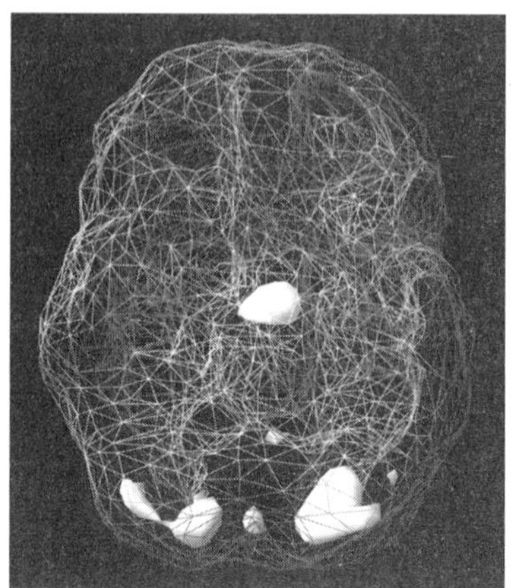

Poca actividad en el cerebelo y poca actividad en general.

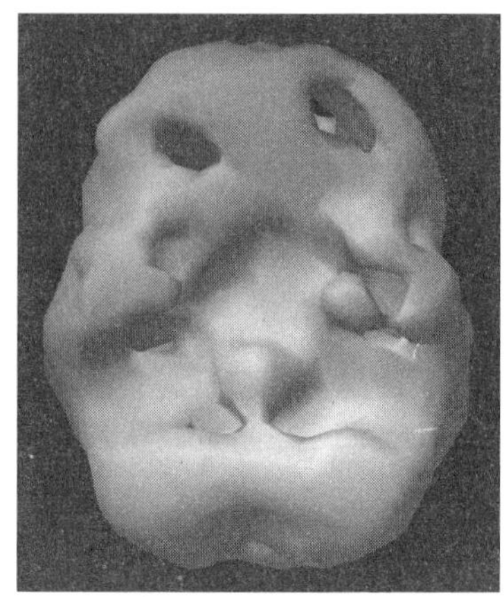

Poca actividad en general.

Algunas veces, las infecciones pueden disfrazarse de otros problemas de salud. Es posible que hayas visto en las noticias que al legendario músico de country Kris Kristofferson le diagnosticaron alzhéimer. Bien, pues en su visita a uno de los osteópatas que trabaja con nosotros, el doctor Mark Filidei, se descubrió que en realidad lo que tenía era la enfermedad de Lyme. Tras administrarle antibióticos y someterlo a OTHB, su memoria mejoró y pudo volver a la carretera y hacer una gira antes de retirarse a sus ochenta y cuatro años. La conclusión es que si tienes problemas de memoria o un trastorno de salud mental que no responde a los tratamientos habituales, lo que has de hacer es pedirle a tu médico que busque posibles infecciones.

Estas son algunas de las formas más eficaces de fortalecer el sistema inmunitario:

- Conocer y optimizar tu nivel de vitamina D.
- Tomar probióticos, ya que la salud intestinal es vital para la inmunidad.
- Comer alimentos del género *allium*, como los ajos y las cebollas, así como setas antimicrobianas y antiinflamatorias.

- Probar una dieta de eliminación durante un mes para ver si alguna alergia alimentaria está dañando tu sistema inmunitario (elimina, por ejemplo, el gluten, los lácteos, el maíz, la soja, el azúcar y los edulcorantes, así como los colorantes y conservantes artificiales).

- Evitar el senderismo en lugares donde habite la garrapata de los ciervos (que transmite la enfermedad de Lyme).

- Ver comedias para reforzar el sistema inmunitario. Durante la pandemia, la madre de Tana, Mary, se quedó a dormir con nosotros el día antes de su cita para vacunarse. Tiene setenta y tantos años, y suele quedarse dormida siempre que vemos películas juntos. Así que elegí una que pensé que la mantendría despierta, *En guerra con mi abuelo*, protagonizada por Robert De Niro. Es un film conmovedor e hilarante. Mary no solo no se durmió, sino que se rio todo el rato, lo que estimula el funcionamiento del sistema inmunitario. Y Tana no pudo evitar reírse a su vez, al ver a su madre riéndose así. Porque la risa es contagiosa, y ese es el tipo de contagio que queremos.

- Adoptar una actitud positiva. ¿Sabías que tener una actitud negativa (lo que en psiquiatría se llama «estilo afectivo negativo») está asociado a una escasa activación de la respuesta inmunitaria y un posible aumento del riesgo de enfermedad? En cambio, las personas más felices podrían tener una respuesta inmunitaria más efectiva.[23]

PROBLEMAS HORMONALES

Las neurohormonas son como abono para el cerebro y resultan vitales para estabilizar el estado de ánimo y gozar de una memoria sólida y una mente sana. Sin unas hormonas sanas es probable que estemos de mal humor y experimentemos cansancio y niebla mental. Además, el hipocampo puede contraerse y debilitarse, lo cual afecta aún más al estado de ánimo.

- La testosterona nos ayuda a sentirnos felices, con motivación, buena actitud sexual y fuerza.

- La tiroides nos da energía y claridad mental. Mi amigo el doctor Richard Shames suele decir: «El hipotiroidismo no te mata, solo hace que desees morirte».
- La DHEA (una hormona producida en las glándulas suprarrenales, también disponible como suplemento) ayuda a combatir el envejecimiento.
- En las mujeres, los estrógenos y la progesterona trabajan para prevenir los cambios de humor, ayudan a estimular el flujo sanguíneo y mantienen el cerebro joven.

De modo que para conservar el equilibrio hormonal:

- Hazte un chequeo anual a partir de los cuarenta.
- Evita los disruptores endocrinos como los pesticidas, los ftalatos y los parabenos, presentes en muchos productos de cuidado personal.
- Evita la proteína animal criada con hormonas y antibióticos.
- Añade fibra para reducir la cantidad de estrógenos no saludables.
- Haz pesas y limita el consumo de azúcar para estimular la testosterona.
- Si eres mujer, optimiza tus niveles de estrógenos y progesterona.
- Recurre a la sustitución hormonal cuando sea necesario.
- Trabaja en colaboración con tu médico.
- Prueba a practicar el yoga de la risa. Tal vez parezca una tontería, pero este tipo de yoga, que consiste en reír mientras haces los saludos al sol, reduce los niveles de cortisol, la hormona del estrés.[24]

Mercedes, la surfista de la que te hablé antes y que había sufrido una conmoción cerebral, tenía hipotiroidismo, algo común en personas con lesiones en la cabeza. Este conocimiento es reciente, y algo que en las Clínicas Amen también vimos en los jugadores de fútbol americano. De manera que mejorar la función tiroidea de Mercedes incrementó su energía y su capacidad de concentración. Y ¿quién no se siente más feliz cuando eso ocurre?

DIABESIDAD

La diabesidad supone una doble amenaza para el cerebro; implica tener sobrepeso u obesidad o presentar un nivel alto de azúcar en sangre (es decir, tener ser prediabetes o diabetes). He publicado tres estudios que demuestran que, a medida que aumentamos de peso, el tamaño físico y la funcionalidad del cerebro disminuyen.[25] Con un 72 % de estadounidenses con sobrepeso (incluyendo un 42 % de personas obesas) y casi un 50 % de diabéticos o prediabéticos, estamos experimentando la mayor fuga de cerebros de la historia de nuestro país.

El exceso de grasa en el cuerpo no es inocuo: altera las hormonas, acumula toxinas y produce sustancias químicas que incrementan la inflamación. Cuando la obesidad se combina con la diabetes, el riesgo es aún mayor. Los niveles altos de azúcar en sangre dañan los vasos sanguíneos. Numerosas investigaciones han demostrado que la obesidad incrementa las probabilidades de sufrir depresión,[26] y algunos estudios indican que este riesgo se duplica en personas diabéticas.[27] La diabesidad, por tanto, no conduce a la felicidad.

Para controlar la diabesidad debes seguir una dieta adecuada (consulta el capítulo 11 para conocer las reglas de la alimentación feliz).

SUEÑO

Se estima que unos 60 millones de estadounidenses tienen problemas relacionados con el sueño. El insomnio crónico, el uso de pastillas para dormir y la apnea del sueño aumentan de forma significativa el riesgo de sufrir problemas de salud cerebral y hacen que estemos de mal humor e irritables, y que tengamos la mente nublada. A continuación, podemos ver el escáner cerebral de una persona con apnea del sueño. En estos casos, a menudo se observa poca actividad en las áreas que mueren en etapas tempranas del alzhéimer. Así pues, si roncas y dejas de respirar mientras duermes, o alguien te dice que lo haces, ve a que te evalúen.

ESCÁNER DE UNA PERSONA CON APNEA DEL SUEÑO

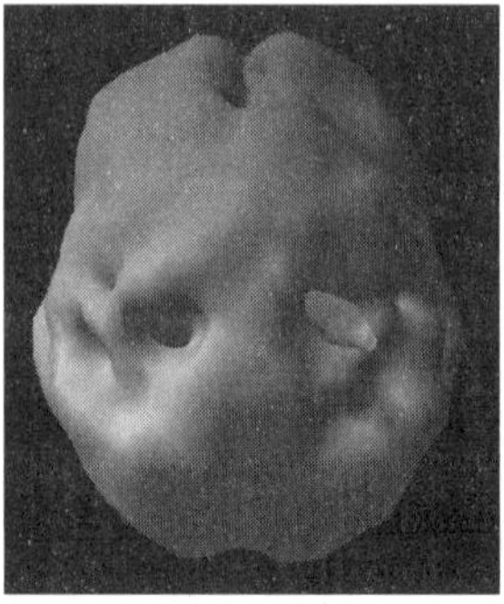

Los «agujeros» muestran las áreas con poca actividad.

Durante el sueño, el cerebro se hace una especie de autolavado. Por lo tanto, si se altera el sueño se acumula porquería en el cerebro, y esto daña la memoria. Dormir menos de siete horas cada noche está asociado a problemas de peso, hipertensión, accidentes e incluso problemas de pareja, porque el cansancio hace más probable que digamos algo que desearíamos no haber dicho. Si quieres mejorar tu cerebro y sentirte mejor mañana, mejora tu sueño esta noche.

Consíguelo evitando lo siguiente:

- Cafeína (sobre todo, nada después de la hora de comer).
- Una habitación demasiado cálida.
- Luz y ruido, en especial si proceden de dispositivos electrónicos.
- Alcohol. Sí, te ayudará a dormir, pero cuando el efecto desaparezca tu cerebro reaccionará y te despertará unas horas después.

Para dormir mejor:

- Haz que tu habitación sea más fresca, oscura y silenciosa.
- Apaga tus dispositivos electrónicos para que no te molesten.
- Escucha música de ritmo lento y relajante (unos 60 compases por minuto).
- Prueba la hipnosis médica (en las Clínicas Amen tenemos un programa muy eficaz para entrenar el cerebro con el fin de dormir mejor).
- Toma magnesio y melatonina, que suelen ser muy eficaces. También lo es el 5-HTP si tiendes a preocuparte en exceso.
- Si tienes malos pensamientos que no te dejan dormir, anótalos en un diario para sacártelos de la cabeza.

Ten claro que para ser feliz necesitas cuidar la salud de tu cerebro. Utiliza el enfoque BRIGHT MINDS para conseguir y mantener un cerebro sano.

EXAMINA TU CEREBRO

Como última reflexión en cuanto a salud cerebral y felicidad, te diré que es básico examinarse el cerebro con regularidad. Evaluamos el estado de muchos otros órganos (piel, corazón, pulmones, mamas, cuello uterino, colon, riñones, hígado y tiroides), pero casi nunca el principal: el cerebro. Hay múltiples formas de evaluar la salud cerebral, por ejemplo:

- SPECT cerebrales
- EEG cuantitativos
- Test cognitivos

En las Clínicas Amen usamos todas estas herramientas, pero los escáneres cerebrales no suelen practicarse de forma rutinaria en la medicina convencional ni en la psiquiatría tradicional. Puedes

TRANSFORMACIÓN FELIZ EN 30 DÍAS

Este ha sido un Reto de 30 Días MARAVILLOSO. Me ha ENCANTADO cada minuto. El reto diario tiene algo que realmente puedo poner en práctica. Lo MÁS gratificante es ser FELIZ CADA DÍA, AMAR MI CEREBRO, y pasar la voz.

FD

consultar con tu médico o tu seguro de salud las evaluaciones cognitivas que ofrecen. Todo el mundo puede beneficiarse de un escáner SPECT después de los cincuenta (o de los cuarenta si hay antecedentes familiares de alzhéimer o demencia). También te recomiendo que evalúes tu salud cerebral con regularidad empleando la herramienta mencionada en el capítulo 1, brainhealthassessment.com. Este cuestionario no solo ayuda a identificar tu tipo de cerebro, también evalúa el estado de ánimo, la memoria, la función ejecutiva y el pensamiento flexible.

LAS CLAVES DE LA FELICIDAD RELACIONADAS CON EL SECRETO 2: OPTIMIZA EL FUNCIONAMIENTO FÍSICO DE TU CEREBRO

- Mejora el flujo sanguíneo.
- Retrasa la jubilación y el envejecimiento.
- Reduce la inflamación.
- Conoce tu genética.
- Evita los traumatismos craneales.
- Reduce la exposición a toxinas.

- Trata los problemas de salud mental que padezcas.
- Refuerza tu inmunidad para prevenir infecciones.
- Equilibra tus neurohormonas.
- Prevén la obesidad.
- Duerme bien.

SECRETO 3

NUTRE TU CEREBRO SINGULAR

PREGUNTA 3

¿Estoy nutriendo mi cerebro singular?

CAPÍTULO 10

NUTRACÉUTICOS FELICES

Recursos naturales para sentirse bien

Si eres demasiado feliz, es que has tomado azafrán.

PROVERBIO TRADICIONAL PERSA

Al principio de la pandemia, nuestra hija menor vino llorando y diciendo que estaba desesperada y deprimida. Fue una situación habitual entre adolescentes en aquel periodo tan estresante en el que, a nivel nacional, se triplicaron los casos de depresión en pocos meses. Justo antes de los confinamientos, Chloe se había sacado el carné de conducir, había conseguido su primer trabajo como camarera en el Zinc Cafe de Laguna Beach y sentía que su vida tomaba el rumbo esperado. Pero en tan solo unos días el miedo se apoderó de todo: no podía ir a ningún sitio y el Zinc Cafe cerró, así que perdió su trabajo.

Muchas veces, una sucesión de momentos de estrés acumulados como estos provoca depresión, y 2020 estuvo repleto de momentos de estrés, uno tras otro. En el caso de mi hija usamos distintas estrategias: la meditación; acabar con los PNA o ANT (de los que hablaremos en el capítulo 13); la sauna infrarroja (que ha demostrado su eficacia para tratar la depresión),[1] y suplementos como la vitamina D, los ácidos grasos omega-3 y el Happy Saffron Plus (que contiene azafrán, zinc y curcuminas). Gracias a todo ello, Chloe se recuperó en unas semanas y volvió a ser ella misma. Logró salir adelante durante aquella época difícil, se graduó en el instituto con buenas notas, consiguió otro trabajo en The Beachcomber (un restaurante de fama mundial en Newport Coast) y la admitieron en la universidad. De hecho, durante la pandemia todo el mundo en casa (Tana, Chloe, mis dos sobrinas que viven con nosotros y yo) tomó Happy Saffron, entre otros suplementos, para favorecer un estado de ánimo más positivo.

En 2010 fundé BrainMD, una empresa de nutracéuticos pensada en principio para los pacientes de las Clínicas Amen y que luego ofrecimos al público general. Me he mantenido al día de los avances científicos relacionados con los nutracéuticos desde que empecé a pedir los primeros escáneres SPECT en 1991. Dichos escáneres supusieron una sorpresa, porque me mostraron que toda una serie de medicamentos psiquiátricos que me habían enseñado a recetar (como las benzodiacepinas para la ansiedad, las pastillas para dormir y los opiáceos para el dolor) tenían efectos tóxicos sobre el funcionamiento cerebral, haciendo que el cerebro tuviera un aspecto más envejecido y menos saludable del que debería. Esto me causó una gran preocupación. En la facultad de Medicina me inculcaron el principio *primum non nocere*, que en latín significa «ante todo, no hacer daño». Por tanto, hacer cualquier cosa que perjudicara potencialmente a mis pacientes me generaba inquietud, y empecé a buscar suplementos naturales probados por la ciencia como alternativa.

Mi libro *The end of mental illness* resume gran parte de los conocimientos científicos existentes sobre los nutracéuticos y las principales enfermedades mentales.[2] Aquí me centraré en los relacionados de forma específica con la felicidad y el estado de ánimo, es decir:

1. Los cuatro básicos que todo el mundo necesita para ser feliz.
2. Los nutrientes que, según la investigación, favorecen cada una de las sustancias químicas de la felicidad y a cada tipo de cerebro.
3. Los nutracéuticos que han demostrado efectividad en general a la hora de mejorar el estado de ánimo.

LOS CUATRO BÁSICOS QUE TODO EL MUNDO NECESITA PARA SER FELIZ

1. Suplementos multivitamínicos y minerales

Todo el mundo debería tomar un suplemento multivitamínico y mineral de amplio espectro a diario. De acuerdo con estudios recientes.[3] las deficiencias de vitaminas y minerales están muy extendidas. En la siguiente lista puedes ver el porcentaje de estadounidenses que presentan deficiencias de cada vitamina:

- Vitamina D: más del 93 %.
- Vitamina E: más del 90 %.
- Magnesio: más del 54 %.
- Vitamina C: más del 37 %.
- Vitamina A: más del 45 %.
- Vitamina K: más del 31 %.
- Vitamina B6: más del 12 %.
- Zinc: más del 10 %.
- Ácido fólico: más del 10 %.

Pero ¿por qué nos faltan tantos nutrientes esenciales? Según los Centers of Disease Control and Prevention (CDC) de Estados Unidos, alrededor de un 90 % de la población estadounidense no llega a consumir ni cinco raciones de frutas y verduras al día,[4] el mínimo imprescindible para obtener la cantidad adecuada de nutrientes. Y, dado que la mayoría de los adultos no obtiene vitaminas suficientes a partir de la dieta, un editorial del *Journal of the American Medical Association*[5] recomendó a todo el mundo tomar un suplemento vitamínico a diario, porque ayuda a prevenir enfermedades crónicas.

Mi amigo el doctor Mark Hyman, jefe de estrategia e innovación en la Cleveland Clinic for Functional Medicine, explica que tal vez las únicas personas que no necesitan suplementos son aquellas que «consumen alimentos frescos, ecológicos, integrales, de proximidad, criados en libertad, no modificados genéticamente, cultivados en suelos vírgenes ricos en minerales y nutrientes, y que no han sido transportados desde largas distancias ni almacenados durante meses antes de ser consumidos [...]; trabajan y viven en el exterior; solo respiran aire fresco no contaminado; solo beben agua pura y limpia; duermen nueve horas cada noche; mueven su cuerpo todos los días; están libres de factores estresantes crónicos; y no se exponen a toxinas ambientales».[6] Sin embargo, en una sociedad acelerada en la que nos saltamos comidas, compramos comida para llevar y consumimos un montón de caprichos azucarados y alimentos tratados con químicos o procesados, prácticamente todo el mundo puede beneficiarse de un suplemento multivitamínico y mineral.

¿Qué relación tienen los nutrientes con la salud mental y la felicidad? En las últimas décadas, numerosos estudios han revelado los beneficios para la salud mental de las fórmulas multivitamínicas y minerales que contienen más de 20 minerales y vitaminas.[7] En un resumen de 2020 de las publicaciones científicas sobre los suplementos nutricionales de amplio espectro para el tratamiento de problemas de salud mental, 16 de 23 estudios demostraron efectos positivos en casos de depresión, ansiedad o estrés.[8] Además, algunas investigaciones han revelado que los complejos multivitamínicos y minerales pueden ayudar en casos de problemas del estado de ánimo,[9] agresividad[10] y falta de atención.[11]

La investigación sugiere asimismo que los suplementos multivitamínicos y minerales pueden ser beneficiosos en periodos de mucho estrés. Esta es una de las razones por las que recomendé de forma encarecida a mis pacientes que los tomaran durante la pandemia. En dos interesantes ensayos aleatorios controlados con placebo, quienes tomaron un suplemento multivitamínico y mineral de amplio espectro manifestaron experimentar niveles más bajos de ansiedad y estrés. Uno de ellos tuvo lugar tras el terremoto de magnitud 6,3 sucedido en 2011 en Nueva Zelanda.[12] El otro, justo después de las catastróficas inundaciones de 2013 en Alberta, Canadá.[13] En el estudio de Nueva Zelanda, los participantes que tomaron suplementos manifestaron mejoras más significativas en su estado de ánimo y su nivel de ansiedad y energía. Tras un mes con suplementación, la tasa de TEPT pasó del 65 % al 19 %, mientras que en quienes no tomaron suplementos no cambió. Los investigadores del otro estudio indicaron que podía ser potencialmente beneficioso «que tales fórmulas se distribuyeran como medida de salud pública tras una catástrofe».[14]

Otros estudios científicos sobre nutracéuticos han revelado que pueden mejorar el estado de ánimo. Fijémonos en uno de 2010 con 215 hombres de entre treinta y cincuenta y cinco años que se dividieron en dos grupos. Uno tomó un multivitamínico durante un mes, mientras que el otro tomó un placebo.[15] ¿Cuáles fueron los resultados? Los hombres que tomaron el multivitamínico manifestaron gozar de un mejor estado de ánimo, más vigor y un mejor rendimiento cognitivo, además de menos estrés y fatiga mental. Pero lo principal es que se sentían más felices y se volvieron incluso más inteligentes.

El doctor Hyman llama a las vitaminas del grupo B (ácido fólico, B6 y B12) los «poderosos metiladores de la salud mental».[16] A raíz de un estudio publicado en la *American Journal of Psychiatry* que descubrió que el 27 % de las mujeres con depresión severa tenían deficiencia de vitamina B12, afirmó: «Pensándolo bien, esto sugiere que más de una cuarta parte de todos los casos de depresión severa pueden aliviarse con inyecciones de vitamina B12».[17]

¿Tus medicamentos te ponen triste?

Muchos medicamentos pueden causar pérdida de nutrientes y predisponernos a la tristeza. Aunque no deberías dejar de tomar los fármacos que necesitas sin consultarlo con tu médico, es importante ser consciente de los posibles riesgos nutricionales para reponer los nutrientes esenciales. En este sentido, algunos (o todos) de los siguientes medicamentos pueden dar problemas:

- Antiácidos: reducen la cantidad de ácido gástrico, calcio, fósforo, ácido fólico y potasio. Además, la disbiosis (proliferación de bacterias no saludables en el intestino delgado) puede provocar deficiencia de vitamina K y baja absorción de minerales.
- Antibióticos: reducen la cantidad de vitaminas B y K.
- Antidiabéticos: reducen la cantidad de CoQ10 y vitamina B12.
- Medicamentos para la hipertensión: reducen la cantidad de vitamina B6 y K, CoQ10, magnesio y zinc.
- Antiinflamatorios: (naproxeno, ibuprofeno, etc.): reducen la cantidad de vitamina B6, C, D y K, ácido fólico, calcio, zinc y hierro.

- Medicamentos para bajar el colesterol (en especial las estatinas): reducen la cantidad de CoQ10, ácidos grasos omega-3 y carnitina.
- Hormonas femeninas: reducen la cantidad de ácido fólico, magnesio, vitaminas del grupo B, vitamina C, zinc, selenio y CoQ10.
- Anticonceptivos orales: reducen la cantidad de vitaminas del grupo B, magnesio, ácido fólico, selenio, zinc, tirosina y serotonina. Más o menos entre un 16 % y un 52 % de las mujeres que toman anticonceptivos orales acaban sufriendo depresión y se les suelen recetar antidepresivos como primera opción; rara vez se considera la posibilidad de que existan deficiencias nutricionales. Un estudio reciente reveló que los anticonceptivos orales pueden duplicar el riesgo de suicidio en chicas adolescentes y que lo incrementan de forma significativa en mujeres adultas.[18]

2. Vitamina D

Resulta esencial para desarrollar los huesos y reforzar el sistema inmune, pero también es fundamental para tener un cerebro sano, así como para el estado de ánimo y la memoria. Niveles bajos de vitamina D se han asociado a depresión, alzhéimer, enfermedades cardiovasculares, diabetes, cáncer y obesidad. El 93 % de la población presenta déficit de vitamina D, porque pasamos más tiempo en espacios cerrados y usamos más protección solar (y la piel absorbe la vitamina D del sol).

Un estudio analizó la suplementación de vitamina D en individuos de entre 18 y 43 años y descubrió que quienes la tomaron manifestaban tener más emociones positivas, como entusiasmo, ilusión o determinación.[19]

Deberíamos comprobar nuestro nivel de vitamina D con regularidad, como hacemos con la tensión. Es un análisis de sangre muy sencillo. Si el resultado está por debajo del nivel óptimo, toma entre 2000 y 5000 UI al día y vuelve a comprobarlo al cabo de dos meses para asegurarte de que está dentro del rango saludable.

3. Ácidos grasos omega-3

En términos de salud y bienestar general, los ácidos grasos omega-3 son esenciales. De hecho, resultan tan indispensables que investigadores de la Harvard Chan School of Public Health han apuntado sus niveles bajos como una de las principales causas prevenibles de muerte.[20] Niveles insuficientes de dos de los omega-3 más relevantes, el ácido eicosapentaenoico (EPA) y el ácido docosahexaenoico (DHA), también se han vinculado a otras afecciones:

- Depresión y trastorno bipolar[21]
- Intentos de suicidio[22]
- Inflamación[23]
- Enfermedades cardiovasculares[24]
- TDAH[25]
- Deterioro cognitivo y demencia[26]
- Obesidad[27]

Todos estos problemas dificultan sentirse bien con uno mismo y con la vida en general. Y alguno podría afectarte si te encuentras entre el 95 % de estadounidenses que, según los estudios existentes, no ingieren la suficiente cantidad de ácidos grasos omega-3. El cuerpo humano no los produce por sí mismo, por lo que debemos obtenerlos de fuentes externas. Si no comes la cantidad suficiente de este nutriente esencial, te diré que es una mala noticia para tu cerebro, ya que los omega-3 constituyen alrededor del 8 % de la masa cerebral.

A menos que estés tomando suplementos de omega-3, es muy probable que presentes niveles insuficientes de EPA y DHA.[28] En nuestras clínicas analizamos en su momento los niveles de estos ácidos grasos en 50 pacientes que no estaban tomando suplementos con aceite de pescado (la fuente más habitual de EPA y DHA). Los resultados fueron aún peores de lo que esperaba: la asombrosa cifra de 49 personas de 50 (¡un 98 %!) presentaban niveles subóptimos. Empecé a pensar que tenemos ante nosotros una crisis de omega-3.

En un estudio que se llevó a cabo justo después, nuestro equipo analizó los escáneres SPECT de 130 pacientes junto con sus niveles de EPA y DHA. Como era de esperar, las personas con niveles más bajos de estas dos sustancias presentaban un menor flujo sanguíneo en el cerebro, lo cual está relacionado con la depresión y es el primer factor de predicción de futuros problemas cerebrales. Cuando sometimos a estos mismos pacientes a pruebas cognitivas, quienes tenían menores niveles de omega-3 también obtuvieron peores indicadores del estado de ánimo.

Ahora las buenas noticias. Aumentar la ingesta de omega-3 favorece un estado de ánimo más positivo. Algunos estudios han mostrado que comer pescado con alto contenido en ácidos grasos omega-3 correlaciona con un menor riesgo de depresión y suicidio.

Y lo que es aún mejor, tener niveles altos de EPA está correlacionado con la felicidad. Esto es lo que demostró un apasionante estudio llevado a cabo en Japón, en el que los investigadores reunieron a 140 enfermeras y cuidadoras para evaluar su felicidad (medida con la Escala de Felicidad Subjetiva), su sensación de plenitud y sus niveles de omega 3.[29] El equipo de investigación descubrió que la felicidad subjetiva estaba asociada de forma significativa a la sensación de plenitud (ser útil equivale a ser feliz), así como a los niveles de EPA y DHA; la correlación fue especialmente elevada con los niveles de EPA. Otros estudios también han sugerido que el EPA es más eficaz en el tratamiento de la depresión y otros trastornos.[30]

En conclusión, la mayoría de las personas adultas debería tomar entre 1 y 2 g de ácidos grasos omega-3 al día, con una proporción de 60 % de EPA y 40 % de DHA.

4. Probiótico significa «provida»

Si no eres feliz, es posible que el motivo no esté relacionado ni con tu cerebro ni con tu mente. Recuerda que muchas veces nos referimos al aparato digestivo como «el segundo cerebro». Tenemos un conducto de unos nueve metros (incluido el estómago) que va de la boca hasta el otro extremo; está revestido de una sola capa de células unidas herméticamente que lo sellan y nos permiten digerir los alimentos de forma eficaz, sin que restos semidigeridos se filtren hacia el abdomen. Cuando las uniones entre células se ensanchan y la capa de células se vuelve porosa, se da un problema grave conocido como «síndrome del intestino permeable»; este se asocia a la depresión, el trastorno bipolar, los trastornos de ansiedad e incluso al alzhéimer. También está relacionado con la inflamación crónica y las enfermedades autoinmunes.

Si tenemos en cuenta que hay casi 100 millones de neuronas en el tracto gastrointestinal con comunicación directa con el cerebro, entenderemos por qué la salud de los intestinos está muy relacionada con la salud cerebral. Y, en gran medida, la salud intestinal depende de unos bichos. Así es: se estima que el tracto digestivo de un ser humano medio alberga 100 billones de microorganismos (bacterias, hongos y otros), más o menos tres veces el número total de células del resto del cuerpo. Esta comunidad de «bichos» se conoce en su conjunto como microbioma. El microbioma juega un papel esencial en la síntesis de neurotransmisores (las sustancias químicas cerebrales de las que hablamos en la parte 1), como la serotonina, que tiene una gran influencia en el bienestar mental.

Algunos de estos bichos son beneficiosos para la salud y el bienestar, mientras que otros resultan dañinos. En la típica escena de «buenos y malos», todos intentan luchar por el control del microbioma. Cuando la proporción entre unos y otros es de alrededor del 85 % de buenos y el 15 % de problemáticos, esto da lugar a un intestino sano. Cuando los malos superan a los buenos, pueden provocar problemas intestinales y también mentales. Y hay muchas cosas en la vida cotidiana que pueden perjudicar a los bichos buenos y decantar la balanza en favor de los malos. Por ejemplo:

- Medicamentos (antibióticos, anticonceptivos orales, inhibidores de la bomba de protones, esteroides, AINE o antiinflamatorios no esteroideos).
- Niveles bajos de ácidos grasos omega-3.
- Estrés.
- Consumo de azúcar y jarabe de maíz, rico en fructosa.
- Edulcorantes artificiales.
- Gluten.
- Alergias ambientales o alimentarias.
- Insomnio (en especial entre militares y otras personas que trabajan por turnos).

- Toxinas (sustancias químicas antimicrobianas presentes en los jabones; pesticidas y metales pesados).
- Infecciones intestinales (H. Pylori, parásitos, candidiasis).
- Niveles bajos de vitamina D.
- Radiación/quimioterapia.
- Exceso de ejercicio de alta intensidad.
- Exceso de alcohol.

Evitando las sustancias que alimentan el crecimiento de los «bichos malos» es posible mejorar la salud del intestino y el bienestar mental, y aumentar las probabilidades de sentirnos bien. Las siguientes son otras estrategias para hacer crecer el ejército de bichos buenos:

- **Tomar prebióticos**, fibras alimentarias que favorecen la salud intestinal, como las que se encuentran en manzanas, alubias, col, *psyllium*, alcachofas, cebollas, puerros, espárragos, calabazas y tubérculos (boniato, batata, jícama, remolacha, zanahoria y nabo).

- **Añadir probióticos a la dieta**: comer más alimentos fermentados que contengan bacterias vivas, como el kéfir (busca marcas sin azúcar añadido), la *kombucha* (elige variedades con poco azúcar), pepinillos, yogur sin edulcorar (de cabra o de leche de coco), *kimchi*, encurtidos de frutas y hortalizas y chucrut.

- **Tomar probióticos como suplemento**: en particular, el *Lactobacillus helveticus* (cepa R52) y el *Bifidobacterium longum* (cepa R175), en una proporción muy específica, demostraron mejorar el estado de ánimo y reducir la ansiedad durante un periodo de entre cuatro y ocho semanas en dos ensayos clínicos controlados con placebo.[31] En un estudio con esta combinación específica de cepas de probióticos, 86 estudiantes universitarios que consumieron probióticos a diario durante un mes mostraron una reducción de la ansiedad por pánico y la neurofisiológica, y la preocupación, y mostraron una mejor regulación del estado de ánimo.[32] En otro estudio con probióticos, 111 adultos consumieron *Lactobacillus plantarum* a diario durante doce semanas y esto dio lugar a una reducción significativa de sus niveles de estrés y ansiedad en tan solo ocho semanas.[33]

NUTRIENTES QUE FAVORECEN LAS SEIS SUSTANCIAS QUÍMICAS DE LA FELICIDAD

1. **Dopamina, muy importante para las personas con un cerebro espontáneo**: probióticos como el *Lactobacillus plantarum* PS128,[34] nutrientes como la vitamina D[35] y los ácidos grasos omega-3,[36] y hierbas como la rodiola,[37] el ginseng,[38] la *Bacopa monnieri*[39], el extracto de té verde[40] y el extracto de *Gingko biloba*[41] han demostrado aumentar los niveles de dopamina y mejorar así la concentración e incrementar la energía, la resistencia y el vigor. La L-tirosina, el magnesio,[42] la curcumina,[43] la L-teanina[44] y la berberina[45] aumentan también los niveles de dopamina.

2. **Serotonina, muy importante para las personas con un cerebro persistente**: probióticos como el *Lactobacillus plantarum* PS128;[46] nutrientes como el L-triptófano, el 5-HTP, el magnesio, el metilfolato y las vitaminas D, B6, y B12, y especias como el azafrán, la hierba de san Juan y la curcumina pueden estimular la producción de serotonina.

3. **Oxitocina, muy importante para las personas con un cerebro sensible**: para producirla, el cuerpo necesita vitamina C.[47] Asimismo, se requiere magnesio para que la oxitocina funcione de forma eficaz. El probiótico *Lactobacillus reuteri*, disponible en forma de suplemento, mejora los niveles de oxitocina y de testosterona.[48] Las investigaciones muestran que la salvia, el anís y el fenogreco suben la oxitocina en mujeres embarazadas.[49] Incluso una pequeña dosis de la hormona del sueño, la melatonina, incrementa la secreción de oxitocina en la primera hora tras su ingesta.[50]

4. **Endorfinas, muy importantes para las personas con un cerebro sensible**: el aminoácido L-fenilalanina bloquea las enzimas que degradan las endorfinas, aumentando así sus niveles.[51] La hierba de san Juan,[52] el probiótico *Lactobacillus acidophilus*[53] y la melatonina también pueden ser beneficiosos en este sentido.[54]

5. **El ácido gamma-aminobutírico (GABA), muy importante para las personas con un cerebro prudente:** el GABA oral, el magnesio, la vitamina B6, la L-teanina, la taurina y los probióticos (sobre todo *Lactobacillus rhamnosus*, *Lactobacillus paracasei*, *Lactobacillus brevis* y *Lactococcus lactis*) ayudan a mantener niveles saludables de GABA. La melisa, la L-teanina, la taurina, la pasiflora y la valeriana también pueden favorecer su producción.

6. **El cortisol, muy importante para las personas con un cerebro prudente:** las hierbas *ashwagandha* y rodiola, junto con los nutrientes L-teanina y los ácidos grasos omega-3 EPA y DHA, reducen los niveles de la hormona del estrés.

NUTRACÉUTICOS QUE, SEGÚN LA CIENCIA, POTENCIAN LA FELICIDAD

Azafrán: beneficioso para todos los tipos de cerebro

De todos los suplementos para potenciar la felicidad, mi favorito es el azafrán. Ha sido la especia de la felicidad en Oriente Medio al menos en los últimos 2600 años. Ya un texto asirio de alrededor del 668–633 a. C. lo recomendaba para un uso medicinal que se remontaba hasta el siglo XVII a. C. Las flores de azafrán se representan con reverencia en pinturas murales de la Edad de Bronce en la isla mediterránea de Thera.[55] El azafrán se obtiene de la flor *Crocus sativus* mediante la recolección manual y el secado de sus partes femeninas (estigmas), las tres estructuras finas y rojas que hay en el centro de cada flor.

La ciencia moderna ha validado muchas de las aplicaciones tradicionales del azafrán. Ensayos controlados aleatorios han confirmado sus beneficios para el cerebro,[56] los ojos,[57] la circulación sanguínea,[58] los pulmones,[59] las articulaciones,[60] el sistema reproductivo[61] y las defensas antioxidantes del cuerpo.[62] No obstante, el beneficio más probado del azafrán es la mejora del estado de ánimo.[63]

El azafrán es un excelente potenciador del estado de ánimo y antidepresivo, como lo documentan varios ensayos clínicos doble ciego controlados con placebo. De hecho, algunos estudios han comparado el azafrán con los antidepresivos fluoxetina (Prozac), imipramina u otros medicamentos. El grado de beneficio del azafrán fue comparable al de la fluoxetina[64] y restauró en parte la función sexual masculina y femenina que había sido afectada por la fluoxetina.[65] Se descubrió, además, que era igualmente efectivo que la imipramina y no presentaba los efectos adversos de esta, como la boca seca y la sedación.[66]

Estos estudios demuestran que los efectos del azafrán sobre el estado de ánimo son comparables a los que se observan con antidepresivos.

Beneficios adicionales del azafrán para el cerebro. La evidencia científica ha demostrado que el azafrán es útil para abordar diversos problemas que afectan a la felicidad, por ejemplo:

- Reduce la ansiedad, el problema de salud mental más reportado.[67]
- Mejora la memoria y otras medidas de la función cognitiva en adultos mayores.[68]
- Mejora la atención y reduce los problemas de conducta en niños tras solo tres semanas, según valoraciones tanto de padres como de docentes.[69]

Los mecanismos por los cuales el azafrán genera estos impresionantes beneficios para el cerebro no se han determinado de forma clara, pero sí se sabe que tiene un gran poder antioxidante gracias a la crocina, la crocetina, la picrocrocina y el safranal, así como los flavonoides quercetina y kaempferol. En estudios con animales, estos componentes ayudan a explicar la protección que ofrece el azafrán al cerebro contra daños tóxicos.

En BrainMD fabricamos Happy Saffron Plus con 30 mg de azafrán, junto con zinc y curcuminas, ingredientes que han demostrado también tener efectos positivos sobre el estado de ánimo. Me ayudó a desarrollarlo el doctor Parris Kidd, director científico de BrainMD y médico especializado en nutrientes para el cerebro desde hace más de 35 años. Lo lanzamos en febrero de 2020, justo antes de la pandemia. Una de las primeras reseñas lo llamó «la Viagra de las mujeres» porque, según señaló el autor, aumentaba el deseo y el funcionamiento sexual. Se lo di a mi ayudante Kim y al día siguiente empezó a tararear. Su hijo le preguntó por qué tarareaba, y ella le contestó que no sabía por qué; simplemente se sentía más feliz. Por todos los beneficios que hemos mencionado, es un suplemento que no me salto.

Curcumina: beneficiosa para todos los tipos de cerebro

La raíz de cúrcuma (que en realidad es un rizoma o tallo subterráneo) se asemeja al azafrán porque ha sido considerada la panacea desde hace al menos 2600 años, tal vez hasta 4000.[70] También se ha asociado de manera tradicional al estado de ánimo y la felicidad, e incluso se usa en los rituales de decoración de la piel en algunas bodas indias. Los componentes más activos de la cúrcuma son sus tres curcuminoides, conocidos comercialmente como curcumina. Estos excelentes antioxidantes favorecen una respuesta inflamatoria saludable (reparadora).[71] El problema es que no se absorben bien cuando los tomamos de forma oral, y solo funcionan si se refuerza tecnológicamente su absorción. El extracto de curcumina Longvida es de absorción reforzada.[72] En un estudio, a participantes sanos se les administró Longvida o un placebo, y luego debían someterse a un difícil test cognitivo informatizado.[73] Al terminar, el grupo que había tomado Longvida manifestó sentir menos frustración y menos cambios negativos en su estado de ánimo por la dificultad del test. Al cabo de 28 días, tuvieron que volver a pasar el test. Una vez más, el grupo que había tomado curcumina experimentó menos cambios negativos en su estado de ánimo, un mayor estado de alerta y menos fatiga física. Aunque con la curcumina se han hecho menos ensayos que con el azafrán, un metaanálisis de seis ensayos aleatorios controlados concluyó que ingerir esta sustancia mejoraba el estado de ánimo y reducía la ansiedad.[74]

Zinc: beneficioso para todos los tipos de cerebro

El cuerpo necesita zinc para producir energía, ADN, proteínas, y enzimas antioxidantes; para crear nuevas células, y para la inmunidad, el crecimiento y el desarrollo saludables. Un nivel bajo de zinc es predictor de problemas del estado de ánimo.[75] Los resultados de varios ensayos sugieren, además, que su ingesta puede mejorar el estado de ánimo tanto en personas sanas como en quienes tienen sobrepeso, y como parte de un programa integral personalizado para pacientes con problemas anímicos.[76] El zinc está involucrado sobre todo en la regulación de los receptores de serotonina y dopamina.[77] Los CDC informan que entre el 11 y el 20 % de estadounidenses (el porcentaje varía según el grupo étnico) no obtienen suficiente zinc de su dieta diaria. La población anciana, las mujeres embarazadas o en periodo de lactancia, los vegetarianos y veganos, las personas con anemia falciforme y quienes abusan del alcohol son más vulnerables al déficit de zinc.[78] Puesto que el cuerpo no absorbe tan bien el zinc de origen vegetal como el de otras fuentes, las personas vegetarianas pueden necesitar hasta un 50 % más de zinc que las omnívoras.

Magnesio: beneficioso en especial para las personas con un cerebro prudente

Este nutriente fundamental cumple con cientos de funciones que ayudan a preservar y proteger la salud del organismo. Un déficit de magnesio puede causar irritabilidad, fatiga, confusión mental, ansiedad y estrés, cosas que solemos ver en los cerebros prudentes. Más del 50 % de estadounidenses no obtiene suficiente magnesio de su dieta. También funciona como tratamiento para la depresión en personas con déficit en este nutriente.[79]

SAMe: beneficiosa sobre todo para las personas con un cerebro sensible

La S-adenosilmetionina (SAMe) es necesaria para producir varios neurotransmisores (entre otros, serotonina y dopamina, además de epinefrina) y contribuye al buen funcionamiento del cerebro. Lo normal es que este produzca toda la SAMe que necesita a partir de la metionina, un aminoácido. Pero la tristeza y la depresión —puntos débiles en los cerebros sensibles— pueden dificultar la síntesis de SAMe a partir de la metionina. Numerosos estudios demuestran que la SAMe contribuye a mejorar el estado de ánimo.[80] Para las personas con un cerebro sensible, la SAMe suele ser, pues, una buena opción. También se ha descubierto que suprime el apetito y reduce la inflamación y el dolor articular.[81] Yo la suelo emplear como primera opción de tratamiento para mis pacientes con problemas de ánimo o dolor articular. La dosis típica para adultos es de 200 a 400 mg, entre 2 y 4 veces al día. Precaución: en personas con trastorno bipolar, la SAMe puede desencadenar episodios de manía.

Hierba de san Juan: beneficiosa en especial para las personas con un cerebro persistente

La hierba de san Juan (*Hypericum perforatum*) es una planta que habita en las regiones subtropicales de América del Norte, Europa, Asia, India y China, y se ha usado durante siglos para el tratamiento de los trastornos del estado de ánimo y la depresión.[82] El ingrediente biológicamente activo de esta hierba es la hipericina, que parece incrementar la disponibilidad de varios neurotransmisores, incluidas sustancias químicas de la felicidad como la serotonina, la dopamina y el GABA, así como el glutamato. La hierba de san Juan actúa de forma similar a como lo hacen los antidepresivos más habituales, como el Prozac, el Paxil y el Zoloft. Unos y otra mantienen elevados los niveles de serotonina, lo que mejora el estado de ánimo.

El estrés baja los niveles de serotonina. La hierba de san Juan contrarresta este efecto y tal vez sea el suplemento más potente para estimular la producción de serotonina. En muchos de mis pacientes he visto mejoras espectaculares gracias a esta hierba. Los escáneres SPECT antes y después del tratamiento corroboran su eficacia. En muchos pacientes, hace disminuir el nivel de actividad en el giro cingulado anterior, que nos vuelve inflexibles y nos estresa cuando las cosas no salen como queremos (cosa habitual en personas con un cerebro persistente). Este suplemento también mitiga los cambios de humor.

Por desgracia, también puede reducir la actividad en la CPF. Uno de nuestros pacientes comentó una vez: «Me siento más feliz, pero estoy más disperso». Y ten en cuenta que la hierba de san Juan inhibe la eficacia de otros medicamentos, incluidas las píldoras anticonceptivas.

La dosis típica es de 300 mg al día para niños, 300 mg dos veces al día para adolescentes, y 600 mg por la mañana y 300 mg por la noche para adultos. Es clave que la preparación de hierba de san Juan contenga un 0,3 % de hipericina, uno de sus principios activos.

La *American Journal of Psychiatry* señala que «los nutracéuticos son opciones de bajo coste que merecen consideración clínica».[83] Y estoy de acuerdo con esta afirmación. La siguiente tabla muestra un resumen de los nutracéuticos que favorecen a cada tipo de cerebro. Si tienes un cerebro de tipo combinado, consulta las recomendaciones en los resultados que obtengas de la evaluación de tu salud cerebral en brainhealthassessment.com

NUTRIENTES PARA HACERTE FELIZ SEGÚN TU TIPO DE CEREBRO

TIPO DE CEREBRO	EQUILIBRADO	ESPONTÁNEO	PERSISTENTE	SENSIBLE	PRUDENTE
Todos los tipos de cerebro: suplemento multivitamínico y mineral, omega-3, probióticos, vitamina D, azafrán, zinc, curcuminas.					
Nutrientes de la felicidad específicos para cada tipo de cerebro		L-tirosina, rodiola, ginseng, extracto de té verde	5-HTP, hierba de san Juan, vitaminas B6 y B12, metilfolato	SAMe, DL-fenilalanina, vitamina C, magnesio	GABA, magnesio, vitamina B6, L-teanina, valeriana

☺

LAS CLAVES DE LA FELICIDAD RELACIONADAS CON EL SECRETO 3:

NUTRE TU CEREBRO SINGULAR

- Toma los cuatro básicos para favorecer tu salud cerebral: un suplemento multivitamínico y mineral de alta calidad, vitamina D, ácidos grasos omega-3 y probióticos.
- Favorece la producción de las sustancias químicas de la felicidad para tu tipo de cerebro con suplementos nutracéuticos específicos.

SECRETO 4

AMA LA COMIDA QUE TE AMA

PREGUNTA 4

¿Estoy eligiendo alimentos que me gustan y a la vez me cuidan?

CAPÍTULO 11

LA DIETA DE LA FELICIDAD

Alimentos felices vs. alimentos tristes

Una no puede pensar bien, amar bien ni dormir bien si no ha cenado bien.

VIRGINIA WOOLF

La comida basura no es una recompensa, es un castigo.

DREW CAREY, HUMORISTA

La Super Bowl es uno de los días de mayor consumo de comida del año, en el que se estima que los estadounidenses ingieren 1330 millones de alitas de pollo y once millones de porciones de pizza, y se gastan 227 millones de dólares en patatas fritas.[1] Por desgracia, consumir cantidades masivas de alimentos que agotan la energía y contribuyen a la depresión y la obesidad no tiene nada de «súper». De hecho, para mí debería llamarse «Unhappy Bowl». Esta es una de las razones por las que tengo una relación ambivalente con el fútbol americano.

Durante mi niñez, adolescencia y primera adultez, me encantaba ese deporte. Era un gran seguidor de Los Angeles Rams y jugué al fútbol *flag* en la escuela, al fútbol de contacto en el instituto y al fútbol americano universitario en competiciones internas durante la carrera de Medicina. Y me encantaba ver los partidos, como a muchos jóvenes. Pero todo cambió a mis treinta y tantos, cuando empecé a observar el cerebro y me di cuenta del daño que este deporte hacía a los jugadores, ya fueran de instituto, universitarios o profesionales. Mi relación con el fútbol americano se volvió entonces muy incómoda. Es duro ver un partido cuando sé que puede estar destrozando el cerebro de los jugadores y, en consecuencia, causando estrés y dolor emocional a su familia. He escaneado y tratado a más de 300 jugadores de la NFL y he mantenido numerosas y largas conversaciones con sus esposas e hijos sobre el estrés que han vivido. Y como consecuencia de todo ello jamás apoyaría que mis nietos practicaran este deporte. No obstante, sigo tratando a jugadores y veo algunos partidos al año con la excusa de seguirles la pista (trato de justificarme, lo sé). A mis jugadores en activo les digo: «Si vas a tener un trabajo que te daña el cerebro, debes compensarlo haciendo bien todo lo demás. Deberías rehabilitar tu cerebro de forma permanente».

Tom Brady es un ejemplo increíble de lo que hay que hacer si uno decide practicar un deporte que daña el cerebro. Igual que casi 100 millones de personas más, el 7 de febrero de 2021 me senté a ver la Super Bowl entre los Tampa Bay Buccaneers y los Kansas City Chiefs. Se anunciaba como el duelo entre el mejor *quarterback* del momento (Patrick Mahomes) y el mejor de todos los tiempos (Tom Brady). Brady, con 43 años, superó con claridad al joven Mahomes, de 25, y los Buccaneers ganaron 31-9. En el mundo del fútbol americano, tener 43 años supone ser casi una antigualla, pero yo conocía el secreto de Brady. En su libro *The TB12 method*, explica que la mayoría de los días se levanta a las 5:30 de la mañana, bebe medio litro de agua con electrolitos y, a continuación, toma un batido de plátanos, arándanos, frutos secos y semillas. Tras su primera sesión de entrenamiento matutina (la primera de varias), bebe más agua con electrolitos y un batido de proteínas para favorecer la recuperación muscular. Desayuna huevos con aguacates. Para la comida suele optar por pescado acompañado de verduras o una ensalada con frutos secos. Cuando este legendario jugador de fútbol americano pica entre horas, prefiere guacamole, hummus o frutos secos variados. La cena suele consistir en pollo con más verduras. Al final del día, ha llegado a consumir el equivalente a 25 vasos de agua, manteniendo de este modo su cuerpo y cerebro bien hidratados. Los días de partido modifica un poco su dieta y toma un sándwich de crema de almendra y mermelada, una fuente rápida de energía para los movimientos explosivos del juego.[2]

A primera vista, esa dieta podría parecer restrictiva o incluso triste para la mayoría de la gente. Algunos la consideran una locura, e incluso un compañero suyo de los New England Patriots dijo que nunca comería esa «comida de pájaros» de Brady (aunque ese jugador no tuvo una larga carrera). Una de las principales estrategias de Brady para alcanzar el éxito y la felicidad a largo plazo, y en especial practicando un deporte de contacto que provoca conmociones cerebrales y problemas cognitivos y psicológicos derivados, lo cual perjudica a la felicidad, es su alimentación: come cosas que le gustan y que, a la vez, lo cuidan, y no para darle un placer momentáneo, sino para mantener su salud y éxito a largo plazo, lo que se asocia a una felicidad prolongada. Es decir, hace todo lo que está en su mano para mantener su cerebro, el resto del cuerpo y su estado de ánimo en las mejores condiciones posibles.

Esto demuestra que, aunque nos hayamos portado mal con el cerebro (por ejemplo, por traumatismos craneales o hábitos perjudiciales como fumar y dormir mal, entre otras cosas) comer bien puede contribuir en gran medida a mejorar el rendimiento e incrementar la felicidad.

A Brady el pescado, las verduras y los arándanos le hacen feliz. ¿Y a ti? ¿Qué alimentos te hacen feliz? Toma una hoja de papel o abre la aplicación de notas de tu teléfono y empieza a enumerarlos. Anota las 20 primeras cosas que te vengan a la cabeza. Hago este ejercicio con ciertos pacientes, y algunos alimentos que suelen terminar en su lista feliz son los mismos que aparecieron en la encuesta Harris Poll en 2015.[3] Los encuestadores pidieron a más de 2000 individuos adultos que enumeraran sus platos reconfortantes favoritos (los que suelen hacernos sentir mejor cuando nos baja el ánimo, nos estresamos o deprimimos), y el ganador fue... *redoble de tambores*... ¡la pizza!

La lista completa de los diez alimentos reconfortantes principales, según la encuesta Harris Poll, incluía los siguientes platos para sentirse bien de forma inmediata:

1. Pizza
2. Chocolate
3. Helado
4. Macarrones con queso
5. Patatas fritas
6. Hamburguesas
7. Filete
8. Palomitas
9. Pasta
10. Comida mexicana

¿Cuántos de estos alimentos reconfortantes aparecen en tu lista? Si te pareces un poco a mis pacientes, tu lista quizá tenga el mismo aspecto que esta. Es posible que también incluya alimentos como el pan, el queso, las galletas, los dónuts, las golosinas o las bebidas excitantes como el vino, los refrescos o el café. Sin embargo, todos estos alimentos supuestamente «felices» presentan un gran problema: tal vez te den un subidón momentáneo, pero a largo plazo es más probable que contribuyan a que sufras problemas de ánimo, estrés, ansiedad o depresión. Debo decirte —igual que les digo a mis pacientes— que tus «alimentos felices» en realidad son «alimentos tristes» que te están robando la alegría.

Uno de los siete secretos de la felicidad es disfrutar de los auténticos alimentos (y bebidas) felices, que te harán sentir mejor no solo ahora mismo, sino también a largo plazo. En todos mis libros he hablado sobre algunos principios básicos de la comida saludable para el cerebro, pero en este citaré alimentos concretos sobre los cuales hay evidencia científica de que mejoran el estado de ánimo, dan energía y calman la ansiedad y el estrés, es decir, proporcionan los ingredientes clave para alcanzar una felicidad duradera. También descubrirás cuáles evitar, es decir, los «alimentos tristes» que bajan el ánimo, consumen tu energía y aumentan la tensión.

Las siguientes reglas se aplican a todos los tipos de cerebro, pero también desglosaré las recomendaciones específicas para cada uno de los cinco tipos principales. Porque no todas las dietas son adecuadas para todos los tipos de cerebro. Esto podemos verlo con el ejemplo de Rachael Ray, que se sometió a nuestra evaluación de la salud cerebral y descubrió que tenía un cerebro persistente. Ella había seguido una de esas dietas altas en proteínas y bajas en carbohidratos, y me dijo: «Me había convertido en una persona tan mezquina que no entendía por qué mi marido no me dejaba». Resultó que era una dieta inadecuada para su tipo de cerebro. Saber cómo tienes que comer en función de cómo sea tu cerebro es una de las claves para sentirse más feliz.

1. Elige alimentos que te hagan feliz ahora *y* más adelante.

Los auténticos alimentos felices son los que nos hacen sentir bien en el momento y, además, mejoran el estado de ánimo, el nivel de energía y el bienestar físico a largo plazo. Esta sencilla estrategia de alimentación es la más relevante en relación con la felicidad. Pensemos en los platos reconfortantes de los que he hablado más arriba. Tal vez sean un estímulo rápido y momentáneo, pero nos privan de la sensación de satisfacción a largo plazo. En general, son alimentos de baja calidad, diseñados científicamente para que sepan tan bien que activen el «interruptor de la felicidad» del cerebro y la liberación de algunas de las sustancias químicas de la felicidad (como la dopamina), creando así adicción.

La dieta estándar estadounidense, denominada con gran acierto SAD (triste) por sus siglas en inglés (de *Standard American Diet*), está repleta de alimentos cargados de ingredientes poco saludables y sustancias químicas artificiales que son perjudiciales para el bienestar mental, emocional y físico. Una creciente cantidad de investigaciones muestra que la dieta SAD incrementa el riesgo de padecer depresión, trastornos de ansiedad, TDAH y demencia, así como diabetes, hipertensión, enfermedades cardiovasculares y cáncer.[4] Y como psiquiatra que ha atendido a decenas de miles de pacientes a lo largo de más de tres décadas, puedo decirte que cualquiera de estos problemas te roba *la alegría de vivir*.

Alimentos felices, que te harán feliz ahora... *y* más adelante:

- Frutas y verduras ecológicas de colores vivos, en especial las bayas y las verduras de hoja verde.
- Pescado y carne criados de forma sostenible.
- Frutos secos y semillas.
- Aceites saludables.
- Huevos.
- Proteínas «limpias» en polvo (sin azúcar y de origen vegetal).
- Chocolate negro.
- Alimentos no procesados.
- Alimentos ecológicos.
- Alimentos de bajo índice glucémico (que no disparen el nivel de azúcar en sangre).
- Alimentos ricos en fibra.

Alimentos tristes: yo los llamo «armas de destrucción masiva», porque están destruyendo la salud de la población en Estados Unidos y además estamos exportando estos patrones de alimentación a todo el mundo.

Son alimentos que te hacen feliz de forma inmediata, pero harán que te sientas mal y te generarán ansiedad y estrés más adelante. Son alimentos:

- Ultraprocesados.
- Rociados de pesticidas.
- De alto índice glucémico.
- Con poca fibra.
- Sucedáneos.
- Con colorantes y edulcorantes artificiales.
- Cargados de hormonas.
- Contaminados con antibióticos.
- Empaquetados en envases de plástico.

2. Haz que tus calorías sumen felicidad, no depresión.

Esto es lo que nos dijo una paciente de las Clínicas Amen:

> «Esta mañana me encontré con una amiga en Starbucks y pude oír a Tana en mi cabeza diciendo: "No te bebas tus calorías". Y a Chloe diciendo: "Solo porque me guste no significa que tenga que tomármelo".
>
> Así que no cedí. ¡Bien por mí! En vez de eso, llegué a casa y me tomé un batido natural. ¡Y me siento bien!
>
> Incluso ayer caminé más que mi marido, ¡y él es agricultor! También veo a la gente con sobrepeso de otra manera. Solía juzgarles, pero ahora sé que han caído en las garras de su dieta, que les secuestra. Mi opinión sobre la gente con problemas de peso ha cambiado».

¡Las calorías cuentan! Lo que consumimos puede alimentar tu buen humor o empañar tu estado de ánimo. Sobredimensionar tus comidas puede llevar a sobredimensionar tu cuerpo, y la obesidad está muy relacionada con la depresión, la baja autoestima y la mala imagen corporal, así como con problemas psiquiátricos como el TDAH, el trastorno bipolar, el trastorno de pánico y las adicciones.[5] Entre las mujeres, el aumento del índice de masa corporal (IMC) también está vinculado a un aumento de los pensamientos suicidas,[6] signo de profunda infelicidad. Y un estudio con imágenes cerebrales de 2021 muestra que, a medida que aumenta el peso, disminuye el flujo sanguíneo en el cerebro.[7] A su vez, como se vio en el capítulo en el que hablamos de BRIGHT MINDS, la disminución del flujo sanguíneo se asocia con la depresión y otros problemas «secuestradores» de la alegría.

Cada vez hay más evidencia científica que respalda la conexión entre la reducción de calorías y la felicidad. Restringirlas puede incluso mejorar la relación de pareja, según un estudio de 2016 publicado en *JAMA Internal Medicine*.[8] Esta investigación examinó a 218 adultos sin obesidad. A un grupo se le pidió que redujera su ingesta calórica en un 25 %, mientras que el otro podía comer cuanto quisiera. Al final del período de prueba de dos años, los participantes cumplimentaron una serie de autoinformes sobre su estado de ánimo, calidad de vida, sueño y actividad sexual. Los resultados mostraron que el grupo que redujo la ingesta de calorías experimentó mejoría en todas las áreas: mejoraron de forma significativa su estado de ánimo, aumentaron la duración del sueño, así como su deseo sexual y la satisfacción en su relación. Además, perdieron de media más de siete kilos. En cambio, el grupo que comió lo que quiso no obtuvo estos mismos beneficios.

Otros estudios científicos han demostrado que la restricción de calorías tiene un efecto antidepresivo. En una reseña de 2018 sobre investigaciones previas, los científicos destacaron estudios que revelaban que la restricción de calorías disminuye algunos factores de riesgo de trastornos psiquiátricos como la depresión, así como de enfermedades neurodegenerativas.[9] Recortar el consumo de calorías también incrementa la longevidad y mejora la memoria y la calidad de vida. ¡Y eso sí que es para alegrarse!

Pero ¿cómo influye la reducción de calorías en el cerebro para generar felicidad? Aún se están explorando los mecanismos específicos que intervienen, pero se ha sugerido que las bases podrían asentarse en:

- El aumento del flujo sanguíneo en el cerebro (como vimos en el capítulo sobre la estrategia BRIGHT MINDS, estimular el flujo sanguíneo cerebral eleva el ánimo).

- El incremento de la producción de células madre (nuevas células) en el hipocampo (responsable del estado de ánimo y la memoria).
- La elevación de los niveles del factor neurotrófico derivado del cerebro (BDNF, por sus siglas en inglés), que mejora el aprendizaje.
- El hecho de favorecer la autofagia (un proceso que elimina la acumulación de residuos tóxicos en el cerebro).

Alimentos felices: de la máxima calidad que puedas encontrar y que, además, sean bajos en calorías.

Alimentos tristes: de baja calidad y muy calóricos; incrementan el riesgo de depresión, ansiedad y otros problemas de salud mental.

3. Hidrátate para ser más feliz.

El cerebro humano está compuesto de forma aproximada por un 80 % de agua, por lo que es necesaria una hidratación adecuada para sentirnos lo mejor posible. Incluso una leve deshidratación puede, entre otras cosas, afectar al estado de ánimo, deprimiéndonos, generando ansiedad, tensión, enfado u hostilidad, además de agotar la energía, aumentar el dolor y disminuir la capacidad de concentración.[10]

En un estudio de 2013 sobre la deshidratación y el estado de ánimo publicado en el *British Journal of Nutrition*, 20 mujeres sanas estuvieron 24 horas sin beber líquidos.[11] La deshidratación forzada les produjo fatiga, confusión y disminución del estado de alerta, así como una mayor tendencia a la ansiedad. Otras investigaciones sobre los efectos de la deshidratación en la función cerebral revelan que deteriora de forma considerable el estado de ánimo.[12]

Fuera del laboratorio, la deshidratación puede darse por múltiples razones, por ejemplo:

- Ejercicio intenso: incluso 30 o 40 minutos en la cinta de correr pueden agotar tus reservas de fluidos.
- Calor extremo.
- Falta de ingesta de líquidos.

- Consumo excesivo de cafeína o alcohol (ambos deshidratan).
- Seguir una dieta con mucho sodio.
- Ingesta de diuréticos.

Para mantenerte una adecuada hidratación, bebe entre ocho y diez vasos de agua al día. Pero beber agua no es la única forma de mantener el cerebro bien lubricado. Consumir alimentos ricos en agua, como verduras y frutas, puede ayudarte también a cubrir tus necesidades de líquidos.

Alimentos felices: agua, agua con gas, agua aromatizada con rodajas de fruta, agua con estevia aromatizada de Sweet Leaf, agua de coco, infusiones, té verde o negro (en pequeñas cantidades si tiene cafeína), verduras y frutas ricas en agua (pepino, lechuga, apio, rábanos, calabacín, tomate, pimiento, fresas, melón, frambuesas o arándanos).

Alimentos tristes: alcohol, bebidas con mucha cafeína (café, bebidas energéticas, refrescos con gas) y los alimentos ricos en sodio.

4. Estimula las sustancias químicas del bienestar con proteínas de alta calidad.

Si quieres ser más feliz, incluye proteínas en tu dieta. Después del agua, la proteína es la sustancia más abundante de nuestro cuerpo, y juega un papel muy importante en el crecimiento y funcionamiento saludables de nuestras células, tejidos y órganos. Lo que quizá te resulte sorprendente es que la proteína puede tener también un gran impacto en el nivel de felicidad. Estas son algunas de las múltiples formas en las que la proteína afecta al estado de ánimo:

- Ayuda a evitar los desequilibrios en el nivel de azúcar en sangre que se asocian a la ansiedad y la depresión.
- Evita los antojos que nos hacen sentir mal.
- Proporciona los componentes básicos de muchas de las sustancias neuroquímicas de la felicidad.

Cuando los niveles de azúcar en sangre se disparan y luego caen en picado, esto nos sube en una montaña rusa emocional caracterizada por el mal humor y la irritación. De modo que estabilizar el azúcar en sangre incluyendo pequeñas cantidades de proteína en cada comida mantiene el estado de ánimo en equilibrio. En las Clínicas Amen consideramos que la proteína es como un medicamento que debe tomarse en pequeñas dosis en cada comida principal y refrigerio, al menos cada cuatro o cinco horas, para ayudar a equilibrar los niveles de azúcar en sangre.

Esto también ayuda a evitar los antojos, que se han asociado con frecuencia a la depresión. Cualquiera que haya sido esclavo de los antojos (ya sea de helado, dónuts o patatas fritas) sabe que suelen generar tensión, ansiedad e irritabilidad. Por tanto, decir adiós a los antojos permite dar la bienvenida a un mejor estado de ánimo.

Además, las proteínas contienen aminoácidos básicos que nuestro cuerpo necesita y no puede producir por sí mismo. Se los conoce como «aminoácidos esenciales» y son precursores (es decir, necesarios para la producción) de neurotransmisores como la serotonina o la dopamina, que juegan un papel clave en el estado de ánimo y la salud emocional. Por ejemplo, el cuerpo humano necesita una proteína llamada triptófano para producir serotonina, la molécula del respeto de la que te hablé en la parte 1. La serotonina es crucial para todos los tipos de cerebro, pero puede ser especialmente beneficiosa para las personas con un cerebro persistente. Y el aminoácido tirosina, que se encuentra en la proteína alimentaria, es esencial para la producción de dopamina. Como recordarás, esta suele presentar niveles bajos en personas con un cerebro espontáneo, de modo que resulta todavía más esencial para estos individuos obtener la suficiente proteína de su dieta.

De cara a una producción óptima de neurotransmisores del bienestar necesitamos abastecer a cuerpo y cerebro con 20 aminoácidos esenciales. Ten en cuenta que los alimentos de origen vegetal (como los frutos secos, las semillas, las legumbres y algunos cereales y verduras) suelen contener proteínas, pero a menos que se combinen de forma adecuada no proporcionan todos los aminoácidos esenciales necesarios. Solo las fuentes animales, como el pescado, las aves y la mayoría de las carnes los contienen todos.[13]

Toma nota de que para ser feliz es esencial ingerir pequeñas cantidades de proteína de alta calidad, pero comer grandes cantidades puede causar el efecto contrario y contribuir a la infelicidad. Esto se debe a que el consumo excesivo de proteínas provoca un aumento del estrés y la inflamación en el cuerpo, cosa que se asocia a un bajo estado anímico y a la ansiedad. ¿A qué me refiero con proteínas de alta calidad? A aquellas que estén libres de pesticidas (en el caso de las fuentes vegetales) y que provengan de animales criados en libertad, alimentados con pasto y sin hormonas ni antibióticos (en el caso de las fuentes animales).

Añadir proteína en polvo a los batidos también refuerza la ingesta de este nutriente. Busca proteína vegetal en polvo sin azúcar que contenga fibra, aminoácidos de cadena ramificada y enzimas que ayuden en la digestión. BrainMD fabrica una deliciosa proteína vegetal en polvo de chocolate y vainilla (brainmd.com). A mí me encanta empezar el día con un batido de proteínas.

El «batido feliz» de Tana: mi rutina para empezar el día

Cada mañana empiezo el día preparándole a mi mujer lo que ella llama su «batido feliz». Empiezo poniendo agua y hielo en la batidora y luego añado la proteína vegetal en polvo de alta calidad con sabor a chocolate de BrainMD. Agrego también una cucharada de un polvo prebiótico que es excelente para la salud intestinal. Recuerda que esta se encuentra muy vinculada a la felicidad, mientras que la mala salud intestinal se asocia a la depresión. A continuación, espolvoreo una cucharada de NeuroGreens, que incluye verduras y frutas deshidratadas cargadas de antioxidantes. Y, como verás en este capítulo, cada ración de verduras y frutas que comes aumenta tu nivel de felicidad, así que esta es una rutina matutina muy feliz.

También me gusta añadir una cucharada de Smart Mushrooms, que contiene seis especies de setas conocidas por mejorar la inmunidad y la cognición. Así me siento más feliz y seguro, sabiendo que estoy más preparado para combatir los virus (¡toma, COVID-19!). Después de añadir a la mezcla una cucharada de BRIGHT MINDS Powder, un complejo multivitamínico y mineral en polvo para el cerebro, añado una taza de bayas ecológicas variadas congeladas para obtener otra explosión de alegría. Por último, añado unas gotas de estevia con sabor a chocolate, un edulcorante natural que no afecta a los niveles de azúcar en sangre. Esta bebida para el desayuno tiene un sabor delicioso a chocolate y bayas, y gracias a todos estos ingredientes que levantan el estado de ánimo se merece el nombre de «batido feliz».

Si quieres empezar el día con un impulso anímico que fomente la positividad durante toda la jornada, te lo recomiendo encarecidamente.

INGREDIENTES

Agua
Hielo
Mezcla de bayas congeladas
Proteína en polvo OMNI de chocolate (BrainMD)
Smart Mushrooms (BrainMD)
NeuroGreens (BrainMD)
BRIGHT MINDS Powder (BrainMD)
Fibra prebiótica para la salud intestinal
Stevia con sabor chocolate (Sweet Leaf)

Alimentos felices: proteína animal de alta calidad (pescado, cordero, pavo, pollo, ternera, cerdo), alubias y otras legumbres, frutos secos crudos, verduras ricas en proteínas (brócoli, espinacas), proteína de alta calidad en polvo (de fuentes vegetales y sin azúcar).

Alimentos tristes: proteínas de baja calidad cultivadas con pesticidas o criadas con hormonas o antibióticos. Un exceso de proteína, que provoca inflamación.

5. Ten contento a tu cerebro con grasas saludables.

Aunque el 80 % del cerebro es agua, el 60 % de su peso sólido es grasa. Durante décadas, la comunidad médica demonizó la grasa alimentaria y promovió las dietas bajas en grasa como estrategia principal para gozar de buena salud. Pero se equivocaban. En términos de salud cerebral y bienestar emocional, la grasa no es el enemigo. De hecho, las grasas alimentarias son esenciales para el funcionamiento óptimo del cerebro y para gozar de un estado de ánimo positivo.

Por ejemplo, algunas investigaciones publicadas en la *Journal of Psychiatry and Neuroscience* son concluyentes en este sentido, al mostrar que niveles bajos de colesterol (quizá causados por la restricción de grasas en la dieta) se asocian a un riesgo más elevado de depresión mayor y pensamientos y comportamientos suicidas. De hecho, en este estudio las personas con niveles más bajos de colesterol presentaban un riesgo de suicidio un 112 % mayor.[14] Por otro lado, algunas grasas, como los omega-3, contribuyen a combatir la depresión y reducir los síntomas asociados con los trastornos del estado de ánimo.[15] Si profundizas en la investigación sobre estos ácidos grasos verás que favorecen el equilibrio emocional y un estado de ánimo positivo. Y eso hace a las personas más felices.

Sin embargo, una advertencia: no todas las grasas alimentarias son iguales. Siempre aconsejo a mis pacientes evitar las grasas trans (las que a veces se encuentran en alimentos como la repostería industrial, las palomitas de maíz para microondas o las pizzas congeladas), porque se han asociado a síntomas de depresión. Para cualquier paciente con problemas de ánimo también recomiendo eliminar las grasas con alto contenido en ácidos grasos omega-6 (por ejemplo, aceites vegetales refinados), ya que se han relacionado asimismo con inflamación y depresión.

Alimentos felices: céntrate en las grasas saludables, como las que aportan los aguacates, los frutos secos (el consumo de nueces se ha asociado a menos depresión),[16] las semillas, el pescado limpio sostenible y los aceites (de oliva, aguacate, coco, lino, nuez de macadamia, sésamo y nuez).

Alimentos tristes: aceites vegetales como los de colza, maíz, cártamo o soja; grasa animal y lácteos de granjas industriales, carnes procesadas y grasas trans (cualquier grasa hidrogenada).

6. Elige carbohidratos complejos que eleven el ánimo.

Cuando pensamos en carbohidratos, es posible que lo primero que nos venga a la cabeza sea el pan, las patatas fritas o las galletas. Sin embargo, estos alimentos pertenecen a la categoría de los que nos hacen sentir bien en el momento, pero no más adelante. De hecho, los carbohidratos refinados, como los que proporcionan los *pretzels*, las galletas saladas o los dónuts están asociados a la depresión. Solo hay que ver los resultados de un estudio de 2015 publicado en la *American Journal of Clinical Nutrition.*[17] En él se analizaron datos de casi 70.000 mujeres sin antecedentes de depresión ni otros trastornos mentales o abuso de sustancias. A lo largo de tres años, descubrieron que las mujeres que seguían una dieta con alto índice glucémico (altos niveles de carbohidratos refinados) tenían un mayor riesgo de depresión. Esos son, pues, los carbohidratos tristes.

Ahora quiero presentarte a los carbohidratos felices, que levantan el ánimo y hacen que nos sigamos sintiendo bien. En primer lugar, las verduras y frutas frescas. Fíjate en que pongo las verduras primero; es porque recomiendo consumir el doble de verdura que de fruta, por su menor contenido en azúcar y mayores niveles de nutrientes. Un estudio de la Universidad de Warwick descubrió que la cantidad de verduras y frutas que comemos presenta una correlación directa con el nivel de felicidad. Por cada ración de verdura o fruta (hasta ocho al día), más felices somos, y esto sucede casi al instante. ¡Los antidepresivos no actúan tan rápido![18] Piensa en la sección de fruta y verdura de tu tienda de comestibles como en tu «lugar feliz».

Pero ¿por qué las frutas y verduras son tan beneficiosas para el estado de ánimo? Los estudios demuestran que favorecen la producción de los neurotransmisores GABA, dopamina y serotonina.[19] De modo que consumir alimentos que promuevan la producción saludable de estas «sustancias químicas de la felicidad» ayuda a gozar de un estado de ánimo positivo. Además, las verduras y frutas de colores vivos aportan muchos nutrientes, vitaminas y minerales beneficiosos para la salud cerebral, y un cerebro más sano implica un mejor estado de ánimo.

Entre los carbohidratos felices también encontramos alimentos ricos en fibra, como las legumbres y los cereales integrales sin gluten (por ejemplo, la quínoa). Estos carbohidratos tienen un efecto positivo sobre los niveles de azúcar en sangre y el bienestar físico en general. Y también favorecen la salud cerebral. Un interesante estudio de la Universidad de Toronto reveló que los adultos mayores cuya ingesta alimentaria incluía como mínimo entre dos y tres fuentes de fibra tenían un riesgo significativamente menor de sufrir trastorno de estrés postraumático (TEPT).[20]

TRANSFORMACIÓN FELIZ EN 30 DÍAS

[Esto] ha reconfigurado mi forma de pensar y me ha motivado a comer bien. Mis niveles de azúcar y mis indicadores de salud son normales, mientras que antes era casi diabético. He perdido nueve kilos y no los he recuperado. ¡Viva! Comer bien es imprescindible para tener un cerebro feliz y saludable.

KY

Alimentos felices: verduras y frutas de colores vivos, legumbres, de bajo índice glucémico y ricas en fibra que favorezcan niveles saludables de los neurotransmisores.

Alimentos tristes: de alto índice glucémico y con poca fibra, como el pan, la pasta, las patatas, el arroz y el azúcar, que aumentan el riesgo de padecer trastornos del estado de ánimo, ansiedad, irritabilidad y estrés.

7. Encuentra la felicidad en el especiero.

¿Quieres ser más feliz? Cocina con hierbas y especias sabrosas y aromáticas. Algunos ingredientes de tu especiero tienen propiedades antidepresivas naturales. Aquí tienes algunas especias que levantan el ánimo y que me encantan (*¡las amo y me aman!*):

- **Azafrán:** aromático y delicioso, el azafrán es considerado la especia más cara del mundo. Varios estudios[21] han demostrado que el extracto de azafrán es tan eficaz como los medicamentos antidepresivos en el tratamiento de la depresión mayor.
- **Cúrcuma:** presente en el curry, la cúrcuma estimula la liberación de serotonina, una de las sustancias químicas de la felicidad. La cúrcuma ocupa un lugar especial en mi corazón, ya que también

contiene un compuesto que reduce las placas en el cerebro asociadas con el alzhéimer.[22]

- **Canela:** este favorito del otoño es rico en antioxidantes y se ha demostrado que ayuda a mejorar la atención y la regulación del azúcar en sangre, lo cual favorece el estado de ánimo. Además, es un afrodisíaco natural que mejorará tu vida amorosa, ¡y eso sin duda te hará más feliz!
- **Romero:** se ha demostrado que los extractos de esta hierba aromática tienen efectos antidepresivos[23] que pueden ayudar en casos de síndrome de desgaste profesional y fatiga mental.

Prueba el café con leche y canela de Tana

Me encanta prepararle a Tana este delicioso café con leche y canela. Es su receta, pero ella asegura que yo lo preparo mejor. Empiezo con un café medio descafeinado (mitad con cafeína, mitad descafeinado), para darle un pequeño estímulo de felicidad sin que la deshidrate. Luego añado leche de almendras ecológica con sabor a vainilla y sin azúcar. A continuación, añado un poco de estevia (a veces con sabor a vainilla, otras con sabor a chocolate o avellanas) y lo remato con un poquito de eritritol (un edulcorante natural) y una pizca de canela, que ayuda a mejorar el estado de ánimo. Lo pongo todo en una batidora para que quede bien espumoso, igual que el capuchino de tu cafetería favorita. El olor es embriagador y sabe divino. Creo que es la forma perfecta de despertarse. Mi café con leche tiene unas 30 calorías, mientras que los de las grandes cafeterías superan las 600. ¿Quién necesita malgastar tantas calorías cuando podemos tomar algo igual de delicioso por muchas menos?

Alimentos felices: muchas hierbas y especias.

Alimentos tristes: colorantes y saborizantes artificiales diseñados para secuestrar tu cerebro y minar tu alegría.

8. Di sí a los alimentos sexis.

Practicar sexo hace feliz a la gente. La intimidad sexual con el amor de tu vida es uno de los mayores placeres. Entre los beneficios que aporta el sexo están la mejora de la salud cerebral, la del sistema inmunitario y la salud física en general. Desde el punto de vista emocional, el sexo fomenta una mayor confianza y un amor más profundo en las relaciones caracterizadas por el compromiso. También mejora la capacidad para gestionar los conflictos emocionales. Dicho de otro modo, tener relaciones más felices te hace más feliz en general.

Para disfrutar de una vida sexual plena, añade afrodisíacos a tu dieta. Aquí tienes seis alimentos sensuales que pueden mejorar tu vida sexual y, por ende, tu felicidad.

- La **fruta** (sobre todo la granada, las bayas, el melón, las manzanas, los cítricos, las cerezas y las uvas negras) favorece el flujo sanguíneo, lo cual es necesario para una función sexual sana.

- Las **ostras** son ricas en zinc, necesario para tener niveles saludables de testosterona.

- Las **verduras** (como las espinacas, los berros, las hojas de mostaza, la rúcula, la col *kale*, las hojas de remolacha, las acelgas, la lechuga, la remolacha, los nabos y las zanahorias) son ricas en nitratos, que ayudan a bombear la sangre.

- El **chocolate negro** (con un 70 % mínimo de cacao) contiene feniletilamina y tirosina, dos compuestos que se asocian a niveles elevados de serotonina y dopamina, hormonas que nos hacen sentir bien y que elevan el estado de ánimo. Asegúrate de comer solo un trozo pequeño para mantener el deseo al máximo.

- El **salmón** y otros pescados grasos, ricos en omega-3, estimulan el flujo sanguíneo y también son buenas fuentes de vitamina D, esencial para tener unos niveles óptimos de testosterona.

- **Condimenta** tu romance con jengibre, ginseng y ajo, que mejoran el flujo sanguíneo y son afrodisíacos.

9. Come alimentos «limpios» para mantener tu cuerpo feliz.

Cuando los pesticidas, aditivos alimentarios, conservantes, colorantes y edulcorantes artificiales atacan tu cuerpo y tus órganos, estos son incapaces de funcionar a niveles óptimos. Estos saboteadores alimentarios pueden arruinar tu estado de ánimo y provocar depresión, ansiedad y fatiga. Para evitarlos, empieza a leer las etiquetas de los alimentos. Es posible que sea un poco como intentar aprender otro idioma, y es verdad que la industria alimentaria lo dificulta de forma intencionada, ¡pero merece la pena! Si no eres capaz de pronunciar un ingrediente de los que aparecen en una etiqueta, lo más probable es que ese no sea un alimento feliz.

Tomar alimentos ecológicos, siempre que sea posible, ayudará sin duda. Soy consciente de que es más caro adquirir alimentos ecológicos, cultivados o criados de forma humana y sostenible, así que si quieres vigilar tu presupuesto consulta la lista de alimentos con los niveles más altos de pesticidas de The Environmental Working Group (www.ewg.com). Esos serán los alimentos por los que, en general, vale la pena pagar el coste adicional.

Pero comer «limpio» no consiste solo en ser consciente de los pesticidas y productos químicos que fabricantes y agricultores introducen en nuestros alimentos; también en comprender que algunos alimentos, como el pescado, pueden contener toxinas que atacan al cerebro y al resto del cuerpo. Por ejemplo, ciertos tipos de pescado presentan un alto contenido en mercurio, y la exposición a metales pesados se ha relacionado con la depresión, la ansiedad y otras afecciones.[24] En general, cuanto más grande es el pescado mayor es su contenido en mercurio, así que opta por pescados más pequeños. Encontrarás más información en www.seafoodwatch.org

Alimentos felices: productos integrales limpios, cultivados de forma sostenible y ecológica siempre que sea posible.

Alimentos tristes: cultivados o criados con pesticidas, hormonas y antibióticos, o que contengan edulcorantes, colorantes y conservantes artificiales.

10. Combate la depresión y otras afecciones que merman la felicidad con una dieta de eliminación de un mes de duración.

Los científicos reconocen cada vez más que las sensibilidades alimentarias pueden afectar de forma negativa a nuestro estado de ánimo. Muchos de los pacientes que acuden a las Clínicas Amen sufren leves alergias alimentarias no detectadas que contribuyen a la depresión, la ansiedad, el trastorno bipolar, la fatiga, la niebla mental, el pensamiento ralentizado, la irritabilidad, la agitación, la agresividad, el TDAH, la demencia y una serie de problemas adicionales que disminuyen la felicidad. Lo que hace que estas alergias sean difíciles de detectar es que no suelen provocar reacciones inmediatas. En muchos casos, los síntomas tardan varios días en aparecer, lo cual dificulta hacer la conexión. Puede, por ejemplo, que el maíz de esa ensalada en apariencia «saludable» que comiste hace tres días tenga que ver con que hoy tengas el ánimo por los suelos.

Una de las estrategias más eficaces que usamos en las Clínicas Amen con nuestros pacientes (en especial con quienes no responden a los tratamientos tradicionales) es una dieta de eliminación. Esto implica no consumir durante un mes algunos alimentos que suelen ser alérgenos, como el azúcar, los edulcorantes artificiales, el gluten, la soja, el maíz, los lácteos y los aditivos y colorantes alimentarios.

Así es como estos alimentos tan comunes pueden agotar la vitalidad y disminuir el bienestar:

- **Azúcar:** los astutos fabricantes de productos alimentarios intentarán convencerte de que las cosas dulces dan la felicidad, pero en realidad el azúcar es un destructor del estado de ánimo. Todas sus formas, incluidas fuentes naturales como la miel o el jarabe de arce, provocan picos en los niveles de glucosa en sangre que luego caen con rapidez. Este efecto no solo provoca sensación de fatiga, sino que también afecta al estado de ánimo, aumentando la ansiedad, la irritabilidad y el estrés, además de generar antojos. Las dietas ricas en exceso en azúcar también contribuyen a la inflamación del organismo, un factor relacionado con la depresión y otros problemas que generan infelicidad.

- **Edulcorantes artificiales:** ¿crees que te proporcionan un subidón rápido de felicidad sin los inconvenientes del azúcar? ¡Pues te equivocas! Sin ir más lejos, el aspartamo (NutraSweet, Equal) se ha asociado a la depresión, la ansiedad, la irritabilidad, el insomnio y otros problemas neuropsicológicos.[25] En general, los edulcorantes artificiales (como el aspartamo, la sacarina y la sucralosa) también pueden provocar niveles elevados de insulina, asociados a un mayor riesgo de depresión, alzhéimer y a varias dolencias físicas.

- **Gluten:** cuando empecé a hablarles a mis pacientes sobre la sensibilidad al gluten y cómo puede afectar de forma negativa al estado de ánimo y al bienestar general, la mayoría me comentó que jamás había oído esa palabra. Sin embargo, hoy en día «sin gluten» se ha convertido en un extendido reclamo publicitario. Aun así, sigue presente en panes, cereales, *muesli*, tortas y pasta, y se introduce en alimentos como la salsa barbacoa, la salsa de soja, los aliños para ensaladas, las sopas, las carnes procesadas y las hamburguesas vegetarianas. Son malas noticias para el 1 % de la población estadounidense que padece celiaquía (una enfermedad autoinmune en la que la ingesta de gluten daña el intestino delgado), así como para el 6 % (casi 20 millones) de estadounidenses que se calcula que tienen sensibilidad al gluten.[26]

  Pero ¿qué tienen que ver la sensibilidad al gluten y la celiaquía con la felicidad? La investigación reciente las han relacionado con síntomas depresivos, trastornos de ansiedad y del estado de ánimo, TDAH y otros problemas que pueden robarnos la alegría.[27] La buena noticia es que una dieta sin gluten mejora de forma significativa los síntomas de depresión o TDAH, entre otros. Una revisión de 2018 a partir de trece estudios sobre el gluten y cómo afecta al estado de ánimo —que englobaban a 1139 participantes— mostró que eliminarlo de la dieta reducía los síntomas de depresión.[28] Los investigadores sugirieron que evitar el gluten podría ser una estrategia de tratamiento efectiva para trastornos del estado de ánimo.

- **Soja:** encontrarás las estanterías de tu supermercado repletas de productos elaborados con soja: alternativas a la leche, tofu, *tempeh* y *edamame*, por ejemplo. Pero la soja, que es una proteína derivada de las semillas de esta planta, también se encuentra en un montón de otros productos alimentarios, como la sopa o el atún en lata, los productos horneados, los cereales, las carnes procesadas, las barritas de proteínas, los aperitivos energéticos, las salsas e incluso la leche de fórmula para bebés. Esto es problemático, porque la soja contiene componentes que pueden hacer que dejemos de ver el vaso medio lleno y lo veamos medio vacío; por ejemplo, altos niveles de ácidos grasos omega-6, que causan inflamación, así como lectinas, que son proteínas que se unen a los carbohidratos y que también pueden ser tóxicas. Como ya hemos visto, la inflamación está relacionada con la depresión.

- **Maíz:** ¡noticia de última hora! El maíz no es una hortaliza, sino un cereal. Y su perfil de ácidos grasos, con alto contenido de omega-6 y poco de omega-3, está entre los peores comparado con otros cereales. Esto lo convierte en un alimento triste que puede provocar inflamación y mal humor.

- **Lácteos:** la comunidad científica sigue debatiendo si existe relación entre el consumo de lácteos y los problemas de ánimo.[29] No obstante, en mi práctica clínica he visto a muchos pacientes cuyos síntomas de depresión y ansiedad empeoraban cuando comían productos lácteos, y se sentían mejor cuando los eliminaban de su dieta. Además, la mayoría de las vacas son criadas con hormonas y antibióticos.

- **Aditivos y colorantes alimentarios:** los colorantes, conservantes, saborizantes y otros aditivos artificiales se han asociado a trastornos del estado de ánimo, entre otros problemas. Es posible que no te des cuenta de que te están «chupando» la felicidad porque estos ingredientes se esconden en muchísimos productos alimentarios habituales. En Estados Unidos hay más de 10.000 aditivos permitidos en la cadena alimentaria,[30] y el consumo de colorantes artificiales se ha quintuplicado, según un artículo de 2010 del Center for Science in the Public Interest.[31] Si quieres ser más feliz, existen bastantes motivos para reducir (o al menos eliminar de forma temporal) estos ingredientes de tu dieta. Por ejemplo, investigaciones sobre el glutamato monosódico (GMS) han mostrado que puede inducir síntomas depresivos y de ansiedad, entre otros efectos negativos.[32] La evidencia en torno al colorante Rojo 40 es, en particular, preocupante.[33]

Un ejemplo ilustrativo es el de Robert, un adolescente de quince años que vino a las Clínicas Amen. Sus padres nos lo trajeron porque se comportaba reiteradamente de forma beligerante y agresiva, y a menudo se enfurecía sin razón aparente. Se notaba que no era un chico feliz. Al analizar su situación, observamos que estas conductas se manifestaban sobre todo después de consumir alimentos o bebidas rojas. Sospechamos que su inestabilidad emocional y sus estallidos podrían estar relacionados con el Rojo 40, uno de los colorantes alimentarios más comunes, y que se asocia a problemas de comportamiento y explosiones de ira. El escáner SPECT de Robert, tomado tras la exposición al Rojo 40, mostró un nivel excesivo de actividad cerebral. La eliminación de este colorante de su dieta resultó en una mejora significativa de su comportamiento y estado de ánimo.

ESCÁNERES SPECT ACTIVOS DE ROBERT

SIN COLORANTE ROJO

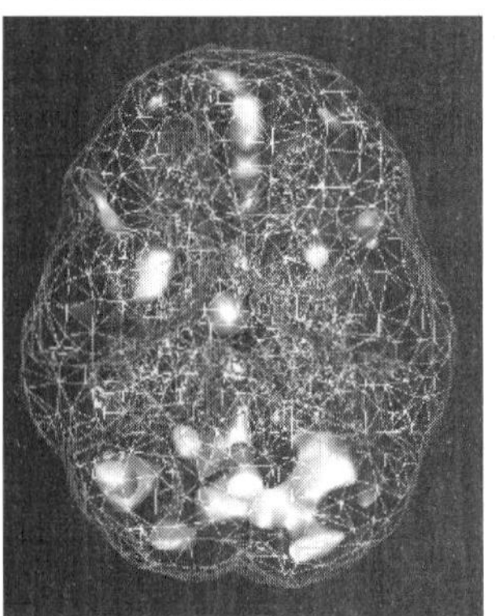

CON COLORANTE ROJO

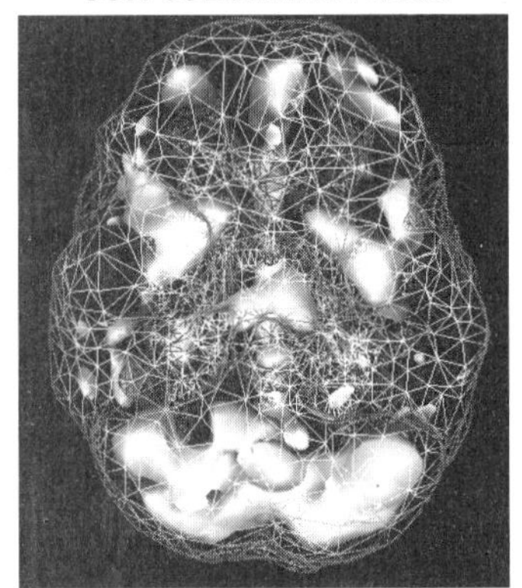

Actividad elevada con el colorante Rojo 40

Después de eliminar estos alimentos durante un mes, observa cómo te sientes. ¿Sientes un mejor ánimo? ¿Más calma? ¿Menos tensión? ¿Más estabilidad emocional? ¿Más energía? ¿Mayor sensación de alerta? Si es así, quizá uno o varios de estos alimentos te haya estado dando problemas.

Para descubrir cuál es el culpable, reintrodúcelos de uno en uno, cada tres o cuatro días. Come el alimento reintroducido como mínimo dos o tres veces al día durante tres días para ver si observas algún tipo de reacción física o psicológica. Las físicas pueden ser dolores de cabeza, molestias u otros dolores, congestión, cambios en la piel y en la digestión o el funcionamiento intestinal. En cuanto a las reacciones psicológicas, pueden incluir:

- Depresión
- Ansiedad
- Ira
- Pensamientos suicidas
- Niebla mental
- Olvido
- Fatiga

Si notas alguno de estos problemas de forma inmediata tras ingerir algún alimento, deja de consumirlo por completo. Si sufres alguna reacción durante los días siguientes, elimina este alimento durante 90 días para que tu sistema inmunitario y tus intestinos tengan la oportunidad de recuperarse. Tal vez sería conveniente que eliminaras este alimento para siempre de tu dieta.

Cuando nuestros pacientes siguen una dieta de eliminación, el cambio suele ser muy significativo. Y es que, a excepción de los edulcorantes, aditivos y colorantes artificiales, no tienes por qué dejar de consumir todos estos alimentos para siempre, a menos que seas sensible a ellos.

Alimentos felices: los que no provocan ningún tipo de reacción alérgica.

Alimentos tristes: cualquiera que nos haga sentir mal, ya sea de forma instantánea o con el tiempo.

11. Interrumpe la adaptación hedónica con el ayuno intermitente.

En el capítulo 5 hablamos sobre la «adaptación hedónica». Esto sucede cuando algo estimula los centros de placer del cerebro y, a continuación, se genera una tolerancia que nos lleva a necesitar cada vez más de lo mismo para obtener la misma sensación. Esto puede suceder con la comida. Por ejemplo, si siempre tomas una cucharada de helado después de cenar, es posible que acabes tomando dos para conseguir la misma sensación de satisfacción. Entonces querrás añadirle jarabe de chocolate caliente para que tus centros de placer sigan vibrando en ese nivel de felicidad. Entonces empiezas a espolvorear bizcocho troceado por encima… y *después más y más y más*. Es una búsqueda interminable del más, sobre todo para las personas con un cerebro espontáneo, ya que tienen poca dopamina.

El ayuno intermitente, que consiste en dejar de comer durante doce horas entre la cena y la siguiente comida, puede interrumpir la adaptación hedónica. Y es que un período de ayuno baja el umbral de placer hedónico relacionado con la comida. Así, en lugar de necesitar cada vez más y más, los centros de placer del cerebro se recalibran y baja el umbral de satisfacción. Esto significa que, con solo un pequeño bocado de helado (o de un postre saludable para el cerebro), podemos sentirnos mejor. Después de entre doce y dieciséis horas sin comer, tal vez sientas mucho agradecimiento por alimentos que antes te parecían menos atractivos.

Además, el ayuno intermitente no solo puede revertir esta adaptación hedónica, también mejora el estado de ánimo. Un estudio de 2013 publicado en la *Journal of Nutrition, Health and Aging* halló que el ayuno y la restricción calórica disminuyen de forma significativa las alteraciones del estado de ánimo como la ira, la tensión y la confusión, mientras que incrementan la vitalidad.[34]

12. Crea una relación más feliz con la comida.

Aquí tienes uno de mis testimonios favoritos de todos los tiempos sobre la relación entre mentalidad y alimentación. Por desgracia, no le falta razón, pero además es divertido:

> Este fin de semana he ido a Costco por primera vez en mi vida.
> Había muerte por todas partes, en cada esquina.
> Había muestras de muerte cubiertas de muerte.

> No dejaba de oír al doctor Amen en mi cabeza.
> ¡Así que pasé de largo! Agarré mis productos ecológicos y me fui, lo cual no es poco, porque era casi la hora de comer ¡y todo olía tan bien...!
> Gracias por darme las herramientas para hacer buenas elecciones.

Lo que tenemos con la comida es una relación. ¿Has estado alguna vez en una mala relación? Yo, varias veces. Y fue doloroso. Bien, pues hay demasiada gente que tiene una mala relación con la comida, una en la que los alimentos que aman son muy calóricos, obesogénicos, proinflamatorios y favorecedores de la diabetes. Actúa con inteligencia y empieza a cambiar tu rutina, amando solo la comida que te ama.

Si tuvieras un caballo de carreras de un millón de dólares, ¿lo alimentarías con comida basura? Menuda estupidez, ¿no? Al contrario, querrías proteger tu inversión con una nutrición de alta calidad. ¿Y tú, no vales mucho más?

Los seres humanos somos criaturas de costumbres. Esfuérzate en cambiar tus hábitos y adopta los que te hagan bien en lugar de perjudicarte. Puedes aprender, por ejemplo, a tomar una decisión en lugar de 30. Piensa en cada vez que vas a un restaurante mexicano y el camarero te trae una cesta de patatas fritas. Si tienes hambre y esas patatas están sobre la mesa, es posible que tengas una discusión dentro de tu cabeza. Tu mente indisciplinada se burlará de ti y te dirá: «Adelante, solo una patata. No es tan malo». Mientras tanto, tu CPF tendrá que echar el freno diciéndote: «No lo hagas. Si te comes una, te vas a comer toda la cesta». ¿Y cuál suele ganar? Para evitarlo, dile al camarero: «Patatas fritas no, por favor». Así evitarás mejor la tentación.

Fíjate en este caso de un paciente mío que puso en práctica esta idea:

> Dije que no una sola vez en lugar de 30. Mi mujer y yo invitamos a unos amigos a una barbacoa. Ella empezó a hablar enseguida de perritos calientes, hamburguesas, bollos, patatas fritas, etc. Yo insistí en hacer la barbacoa con buenos alimentos. Ella se opuso, así que le dije que nos olvidáramos de la barbacoa. Y es que prefería decir que no una sola vez que 30.

Al final, tras muchas discusiones, hicimos la barbacoa y servimos buena comida. Y nadie se quejó de que no hubiéramos puesto comida basura.

Te propongo una muy buena forma de empezar a construir una relación más feliz con la comida: recupera la lista de platos reconfortantes que te pedí que hicieras al principio de este capítulo y, teniendo en mente todas las reglas que he compartido contigo, tacha los alimentos que te gustan pero que no te cuidan. Sustituye los que hayas tachado por alimentos saludables para el cerebro que potencien la felicidad. Si centras tu dieta en esos 20 alimentos, te sentirás mucho mejor a largo plazo.

Prueba el chocolate caliente más saludable del mundo para el cerebro

A mí me encanta el chocolate caliente, pero la forma tradicional de este dulce capricho no es buena para cuidarme. Y es que el chocolate caliente clásico lleva mucho azúcar, grasas malas y chocolate de baja calidad. ¡Puaj! Decidí hacer una adaptación rápida de la receta con una versión saludable para el cerebro y que sabe tan bien (o incluso mejor) que lo que compras en el supermercado. Además, te hace sentir estupendamente.

Yo lo hago así: empiezo con cacao ecológico en polvo sin azúcar. El cacao puro es un superalimento y un poderoso antioxidante, que actúa como estimulante natural del estado de ánimo. Uso más o menos una cucharadita de cacao y la añado a unos 450 g de leche de almendras ecológica, sin edulcorar y con sabor a vainilla. A continuación, añado unas gotas de estevia con sabor a chocolate y lo remuevo bien. Luego, para dar el toque final, uso crema batida de leche de almendras con solo un gramo de azúcar.

Está delicioso y me pone de muy buen humor por la noche, justo antes de acostarme. ¡Qué mejor manera de terminar el día con alegría!

13. Come según tu tipo de cerebro.

Como ya hemos visto, el concepto definitivo y que más te cambiará la vida de los que proponemos en este libro respecto a la dieta es comer alimentos adaptados a tu tipo de cerebro. Si ajustas las reglas generales a tu cerebro específico, te ayudará a sentirte mejor que nunca. Utiliza la tabla siguiente para encontrar los alimentos que contribuirán a optimizar tu cerebro para ser más feliz. Si tienes un tipo de cerebro combinado, come para el que más predomine.

Tipo de cerebro: EQUILIBRADO

TIPO DE DIETA

Dieta equilibrada

ALIMENTOS FELICES	ALIMENTOS TRISTES
Frutas y verduras: come hasta ocho raciones al día para subir tu nivel de felicidad; se ha demostrado que los tomates, la remolacha y las verduras de hoja verde levantan el ánimo. **Proteína de alta calidad**: pescado, marisco, pavo, pollo, ternera, cordero, cerdo. **Alimentos ricos en flavonoides**: arándanos, fresas, frambuesas, cacao. **Alimentos ricos en omega-3**: semillas de lino, nueces, salmón, sardinas, ternera, gambas, aceite de nuez, semillas de chía, aguacates y aceite de aguacate. **Alimentos ricos en probióticos**: verduras encurtidas, *kimchi*, chucrut, kéfir (sin azúcar), sopa miso, pepinillos, *espirulina*, *clorela* y té *kombucha* (con poco azúcar).	Azúcar Edulcorantes artificiales Carbohidratos de alto índice glucémico Alimentos que provoquen reacciones alérgicas Alcohol Demasiada cafeína

Tipo de cerebro: ESPONTÁNEO

TIPO DE DIETA

Dieta alta en proteínas y más baja en carbohidratos, como la dieta cetogénica o la paleo.

ALIMENTOS FELICES

Alimentos ricos en dopamina para la concentración y la motivación: cúrcuma, té verde, lentejas, pescado, cordero, pollo, pavo, ternera, huevos, frutos secos y semillas, verduras ricas en proteínas (como el brócoli o las espinacas) y proteína en polvo.
Alimentos ricos en tirosina: almendras, plátanos, aguacates, huevos, alubias, pescado, pollo y chocolate negro.
Alimentos ricos en flavonoides: arándanos, fresas, frambuesas, cacao.
Alimentos ricos en omega-3: semillas de lino, nueces, salmón, sardinas, ternera, gambas, aceite de nuez, semillas de chía, aguacates y aceite de aguacate.
Alimentos ricos en probióticos: verduras encurtidas, kimchi, chucrut, kéfir (sin azúcar), sopa miso, pepinillos, espirulina, clorela y té kombucha (con poco azúcar).
Remolacha
Verduras de hoja verde

ALIMENTOS TRISTES

Azúcar
Edulcorantes artificiales
Carbohidratos de alto índice glucémico

Tipo de cerebro: PERSISTENTE

TIPO DE DIETA

Dieta alta en carbohidratos complejos y más baja en proteínas.

ALIMENTOS FELICES

Frutas y verduras: come hasta ocho raciones al día para subir tu nivel de felicidad; se ha demostrado que los tomates, la remolacha y las verduras de hoja verde levantan el ánimo. También la maca, una raíz originaria de Perú.
Alimentos ricos en serotonina: combina alimentos ricos en triptófano (huevos, pavo, marisco, garbanzos, frutos secos y semillas) con carbohidratos saludables como el boniato o la quínoa para llevar insulina al cerebro.
Alimentos ricos en omega-3: semillas de lino, nueces, salmón, sardinas, ternera, gambas, aceite de nuez, semillas de chía, aguacates y aceite de aguacate.
Alimentos ricos en probióticos: verduras encurtidas, kimchi, chucrut, kéfir (sin azúcar), sopa miso, pepinillos, espirulina, clorela y té kombucha (con poco azúcar).
Alimentos ricos en prebióticos: hojas de diente de león, psyllium, alcachofas, espárragos, alubias, col, ajo crudo, cebolla, puerro y tubérculos (zanahorias, jícama, remolacha, nabo, etc.).

ALIMENTOS TRISTES

Demasiada proteína
Carbohidratos de alto índice glucémico
Alcohol

Tipo de cerebro: SENSIBLE

TIPO DE DIETA

Dieta equilibrada

ALIMENTOS FELICES

Alimentos que estimulen las endorfinas: picantes (jalapeños, habaneros, chile y otros pimientos) y chocolate negro.
Frutas y verduras: come hasta ocho raciones al día para incrementar tu nivel de felicidad; se ha demostrado que los tomates, la remolacha y las verduras de hoja verde levantan el ánimo. También la maca, una raíz originaria de Perú.
Alimentos ricos en serotonina: combina alimentos ricos en triptófano (huevos, pavo, marisco, garbanzos, frutos secos y semillas) con carbohidratos saludables como el boniato o la quínoa para llevar insulina al cerebro.
Alimentos ricos en omega-3: semillas de lino, nueces, salmón, sardinas, ternera, gambas, aceite de nuez, semillas de chía, aguacates y aceite de aguacate.
Alimentos ricos en probióticos: verduras encurtidas, kimchi, chucrut, kéfir (sin azúcar), sopa miso, pepinillos, espirulina, clorela y té kombucha.
Alimentos ricos en prebióticos: hojas de diente de león, psyllium, alcachofas, espárragos, alubias, col, ajo crudo, cebolla, puerro y tubérculos (zanahorias, jícama, remolacha, nabo, etc.).

ALIMENTOS TRISTES

Los carbohidratos simples como el pan, el arroz, la pasta o las patatas, que aumentan la inflamación y el riesgo de depresión y negatividad.

Tipo de cerebro: PRUDENTE

TIPO DE DIETA

Dieta equilibrada

ALIMENTOS FELICES

Alimentos ricos en GABA: té verde, negro u oolong; lentejas, bayas; ternera de pasto; pescado salvaje; algas; noni o fruta del diablo; patatas y tomate.
Alimentos ricos en vitamina B6: espinacas, ajo, brócoli, coles de Bruselas y plátanos.
Alimentos ricos en magnesio: semillas de calabaza y girasol, almendras, espinacas, acelgas, semillas de sésamo, hojas de remolacha, calabaza de verano, quínoa, alubias negras y anacardos.
Alimentos ricos en omega-3: semillas de lino, nueces, salmón, sardinas, ternera, gambas, aceite de nuez, semillas de chía, aguacates y aceite de aguacate.
Alimentos ricos en probióticos: verduras encurtidas, kimchi, chucrut, kéfir (sin azúcar), sopa miso, pepinillos, espirulina, clorela y té kombucha.
L-teanina: té verde.

ALIMENTOS TRISTES

Alcohol
Cafeína
Azúcar

RESUMEN PRÁCTICO

Jude era un paciente de solo nueve años que vino a verme porque presentaba ansiedad severa, depresión, y tics motores y vocales. Cuando lo conocí no podía quedarse quieto, lloraba con facilidad, se quejaba y hacía muchos movimientos con la cabeza, más de los que yo podía contar. Esbozaba muecas, hacía sonidos de «cloqueo» y silbaba en momentos inapropiados. Su sufrimiento era evidente. Lo diagnostiqué con el síndrome de Gilles de la Tourette. Jude no tenía amigos y sufría frecuentes burlas por parte de otros niños. Lo primero que le recomendé fue una dieta de eliminación. Sus padres pensaban que le recetaría medicación, y aunque estaba dispuesto a hacerlo los convencí para que probaran solo con la dieta durante un mes. Además, añadí dosis bajas de GABA y magnesio para calmar la ansiedad y los tics. Al regresar un mes después, los tics de Jude habían disminuido en un 90 %. Todos estaban contentos... menos Jude: me dijo que no le gustaba la comida que sus padres le estaban dando.

—¿No te gusta nada de lo que te dan? ¿Ni siquiera una cosa? —indagué.

La tendencia a la oposición es habitual en niños con el síndrome de Tourette, así que me respondió:

—No, ni una sola.

—Entonces tu trabajo a partir de ahora y hasta la próxima vez que nos veamos es encontrar 20 alimentos que te gusten y te cuiden. No estoy seguro de si serás capaz de hacerlo —añadí, para usar su conducta negativa a mi favor.

Su madre y yo elaboramos un plan según el cual ella lo llevaría de compras a una tienda de alimentación saludable y recorrerían todos los pasillos para ver si Jude era capaz de encontrar 20 alimentos que le gustaran y lo cuidaran.

Cuando visité a Jude algunas semanas después, lucía una amplia sonrisa y me enseñó una lista de 43 alimentos que le gustaban y lo cuidaban. Hoy en día es un niño feliz, le va bien en la escuela, tiene amigos y sus tics han desaparecido por completo. Y, por cierto, su lista ha crecido hasta casi 200 alimentos.

Una alimentación adecuada pueden hacerte muy feliz, mientras que comer lo inapropiado puede secuestrar tu mente. Tú eliges. Esta es solo una lista parcial:

Bebidas

- Agua
- Agua con gas (añade un toque de estevia de chocolate o naranja de la marca Sweet Leaf para conseguir un refresco libre de calorías y de toxinas).
- Agua con gas aromatizada con fruta (añádele bayas, una ramita de menta o una rodaja de limón, naranja, melocotón o melón).
- Infusiones
- Leche de almendras sin edulcorar (para conseguir un sabor increíble, añádele unas gotas de estevia de sabores).
- Agua de coco.
- Aguas con un toque de sabor, como Hint.
- Zumos vegetales o bebidas verdes (sin zumo de frutas añadido).
- Agua con cayena para estimular el metabolismo.
- Zumo de remolacha (para aumentar el flujo sanguíneo).
- Zumo de cerezas (para ayudarte a dormir).

Frutos secos y semillas enteros, molidos o en crema

- Crema de almendras.
- Harina de almendras.
- Almendra cruda.
- Nuez de Brasil.
- Cacao crudo.
- Anacardo.
- Crema de anacardos.
- Semillas de chía.
- Coco.
- Semillas de lino.
- Semillas de lino molidas.
- Semillas de cáñamo.
- Pistachos.
- Semillas de calabaza.
- Quínoa.
- Semillas de sésamo.
- Nueces.

Legumbres (en cantidades pequeñas; al ser ricas en proteínas y fibra ayudan a equilibrar el azúcar en sangre)

- Alubias negras.
- Garbanzos.
- Guisantes.
- *Hummus*.
- Frijoles.
- Lentejas.
- Judías blancas.
- Alubias pintas.

Fruta (elige variedades de bajo índice glucémico y ricas en fibra)

- *Açaí*.
- Manzana.
- Albaricoque.
- Aguacate.
- Mora.
- Arándano.
- Melón.
- Cereza.
- Arándano rojo.

Higo.
Baya de goji.
Physalis.
Pomelo.
Uva (negra y verde).
Melón chino.
Kiwi.
Kumquat.
Limón.
Lichis.
Mangostán.
Nectarina.
Oliva.
Naranja.
Fruta de la pasión.
Melocotón.
Pera.
Ciruela.
Granada.
Calabaza.
Frambuesa.
Fresa.
Mandarina.
Tomate.

Verduras y hortalizas

Alcachofa.
Rúcula.
Espárrago.
Pimiento.
Remolacha y hoja de remolacha.
Brócoli.
Col de Bruselas.
Lechuga Boston.
Calabaza cacahuete.
Col.
Zanahoria.
Coliflor.
Apio.
Raíz del apio.
Endivia.
Alga *clorela.*
Col berza.
Pepino.
Ajo.
Judía verde.
Rábano picante.
Jícama.
Col *kale.*
Puerro.
Maca.
Hoja de mostaza.
Okra.
Cebolla.
Perejil.
Chirivía.
Lechuga de hoja verde o roja.
Lechuga romana.
Cebolla tierna.
Algas.
Espinaca.
Espirulina.
Calabaza de verano.
Boniato.
Acelga.
Nabo.
Berro.
Zumo de hierba de trigo.
Calabacín.

Alimentos prebióticos

Alcachofa.
Espárrago.
Alubias.
Col.
Semillas de chía.
Hoja de diente de león.
Ajo crudo.
Puerro.
Cebolla.

Psyllium.
Tubérculos (boniato, batata, calabaza, jícama, remolacha, zanahoria, nabo)

Alimentos probióticos

Verduras encurtidas (no en escabeche).
Alga *clorela*.
Kéfir.
Kimchi.
Té *kombucha*.
Sopa miso.
Pepinillo.
Chucrut.
Espirulina.

Setas

Trufa negra.
Chaga.
Rebozuelo.
Maitake.
Seta de ostra.
Boletus.
Pipa o *reishi*.
Shiitake.
Shimeji.
Champiñón.

Aceites

De aguacate.
De coco (estable a altas temperaturas).
De nuez de macadamia.
De oliva (estable a temperatura ambiente).

Huevos/Carne/Aves/Pescado

Salvelino (trucha alpina).
Pollo o pavo.
Huevos.
Centollo.
Cordero (rico en omega-3).
Trucha arcoíris.
Salmón salvaje.
Sardina salvaje.
Vieira.
Gamba.

Hierbas y especias saludables para el cerebro

Albahaca.
Pimienta negra.
Cayena.
Canela.
Clavo.
Curcumina.
Ajo.
Jengibre.
Mejorana.
Menta.
Nuez moscada.
Orégano.
Perejil.
Menta piperita.
Romero.
Azafrán.
Salvia.
Tomillo.
Cúrcuma.

Categoría especial

Fideos *shirataki* (raíz de un boniato salvaje, comercializado por la marca Miracle Noodles, que puede sustituir a la pasta).

☺

LAS CLAVES DE LA FELICIDAD RELACIONADAS CON EL SECRETO 4:

AMA LA COMIDA QUE TE AMA

- Elige alimentos que te hagan feliz ahora *y* más adelante.
- Haz que tus calorías sumen felicidad, no depresión.
- Hidrátate para ser más feliz.
- Estimula las sustancias químicas del bienestar con proteína de alta calidad.
- Ten contento a tu cerebro con grasas saludables.
- Elige carbohidratos que levanten el ánimo y sean de digestión lenta.
- Encuentra la felicidad en el especiero.
- Di que sí a la comida sexi.
- Come «limpio» para que tu cuerpo esté feliz.
- Combate la depresión y otros obstáculos para tu felicidad con una dieta de eliminación de un mes.
- Interrumpe la adaptación hedónica con el ayuno intermitente.
- Construye una relación más feliz con la comida.
- Come según tu tipo de cerebro.

PARTE 3

LA PSICOLOGÍA DE LA FELICIDAD

SECRETO 5

CONTROLA TU MENTE Y ALÉJATE DEL RUIDO DE TU CEREBRO

PREGUNTA 5

¿Es cierto? ¿Qué ha salido bien hoy?

CAPÍTULO 12

INSTALA LA FELICIDAD EN TU SISTEMA NERVIOSO

Ejercicios que enseñan a tu cerebro a ser feliz

Sientes lo que piensas.
Haces lo que sientes.
Tienes lo que haces.

JOSEPH MCCLENDON, III, *BE HAPPY NOW*

Anota la siguiente frase y colócala donde puedas verla todos los días:

Aquello en lo que centras la atención determina cómo te sientes.

Si centras la atención en la pérdida, estarás triste.
Si centras la atención en el miedo, te asustarás.
Si centras la atención en las burlas, te sentirás ridículo/a.
Si centras la atención en quienes te hieren, te enfadarás.

Si centras la atención en la gratitud, te llenarás de agradecimiento.
Si centras la atención en las personas amadas, sentirás que te aman.
Si centras la atención en quienes amas, experimentarás generosidad.
Si centras la atención en los momentos más alegres, te sentirás alegre.

Por eso uno de los secretos de la felicidad consiste en utilizar la mente para que trabaje a tu favor en lugar de que te perjudique. Por desgracia, mucha gente centra la atención en las preocupaciones y los miedos, lo cual termina haciéndoles sentir mal. Y es que los pensamientos negativos elevan el cortisol y esto provoca ansiedad y depresión. En cambio, los pensamientos positivos liberan dopamina y serotonina, que te ayudan a sentirte mucho mejor. Una vez que el cerebro está sano, hay que programarlo para que sea feliz, y para ello existen procesos científicos específicos.

Hace unos 20 años, la CNN me pidió que participara en un chat sobre el cerebro.[1] (Si todavía recuerdas lo que era un chat antes de que existieran los Smartphones, las aplicaciones, la mensajería instantánea y las redes sociales, es que estás un poco demodé). Las preguntas de los participantes fueron variopintas, pero un par de ellas me llamó la atención:

> **Usuario del chat:** *¿Cómo puedo medir la felicidad? ¿Cuándo sé que soy feliz?*
>
> **Doctor Amen:** *Bueno, eso en realidad lo decides tú. Creo que algunas personas se sienten felices con poder ir de vez en cuando a un restaurante, mientras que otras no son felices hasta que encuentran la pareja perfecta. En realidad, depende de ti y de tu concepción de la felicidad. Para mí es hacer algo que me gusta (tengo la suerte de lograrlo en mi trabajo) y rodearme de gente a la que quiero y que me quiere.*
>
> **Usuario del chat:** *¿Y qué pasa con la gente que lo tiene todo en la vida, pero nunca es feliz? ¿Se debe solo a su forma de pensar o tienen algún defecto en el cerebro?*
>
> **Doctor Amen:** *Es probable que sea fruto de ambas cosas. Es difícil saberlo a menos que se estudie cada caso. Hablo de ello de forma constante con mis colegas. Si lo tienes todo en la vida y sigues siendo infeliz, puede ser tu actitud o puede ser tu cerebro. Por ejemplo, es posible que hayas heredado un sistema límbico sensible, y eso no es culpa tuya. Por eso, cambiar tu actitud no será de gran ayuda y tal vez necesites medicarte.*

Lo que quería decir con esto último es que existe una diferencia entre el comportamiento motivado por la voluntad (la actitud) y el motivado por el cerebro, que no se puede erradicar por iniciativa propia. El nombre de la charla de esa noche con la CNN era «La felicidad y el buen funcionamiento del cerebro»,[2] lo que demuestra que la búsqueda de la felicidad es constante y que el deseo de comprender, curar y mejorar el cerebro nunca se acaba. En cuanto a esto último, reprogramar de forma correcta el cerebro supone algo más que repetirse pensamientos felices. Prefiero que adoptes una mentalidad de «pensamiento certero» con un enfoque positivo u optimista para mantenerte en el estado de ánimo adecuado. Sin embargo, eso no siempre resulta sencillo, porque la configuración predeterminada del cerebro (que se remonta a tiempos prehistóricos) es la negatividad.

Hace mucho tiempo, cuando nuestros primeros ancestros luchaban por sobrevivir en las sociedades preagrícolas, cada mañana salían de sus cuevas o refugios primitivos y prestaban atención a cualquier amenaza, igual que los turistas en la película de *Parque Jurásico.* Sus mentes habían evolucionado para atender a la ansiedad y el miedo, que los prevenía de cualquier peligro y de las alimañas que querían devorarlos.

Nadie puede culpar a nuestros ancestros por buscar en todo momento indicios de peligro: nunca sabían cuándo se les abalanzaría un león, un tigre o un oso. Como se preocupaban por sobrevivir a las fieras, o a ejércitos de mercenarios, epidemias o malas cosechas, sus cerebros estaban programados para la negatividad. Así que en lugar de pensar qué podían hacer para mejorar su vida automáticamente centraban la atención en aquello que podía ir mal y en sus terribles consecuencias.

En la actualidad, aún has prestar atención a lo que está por venir, porque así te proteges y sobrevives. Sin embargo, en mi opinión la mayoría de la gente abusa de esos pensamientos prospectivos y se siente desgraciada. Ahora, miles de años después, sabemos mucho más sobre la conexión entre la mente y el cuerpo, la cual puede resumirse de este modo: el cuerpo responde a cada pensamiento, sentimiento, creencia o actitud, y eso puede afectar positiva o negativamente a tu funcionamiento biológico, y también a tu felicidad. Como era de esperar, los pensamientos negativos, iracundos y hostiles son los más perjudiciales.

También existe una conexión entre el intestino y el cerebro, que funciona en ambas direcciones y provoca que la ansiedad se manifieste en problemas digestivos, y que los problemas estomacales, a su vez, generen o intensifiquen la ansiedad. Si alguna vez has notado mariposas en el estómago o ganas de vomitar antes de un evento importante, sabrás que emociones como la ansiedad, la ira, la tristeza y el estrés, que se originan en el cerebro, provocan síntomas en el sistema digestivo, lo cual afecta al bienestar general. Como señala Jordan Rubin en *Patient Heal Thyself* y *The Maker's Diet*: «Si cuidas de tu intestino, él cuidará de ti».[3]

El cuidado del sistema digestivo comienza en el cerebro, donde pensamientos negativos, irritantes o muy intensos pueden acumularse y activar el sistema nervioso simpático. Este proceso desencadena una serie de respuestas fisiológicas como tensión muscular, aumento de la presión arterial, sudoración en las palmas, extremidades frías, ritmo cardíaco irregular, pensamiento confuso y problemas digestivos e inmunitarios. La investigación al respecto ha demostrado que los pensamientos negativos afectan a las funciones cerebrales en la corteza prefrontal (ya que disminuyen la actividad en la CPF), en los lóbulos temporales (porque reducen la capacidad de aprendizaje) y en el cerebelo (puesto que merman la coordinación).

Por otro lado, los pensamientos positivos, alegres y esperanzadores generan una respuesta parasimpática: músculos relajados, presión arterial más baja, ritmo cardiaco más saludable, manos y pies más calientes, mente más clara, una CPF sana y un cerebro límbico más tranquilo. Estas son las características de las personas felices y satisfechas.

Aprender a controlar la mente es el principal secreto de la felicidad. Aunque para mí resultaría muy sencillo aconsejarte que pienses en positivo y desearte lo mejor, la mente humana es demasiado inteligente y dinámica para permanecer en ese estado mucho tiempo. Seguro que el próximo evento negativo o pensamiento pesimista está al acecho, listo para interrumpir cualquier intento de mantener una mentalidad optimista. Además, aferrarse a pensamientos positivos irracionales puede resultar tan perjudicial como albergar pensamientos negativos.

La clave está en «llevar cautivo todo pensamiento»,[4] como escribió el apóstol Pablo a los corintios hace casi dos mil años. Esto significa tomar el control sobre aquello que piensas sobre ti y tu vida. Para ello es necesario:

- Aceptar la responsabilidad de tus pensamientos.
- Esforzarte en meter en cintura a tu mente, pues es donde se generan las conductas.

- Analizar con detenimiento tus pensamientos en lugar de reaccionar a ellos.
- Centrar la atención de tus pensamientos en cosas verdaderas y nobles.

Por ejemplo, podríamos aplicarlo a quienes fueron despedidos durante la pandemia y decían a sus amigos frases como: «Nunca volveré a encontrar trabajo», «No valgo nada» o «Debería haber trabajado más horas».

Sin embargo, cuando enfocas la mente de un modo más positivo generas pensamientos racionales que abren la puerta a que algo favorable surja de una situación difícil, como un despido. Si estuvieras en ese caso tendrías pensamientos más productivos, como los siguientes:

- *No sé si volveré a encontrar trabajo, pero haré todo lo posible por encontrar algo que me guste.*
- *Que me hayan despedido no significa que sea una persona inútil. Perdían dinero y tenían que despedir a gente, no fue una cuestión personal.*
- *Claro que podría haber trabajado más horas, pero hacer horas extra no me habría salvado del despido.*

Para dirigir tus pensamientos hacia una perspectiva más positiva y alejarlos de lo negativo, te recomiendo cuatro sencillas estrategias que puedes aplicar en tu vida cotidiana, empezando por ayudar a tu mente a buscar primero lo que está bien.

1. PRACTICA EL «JUEGO DE LA ALEGRÍA»

Cuando terminé la primaria, los estudios Walt Disney estrenaron *Pollyanna*, un largometraje adaptado de una popular novela sobre una huérfana, hija de misioneros, que va a vivir con su tía rica, severa y soltera en el pueblo ficticio de Beldingsville, Vermont. Hayley Mills, una actriz británica de catorce años con unos adorables rizos rubios y nariz de botón interpretó al personaje principal.

Pollyanna fue una de mis películas favoritas durante mi infancia. Recuerdo que ella les explicaba a sus amigos que su difunto padre se inventó el «juego de la alegría» después de que ella recibiera por correo un par de muletas en lugar de la muñeca que quería para Navidad. Es obvio que en esa época aquel no era un error de fácil solución. Pero ¿que tenía de alegre esa situación? Bueno, Pollyanna les dijo a sus amigos que estaba contenta... porque no necesitaba las muletas.

Cuando Pollyanna se fue a vivir con su tía Polly, esta la castigó por llegar tarde a la cena: la mandó a comer pan y leche a la cocina junto a una sirvienta. Sin embargo, para Pollyanna no supuso un problema; de hecho, el pan y la leche se convirtieron en su comida preferida. Más adelante, cuando su tía la confinó en una habitación en el desván, sin cuadros, alfombras ni espejo, la niña se limitó a echar un vistazo por la ventana y decidió que así, sin todos esos elementos decorativos, era capaz de percibir la belleza de los sauces frente a su ventana, algo que quizá habría pasado por alto si hubiera tenido cuadros en las paredes.

Pollyanna pronto se cruza con varios personajes peculiares: un viejo avaro y gruñón, un hombre con discapacidad que se compadece de sí mismo, un hipocondríaco, un recluso y un predicador blasfemo e incendiario. Todos comparten un rasgo: siempre están quejándose de algo. Pollyanna, sin embargo, mantiene el enfoque positivo que le inculcaron sus padres misioneros; ellos le enseñaron que es mejor centrarse en la bondad de la vida y buscar algo por lo cual alegrarse, sin importar cuán terrible o sombría sea la propia situación.

Un domingo por la tarde, Pollyanna está pasando el rato en el patio trasero de la mansión victoriana de la tía Polly y oye a Tillie (la cocinera de la casa), Angie y Nancy (un par de criadas) y al señor Thomas (el jardinero) quejarse sobre el sermón del reverendo Ford de esa misma mañana, mientras desgranan guisantes para la cena.

Entonces Nancy dice: «Odio los domingos. Los detesto». Y Pollyanna le recuerda con su característico optimismo que ese día pueden disfrutar de pollo asado. Nancy, algo frustrada, le pregunta con resignación si va a empezar otra vez con su juego de «me alegro de esto y me alegro de lo otro». En ese momento, Angie interviene y, curiosa, pregunta de qué trata ese juego.

Y ahí es donde Pollyanna le explica que el «juego de la alegría» lo aprendió de su padre. Aunque los demás siguen quejándose de por qué detestan los domingos, Pollyanna insiste en que es justo ese día cuando más deberían jugar al juego. Angie, desafiante, le dice: «Está bien, señorita sabelotodo. ¿Qué tiene de bueno el domingo?». Pollyanna se detiene a pensarlo y luego responde: «Bueno, siempre puedes alegrarte de que... aún faltan seis días para que vuelva a ser domingo».[5]

El grupo rompe a reír y deja que Pollyanna siga adelante con sus comentarios. De este modo, poco a poco logrará transformar a todo su entorno con el juego de la alegría y su actitud positiva.

Es una lástima que nuestra percepción de Pollyanna haya cambiado en los últimos 60 años. Ahora, si alguien la menciona, es utilizándola casi de forma despectiva para describir a alguien ingenuo, ciego ante las verdades desagradables y alejado de la dura realidad. En la actualidad, el diccionario Merriam-Webster define «Pollyanna» como una persona que se caracteriza por su obstinado optimismo y la tendencia a encontrar el lado positivo de cualquier cosa.

Eleanor H. Porter, la autora de *Pollyanna*, que se convirtió en un bestseller durante la Primera Guerra Mundial, incluso sufrió hace un siglo reacciones violentas por parte de ciertos críticos y lectores en relación con el «carácter poco sofisticado» de Pollyanna. «Los libros de Pollyanna también me han causado sufrimiento —dijo en una entrevista antes de su muerte en 1920—. Con frecuencia se ha malinterpretado al personaje. La gente ha llegado a pensar que Pollyanna se alegraba de todas las desgracias. Pero nunca he creído que debamos negar la incomodidad, el dolor y el mal; simplemente he pensado que es mucho mejor afrontar lo desconocido con una actitud alegre».[6]

La filosofía de Pollyanna, es decir, hallar lo positivo en cualquier situación, es una excelente forma de afrontar la vida. Si alguna vez ha habido una buena ocasión para jugar al juego de la alegría es, sin duda, en el presente. No importa qué problema u obstáculo tengas por delante, sigo insistiendo en que te plantees esta pregunta: «¿Hay algo de lo que pueda alegrarme?».

Cuando se trata de ser feliz, resulta fundamental gozar de un cerebro sano y entrenarlo para que busque aquello que lo hace feliz en lugar de buscar una y otra vez lo que le produce tristeza, ansiedad o miedo. Lo que hizo Pollyanna fue adoptar un principio básico de felicidad: *anima a tu mente a buscar lo que es bueno a tu alrededor en lugar de buscar lo que está mal.*

¿Durante la pandemia practicaste el juego de la alegría?

La terrible pandemia de COVID-19 también sacó a la luz algunos aspectos positivos. Conozco a personas que, tras contagiarse del virus, decidieron que se alegraban de ello. Este era su razonamiento: ahora eran inmunes al virus, al menos durante un tiempo. Supongo que es una forma de jugar al juego de la alegría.

A continuación, te ofrezco una lista de otras cosas positivas que mis pacientes me contaron que experimentaron durante la pandemia:

- Pasar más tiempo con sus hijos y estrechar lazos con ellos.
- Redescubrir el placer de un paseo a media tarde.
- Comer más comida casera y menos comida rápida.
- Jugar en familia a juegos de mesa.
- Practicar nuevas aficiones, como la carpintería o el punto.
- Recuperar el hábito de tocar un instrumento musical.
- Acostarse antes.
- Ver series que antes no tenían tiempo de ver.
- Jugar al tenis de mesa con la familia.
- Volver a leer.
- Hacer excursiones por los alrededores.
- Sufrir menos el tráfico.
- Tener tiempo para reevaluar los propios valores.

2. PON UN NOMBRE A TU MENTE: AUTODISTANCIAMIENTO PSICOLÓGICO

Otro ejercicio que puedes practicar es de un amigo mío, Steven C. Hayes, autor de *Una mente liberada*, que dice que la mayoría vivimos con un flujo constante de pensamientos, críticas del pasado y órdenes de jefes u otras figuras de autoridad rebotando en el cerebro. No obstante, podemos resistirnos a que nos definan, dice Steven, cultivando una «flexibilidad psicológica» que nos impida creer a pies juntillas lo que nos dicen nuestros pensamientos o permitir que determinen nuestras acciones y elecciones.[7]

Steven dio un ejemplo de los pensamientos que bullían en los recovecos de su cerebro mientras escribía su libro:

> *Es hora de levantarme. No, no lo es; son solo las seis en punto, solo he dormido siete horas y necesito dormir ocho, ese es el objetivo. Me siento gordo; vaya, la tarta de cumpleaños, tengo que comer tarta en el cumpleaños de mi hijo. Bueno, pero podría comer solo un pedacito. Apuesto a que peso más de 85 kilos. Además, cuando termine con los dulces de Halloween y el pavo volveré a pesar más de 90. Igual es demasiado. Haré más ejercicio; por poco que haga será más que ahora. Tengo que concentrarme, he de escribir un capítulo. Me estoy quedando atrás… y estoy engordando otra vez. Escuchar las voces y dejarlas fluir podría ser una buena forma de empezar el capítulo. Mejor que intente dormir un poco más. Pero podría funcionar. Jacque estuvo muy acertada en comentármelo. Hoy se ha levantado muy pronto; quizá es por el resfriado. Tal vez debería levantarme y preguntarle si se encuentra bien. Pero son solo las seis y cuarto de la mañana, necesito dormir mis ocho horas; ahora llevo casi siete y media, pero no son ocho.*[8]

Hayes llama a estos pensamientos involuntarios «pensamientos intrusivos». Se presentan con todos los tamaños y formas, y generan sentimientos de vergüenza, miedo o malestar a quienes les permiten pasear a sus anchas. Un pensamiento intrusivo puede manifestarse cuando te sientas junto a tu pareja o un amigo íntimo y piensas de manera fugaz qué pasaría si apuñalaras a esa persona con un cuchillo. En realidad no estás pensando de verdad en cometer un asesinato, pero por alguna razón ese pensamiento morboso se te mete en la cabeza. Hayes dice que tales pensamientos intrusivos, aunque muchas veces resultan inquietantes, son normales y corrientes. Según el investigador Adam Radomsky, en un estudio que incluía a más de 700 estudiantes universitarios de trece países, casi todos (el 94 %) declararon haber tenido al menos un pensamiento intrusivo en los últimos tres meses.[9]

No obstante, es posible entrenarnos para descartar los pensamientos intrusivos e infelices que llenan los huecos del cerebro. Durante un episodio del pódcast *The Brain Warrior's Way* que Tana y yo hicimos con Steve, él ofreció una estrategia muy útil, que a partir de entonces he utilizado con muchos de mis pacientes; se llama «pon un nombre a tu mente» y consiste en darle a tu voz interna un nombre que no sea el mismo que el tuyo. Si tu mente tiene un nombre diferente, entonces es diferente de «ti».

Décadas de investigación han demostrado que la «autoconversación distanciada» puede ayudar a una persona a ganar distancia psicológica respecto a pensamientos intrusivos, facilitando una mejor regulación de sus emociones, autocontrol y desarrollo de la sabiduría.[10] De este modo, las personas logran gestionar de forma más eficaz las emociones negativas y las situaciones intensas, incluso si antes tuvieron dificultades para controlar sus sentimientos o su conducta.

TRANSFORMACIÓN FELIZ EN 30 DÍAS

El nombre de mi mente es Mickey, y me resulta divertido gritarle cuando intenta hacerme creer que la comida basura me reporta más felicidad.

ME

Como humanos, poseemos la capacidad de autorreflexión, que nos ayuda a planificar el futuro y a resolver problemas complejos. Sin embargo, cuando percibimos que estamos afrontando experiencias negativas, la autorreflexión puede transformarse en un ciclo de negatividad, rumiación u obsesión. Por tanto, distanciarnos de ese diálogo interno negativo dándole un nombre (o hablándonos en tercera persona) aportará más objetividad y claridad, lo cual genera un cambio positivo en el cerebro. En estudios de neuroimagen que evaluaron la eficacia de las técnicas de autodistanciamiento, los investigadores hallaron que estas técnicas calman los centros emocionales del cerebro y mejoran el autocontrol.[11]

Hayes llama a su alter ego «George». Y cuando se daba cuenta de que su mente empezaba a parlotear contestaba: «Gracias por preocuparte, George. Es muy considerado por tu parte». No se trataba de un reproche hacia su mente; era sincero. Cuando detectaba un pensamiento obsesivo («¿Por qué he recibido una crítica en redes sociales?») lo desactivaba diciéndose a sí mismo: *Soy consciente de que estoy pensando en esas críticas en lugar de en todas las muestras de cariño que recibo*. Esto ponía distancia entre él y el malestar, haciendo que el pensamiento negativo perdiera parte de su fuerza. Tú puedes hacer lo mismo, informando a tu mente de que has escuchado el pensamiento intrusivo y que decides dejarlo pasar.

Al escuchar a Steven hablar de «George», me pregunté: *¿Qué nombre le pondría a la parte de mi cerebro que me envía pensamientos negativos?* Y no dudé ni un ápice: ¡Hermie! ¿Recuerdas el nombre que le puse a mi mapache cuando tenía dieciséis años?

Mis padres me habían pedido que fuera a la tienda de animales a comprar un collar nuevo para nuestro perro. Mientras curioseaba por la tienda, sentí que algo me subía por la parte posterior de la pierna. Me detuve y vi a una cría de mapache trepar por mi torso, llegarme a los hombros y acariciarme el pelo. Era el animal más mono que había visto nunca y eso quería decir que tenía que comprarlo.

Mis padres se enfadaron cuando llegué a casa con el mapache en una jaula. Pronto me enamoré de ella y decidí llamarla Hermie. En aquel momento, no sabía que Hermie era hembra, así que le puse el nombre de un personaje masculino de una de mis películas favoritas de aquel año: *Verano del 42*.

Hermie era divertida, inteligente y traviesa, muy parecida a mi mente. Cuando sonaba el teléfono, lo descolgaba y gemía con alegría; tiraba una y otra vez de la cadena del váter solo para ver cómo se arremolinaba el agua; y un día orinó en el baño de mi madre. Lo recuerdo porque cuando mi padre llegó a casa del trabajo mi madre le dijo: «Louie, ¡o el mapache o yo!». Mi padre, sin demasiado tacto, contestó: «Cierra bien la puerta al salir». (No era de los que dejaban que nadie le dijera lo que tenía que hacer.) Hermie estaba causando problemas en su matrimonio, y eso que solo acababa de aterrizar en nuestra vida.

A Hermie le encantaba observar los peces de colores en el acuario de la habitación de mi hermana Renee. Un día la encontré de puntillas, con una pata en la pecera, jugueteando con los peces, y la saqué de allí enseguida. Días después, oí un grito terrible de Renee, que acababa de descubrir que el acuario estaba vacío. Al encontrar a Hermie, lucía una sonrisa de satisfacción. En ese momento pensé que tenía los días contados. En otra ocasión, mientras me apresuraba a salir al trabajo, me calcé las zapatillas y percibí un sonido extraño: un rápido vistazo confirmó mi peor temor… ¡había pisado caca de mapache! También me acuerdo del día en que Hermie conoció a mi novia. Me hacía mucha ilusión que se conocieran, pero cuando ella puso a Hermie en su regazo esta defecó de inmediato, algo que jamás había hecho. Supongo que no quería competir por mi afecto.

Así que cuando llegó el momento de darle un nombre a la parte de mi mente que siempre causa problemas, el de Hermie me pareció adecuado. Como mi mente, aquel animalito no paraba de «hablar». ¿Has oído alguna vez a un mapache? Son criaturas ruidosas, capaces de emitir más de 200 sonidos distintos: ronronean, gorjean, gruñen, sisean, chillan y hasta lloriquean. Las crías de mapache suelen maullar, llorar y gimotear,[12] algo que me recuerda mucho a mis propios pensamientos. ¿Cómo llamarías tú a esa parte de tu mente?

En mis peores momentos, mi mente (Hermie) suele hablar de forma indistinta sobre mis fracasos, miedos y frustraciones. Me susurra que perderé a alguien o algo importante. A veces se comporta y juega limpio, pero si no la mantengo bajo control es capaz de asustarme o incluso aterrorizarme con una amplia variedad de temas.

Cuando Hermie hace estragos en mi cabeza, la meto —metafóricamente— en su jaula tras evaluar sus pensamientos y descartarlos con rapidez si resultan irracionales o inútiles, que es lo que corresponde hacer. Después sigo con mi vida. No dejes que esos pensamientos negativos permanezcan y generen miedo, alarma o malestar.

Piensa en darle un nombre a tu mente. Algunos que mis pacientes han elegido incluyen a la villana Úrsula de *La Sirenita*, la guerrera Lagertha de la serie *Vikingos*, y la actriz y comediante Melissa McCarthy, porque resulta difícil tomarse en serio a sus personajes. Un jugador de la NHL al que traté llamó a su mente Johnny, igual que su mayor rival en la pista de hielo. Por supuesto, nunca la dejaba salirse con la suya.

Una de mis pacientes llama a su mente Rita. Así me explicó el porqué: «Cuando estaba en el instituto, la primera chica con la que recuerdo que me sentí celosa o inferior se llamaba Rita. En cierto modo, competía con ella... básicamente, por mi inseguridad. Siempre llevaba para desayunar algo rico. En cambio, mi madre no me dejaba comer nada de eso, de pequeños no comíamos alimentos poco saludables. Estaba celosa de sus Cheetos y los deseaba con todas mis fuerzas. Así empezó. Y ahora, cuando me siento insegura, deprimida o desesperada, adivina qué se me antoja y lo como hasta que me siento como una basura: ¡CHEETOS! Por eso voy a decirle a Rita que se largue a otra parte con su comida basura».

Resumiendo: no dejes que esos pensamientos negativos deambulen sin control por tu mente. Dile a Hermie que vas a por ella... ¡o a por él!

3. INTERRUMPE LOS MOMENTOS INFELICES INNECESARIOS

Aprendí esta estrategia de mi amigo Joseph McClendon III. Cuando era adolescente, sufrió un ataque racista a manos de tres hombres blancos que lo dejaron malherido. Tras tocar fondo, cambió su mentalidad y llegó a ser doctor en Neuropsicología, autor bestseller y un orador fantástico que imparte clases en los seminarios de Tony Robbins. Joseph cuenta que, cuando afronta momentos de infelicidad innecesaria, sigue un sencillo proceso de cuatro pasos para recuperar la calma:

a. **Siéntete mal a propósito**. Dedica unos segundos a sentirte mal, a sumergirte en un lugar oscuro, en los malos pensamientos. Parece una locura, ¿verdad? Pero unos segundos pueden ser fortalecedores porque, si sabes cómo hacerte sentir mal, también puedes elegir interrumpirlo.

b. **Rompe el patrón**. Si los malos sentimientos son innecesarios o inútiles, como suele ocurrir, interrúmpelos. Digo «innecesarios» porque sí que hay malos sentimientos que son necesarios; en mi caso, afloraron cuando murieron mi abuelo y mi padre y lo hacen siempre que, sin querer, le digo algo hiriente a mi mujer. Necesito sentirme mal en esos momentos, y sería inapropiado *no* permitírmelo. Sin embargo, la mayoría de las veces que me siento mal *es* innecesario, y hay que interrumpirlo y reemplazarlo; como cuando me calumniaron en internet después de una charla en directo sobre «Por qué me vacuné».

Cuando notes que estás cayendo en pensamientos negativos, di «¡basta!», ponte en pie y respira hondo tres veces. Esto crea un espacio donde el vacío puede tomar forma. Pero ten cuidado: los vacíos siempre buscan contenido, y tu mente volverá de modo automático a la negatividad si se lo permites. En vez de eso, dirige tus pensamientos hacia algo más positivo y útil para ti.

A muchos de mis pacientes les aconsejo ponerse una goma elástica alrededor de la muñeca (como hacía Wilt

Chamberlain, uno de mis jugadores favoritos de los Lakers).[13] Entonces, cuando se sienten mal, les pido que se pongan de pie, digan «¡basta!», se aprieten la goma contra la muñeca y hagan varios ejercicios de respiración profunda. El acto físico de ponerse en pie, crear una distracción física y centrarse de forma intencionada en la respiración interrumpe el patrón de pensamientos negativos.

c. **Trae a la mente recuerdos felices.** Llena ese espacio con momentos agradables para sentirte bien a propósito. Recuerda que aquello en lo que centras tu atención influye de manera directa en cómo te sientes. Pido a mis pacientes que anoten entre diez y veinte de sus recuerdos más felices. (Consulta el siguiente apartado para ver algunos recuerdos a los que suelo regresar). Concéntrate en uno de ellos hasta que experimentes una verdadera sensación de alegría. Visualiza el recuerdo con todos los sentidos: observa lo que te rodea, escucha los sonidos, siente las texturas, huele y saborea lo que percibes en el aire. Haz esto durante unos minutos, hasta que el recuerdo cobre vida en tu interior.

Momentos felices de los cuatro círculos que uso para reemplazar pensamientos negativos

Biológico

- Hacer ejercicio frente al televisor como hace años.
- Alcanzar un peso saludable.
- Comer alimentos deliciosos que me encantan y me sientan bien.
- Acariciar a Aslan y Miso.
- Jugar al tenis de mesa.

Psicológico

- Hacer dulce de leche con mi abuelo a los cuatro años, junto al fogón de su cocina.
- El discurso en la ceremonia de graduación de mi universidad.
- Ser el orador de graduación, 40 años después, en mi universidad.
- Hablar en el American Airlines Center en Dallas, ante 26.000 personas y durante 90 minutos, y sentir que cada palabra resonaba entre el público.
- Dirigirme a 7500 estudiantes de secundaria en Massachusetts en el congreso para futuros médicos.
- Lograr que *Cambia tu cerebro, cambia tu vida* fuera un bestseller del *New York Times* durante 40 semanas.
- Ver como mis artículos se encontraban entre las mejores historias de neurociencia en la revista *Discover*.
- Participar en «La semana del amor a tu cerebro» en *CNN*.

Social

- Casarme con Tana.
- Despertarme a su lado todos los días y compartir nuestras rutinas.
- Ser abuelo: tantos buenos recuerdos... Sobre todo leerle a Haven, que es igual que su madre y ahora tiene tres años.
- Recibir un regalo especial: una manta con imágenes de Tana, los niños y los nietos.
- Ver a mis equipos, los Lakers y los Dodgers, ganar campeonatos mundiales con pocas semanas de diferencia en el otoño de 2020.
- Ver a mi hija Kaitlyn interpretar a *Pocahontas* cuando tenía siete años.
- Que mi hija Breanne fuera aceptada en la facultad de Veterinaria de la Universidad de Edimburgo.

Espiritual

- Enfocarme en el propósito de mi vida.
- Oír a mis pacientes decir que nuestro trabajo les ha cambiado la vida.
- Esforzarme para cambiar la práctica de la medicina psiquiátrica.
- Crear *The Daniel Plan* junto al pastor Rick Warren y el doctor Mark Hyman; se trata de un programa para promover la salud a nivel mundial a través de organizaciones religiosas. Ha sido implementado hasta el momento en miles de iglesias alrededor del mundo.

---

d. **Celébralo.** Por último, integra la buena sensación en tu sistema nervioso celebrando tu capacidad para interrumpir momentos innecesarios de infelicidad. A Joseph McClendon III le gusta apretar el puño y sonreír. En mi caso, levanto los brazos, como hizo Kobe Bryant al final de un partido de los Lakers cuando encestó un triple decisivo. Celebrar es clave para que los nuevos hábitos se consoliden.

☺ **Pequeños momentos de felicidad**

- Ese instante en que logras interrumpir un pensamiento de infelicidad innecesaria.
- Pasar un día difícil, pero aun así encontrar algo que te haga sonreír.
- Responder a tu mente y llamarla por el nombre que le diste.
- El momento en que entras por la puerta de tu casa y te viene a la mente un recuerdo feliz.
- Hacer una lista con los mejores recuerdos de tu vida.

Si practicas cómo sentirte mal, sigue este sencillo proceso y empezarás a dominar tu felicidad.

A Joseph le gusta tanto ocuparse de los momentos de infelicidad innecesarios que programa un temporizador en su teléfono para que suene un tono de alarma que le recuerde que es hora de «visitar» un mal sentimiento, solo por un instante.

«No tienes que quedarte atrapado en ellos —me dijo—. Solo has de visitarlos un par de segundos; luego te levantas, sonríes, sigues adelante y lo celebras. Si lo haces bastantes veces, no es nada probable que esa sensación vuelva a visitarte».

La parte de ponerte en pie es más básica de lo que crees. Al levantarte creas un escotoma (es decir, una ceguera parcial) en el cerebro. Es como cuando te sientas en el sofá del salón y decides que quieres leer el periódico, que está en la encimera de la cocina. Te levantas, te diriges a la cocina, entras y de inmediato te preguntas: «¿Qué estoy haciendo en la cocina?». Lo que en realidad ocurre es que interrumpes un patrón (por ejemplo, echarte en el sofá) y creas un escotoma o punto ciego. Bien, pues el mismo principio puede aplicarse a los sentimientos: levántate, crea un escotoma para el cerebro, reemplázalo por algo positivo, alégrate por ello y sigue adelante.

El movimiento físico despierta a tu cerebro y le permite rellenar ese vacío con algo positivo que puedes anclar en tu mente.

He incluido la cita de Joseph al principio de este capítulo porque es muy potente. Quiero que la leas otra vez.

Sientes lo que piensas.
Haces lo que sientes.
Tienes lo que haces.

En otras palabras, los pensamientos crean sentimientos como la felicidad o la angustia. Los sentimientos generan a su vez una conducta, y esta es lo que determina el éxito o el fracaso en las relaciones, el trabajo, la economía y la salud. Empieza por tener un cerebro sano y luego esfuérzate en que tus pensamientos trabajen a tu favor en lugar de perjudicarte.

Es evidente que no pasa nada por sentirte mal de vez en cuando. Todos los malos pensamientos demandan audiencia. Sin embargo, ahora tienes las herramientas para sustituir esas voces negativas por recuerdos felices.

4. SENTIRTE BIEN EN CUALQUIER MOMENTO Y LUGAR

La última herramienta es un ejercicio que utilizo con mis pacientes para arraigar sus mejores recuerdos en lugares específicos, como habitaciones u objetos, para que su cerebro los reconozca y los recuerde con facilidad. Se basa en una técnica de los antiguos griegos. Dicen que el poeta griego Simónides de Ceos[14] abandonó un banquete justo antes de que el techo se derrumbara y matara a todos los que estaban allí. Pese a que muchos cadáveres quedaron irreconocibles, Simónides pudo identificarlos por el lugar que ocupaban en la mesa. El uso práctico de esta técnica requiere que coloques aquello que quieres recordar en una ubicación u objeto específico. Luego, cuando regreses a ese lugar u objeto, el recuerdo se activará de un modo automático.

Por ejemplo, al memorizar un discurso, elige las ideas o los puntos principales y asócialos de algún modo con las habitaciones de tu casa. Mientras pronuncias el discurso, imagínate caminando de una habitación a otra, descubriendo las asociaciones que has hecho en el orden adecuado.

Para que este método sea más efectivo, aquí tienes dos consejos:

a. **Apuesta por el movimiento**. Tu cerebro no es un álbum de fotos. Por eso, cuanto más movimiento incorpores más detalles podrás añadir a la escena.

b. **Busca un escenario exagerado o pintoresco**. Es más sencillo recordar los detalles si aquello que recuerdas es único o singular.

De este modo, tu capacidad memorística solo estará limitada por el número de lugares en los que puedas pensar. Yo siempre pienso en entrar por la puerta principal; luego voy al salón, después a la sala de estar, la cocina, la habitación de invitados, etc. Puedes asociar cientos de cosas con el interior de la mayoría de las casas. Así es como muchos «deportistas de la memoria» llegan a ser tan buenos memorizando largas listas, porque emplean esta técnica de anclaje.

El siguiente es un ejercicio que te recomiendo: anota los diez o veinte mejores recuerdos de tu vida y ánclalos a algunos lugares específicos de tu casa, usando todos los sentidos. Luego, siempre que sientas malestar, imagínate paseando por tu casa y revive esos recuerdos. Con un poco de práctica serás capaz de entrenar a tu cerebro para que se sienta mejor en un santiamén.

Permíteme que te muestre cómo lo hago yo con cinco de mis mejores recuerdos:

- **Siempre empiezo por la puerta principal.** Al regresar de nuestra boda, crucé el umbral con Tana en brazos mientras me suplicaba que no la dejase caer. Tenía motivos para estar preocupada: ensayando nuestro baile nupcial la noche antes de casarnos, perdí el equilibrio y casi la echo al suelo. Todavía nos reímos de ello. (Recuerda, intenta que la imagen sea lo más vívida posible).

- **Me dirijo a la sala de estar, junto a la cocina.** Veo a mi hija Kaitlyn, con apenas siete años, frente al televisor ensayando su papel de la obra de teatro *Pocahontas*. No solo le encantaba actuar, sino que ponerse delante del televisor para que la miráramos nunca fue un problema para ella.

- **Entro en la cocina, que huele de maravilla.** Mi madre está preparando la cena y quiere escuchar cómo me ha ido el día. Nunca se olvidaba de mí, y soy consciente de lo afortunado que soy de tenerla todavía conmigo.

- **Me acerco a la estufa.** Me veo a mí mismo de niño, de pie en un taburete junto a mi abuelo, que está haciendo dulce de azúcar. Era fabricante de dulces y mi mejor amigo de la infancia. (Sin embargo, ahora intento hacer dulces sin azúcar para gozar de una mejor alimentación).

- **Subo las escaleras.** Veo la habitación de Chloe y recuerdo el jersey con capucha de cebra que llevaba cuando se subió a mis hombros en un partido de los Lakers; me besó la calva y me dijo que me quería por primera vez.

¿Qué recuerdos felices puedes anclar en la mente? Con un poco de práctica, este ejercicio te ayudará a sentirte mejor en cualquier momento y lugar. Quienes lo hacen me dicen que les encanta, sobre todo cuando comparten sus recuerdos con los demás.

CAPÍTULO 13

ENTRENAMIENTO PARA USAR EL SESGO DE POSITIVIDAD

Dirige la mente hacia lo bueno

Cuando uno aprecia lo bueno, lo bueno se aprecia.

TAL BEN-SHAHAR, *ELIGE LA VIDA QUE QUIERES: 101 CLAVES PARA NO AMARGARSE LA VIDA Y SER FELIZ*

Nunca olvidaré la mañana del 5 de mayo de 2020. Era martes. Estaba en el baño, lavándome los dientes y preparándome para un día en el que, en primer lugar, tenía que llevar a mi padre nonagenario, Louis Amen, a una cita con su neumólogo. A principios de febrero, cuando la COVID-19 empezaba a causar estragos en Estados Unidos, mi padre había sufrido una hemorragia gastrointestinal y había perdido mucha sangre. Lo habíamos llevado al hospital, donde los doctores no fueron capaces de descubrir el motivo. El equipo médico le había hecho una trasfusión de sangre, pero como consideraron que su anemia no era lo bastante grave le dieron el alta al cabo de una semana, aunque seguía débil. En ese momento, me di cuenta de que también empezaba a tener tos.

A mediados de marzo, esa tos empeoró. Justo empezábamos el primer confinamiento nacional (lo llamaron «15 días para detener los contagios») y, por ello, todo el mundo pensaba que podía tratarse de ese nuevo coronavirus. Yo tenía varios test para la COVID-19 en mi clínica y envié a mi sobrina Krystle, que era la directora de la clínica de nuestra oficina de Costa Mesa, a casa de mis padres para que se hicieran las pruebas.

Dos días más tarde, descubrimos que los test de mi padre y mi madre eran positivos. Los llevamos al hospital, donde el personal se encargó de que compartieran habitación. Sin embargo, no nos permitieron visitarlos y nos preguntamos si volveríamos a verlos otra vez. Esto sucedió en un momento en que las imágenes de carretillas elevadoras cargando cadáveres en camiones frigoríficos aparcados frente a los hospitales de Nueva York proliferaban en las noticias.

A mis padres los trataron con hidroxicloroquina, azitromicina y zinc. Mi madre participó en un ensayo clínico en el que se le asignó al azar recibir hidroxicloroquina y azitromicina o remdesivir. Tana y yo nos reímos con mamá cuando nos contó por teléfono que tuvo que firmar un acuerdo de no quedarse embarazada durante el tratamiento. Quizá el sentido del humor de mi madre fue una de las razones por las que se recuperó casi de inmediato. Cinco días después, ambos recibieron el alta hospitalaria y se convirtieron en celebridades locales cuando el *Orange County Register* los puso en portada como historia de éxito de una persona mayor.

Sin embargo, la recuperación de mi padre fue más complicada. Nunca recobró su energía ni su vitalidad, y dormía unas dieciséis horas al día. Los médicos le hicieron una radiografía de tórax y le administraron un antibiótico, pero estaba claro que no era él mismo.

Ese martes 5 de mayo, cuando estaba listo para salir de casa, recibí una llamada de mi madre. Estaba fuera de sí.

—¡Ha dejado de respirar! —gritó por teléfono.

—No cuelgues. Voy a llamar a Emergencias —respondí.

Tras contar lo sucedido a los servicios de emergencia locales y darles la dirección de mis padres, me metí en el coche y me dirigí a toda prisa hacia su casa, todavía con mi madre al teléfono.

—¡Louie! ¡Levántate! —oí que gritaba por el altavoz—. ¡Louie! ¡Despierta!

Nunca había recorrido los 6 km que separan nuestras casas tan rápido. Llegué justo después de que llegaran los servicios de emergencia. Cuando entré a toda prisa en la sala de estar, vi a papá tumbado boca arriba con un tubo en la garganta.

—No tiene pulso —dijo uno de los enfermeros—. ¿Quiere que le practiquemos una reanimación?

No lo dudé ni un segundo.

—Por supuesto —respondí, convencido de que no serían capaces de devolverlo a la vida.

Mientras tanto mi madre estaba en shock.

—Se encontraba bien y tenía un día estupendo. Fui a vestirme y cuando volví no respiraba.

—¿Durante cuánto tiempo? —pregunté a mi madre.

Ella negó con la cabeza. No lo sabía.

Mientras los médicos ponían en práctica, sin éxito, la reanimación cardiopulmonar, un agente del Departamento de Policía de Newport Beach (NBPD) entró en la casa. Lo reconocí: era David Darling, un veterano del cuerpo de Policía. Lo había conocido (junto con otros muchos de sus excelentes colegas) en una de mis visitas mensuales a la sede del NBPD, donde colaboraba como voluntario para impartir seminarios de dos horas sobre salud cerebral. Quería que nuestra policía tuviera un cerebro sano porque su labor es, sin duda, estresante. Mi amigo Jon Lewis, jefe de la NBPD, opinaba lo mismo que yo.

El agente Darling nos apartó a mi madre y a mí y, con una voz llena de compasión, dijo:

—Siento deciros esto, pero cuando alguien muere en casa tenemos que abrir una investigación.

Los ojos de mamá se salieron de sus órbitas.

—¿Crees que yo lo maté? ¿Que lo estaba envenenando?

Pero mi madre estaba actuando; su sonrisa socarrona la delató.

Todos sabíamos que la investigación policial sobre la muerte de un hombre de noventa años que había dejado de respirar durante una pandemia mundial no tenía sentido, pero así eran las normas.

—Señora Amen, nosotros solo seguimos el protocolo.

Ese fue el comienzo de un terrible, horrible e infausto día que todavía recuerdo con dificultad. Aunque estábamos bajo un severo confinamiento, en apenas 90 minutos llegó a casa de mi madre un gran grupo de personas para consolarla a ella y a nuestra familia, incluidos casi todos mis hermanos y sus cónyuges o parejas.

Esa noche, tras un largo y emotivo día de trámites en el tanatorio y de ver cómo se llevaban el cuerpo de mi padre en una camilla, me duché y me preparé para irme a la cama.

En los últimos años he seguido el hábito de dormirme rezando una oración y preguntándome: «¿Qué ha ido bien hoy?». También empiezo cada día diciéndome a mí mismo: «Hoy va a ser un gran día». Practico ambos ejercicios de sesgo positivo para acostumbrar a mi mente a hacer hincapié en lo bueno más que en lo malo. Cada mañana quiero centrarme en por qué va a ser un día estupendo y en lo que ha ido bien cuando mi cabeza toca la almohada. Entrenar al cerebro para que busque las cosas buenas que sucedieron durante el día es algo así como hacer mi propio programa de mejores momentos. Es mi hábito, ritual y rutina. Es lo que suelo hacer.

Esa noche, a la hora de dormir, recé como de costumbre, y entonces mi mente se preguntó: *«¿Qué ha ido bien hoy?»*. De repente, alguien protestó. Hermie (mi mente) dijo: *«¿En serio vas a hacer eso esta noche? ¿En el peor día de tu vida? ¿En el peor día desde que perdiste a tu abuelo en 1982? Si quieres a tu padre, ¿no es una falta de respeto?»*.

Sin embargo, antes de acostarme pensé en la conversación entre el oficial Darling y mi madre. Esbocé una sonrisa. Pese a la pérdida, ella no había perdido el sentido del humor. Luego me acordé de las decenas de mensajes de amigos míos y de mi padre que recibí ese día. Nos querían. Y antes de caer rendido de sueño tuve un momento para recordar el instante en que Tana y yo tuvimos un momento a solas para despedirnos de mi padre. Justo antes de que se lo llevara el personal del tanatorio, le agarré las manos y me di cuenta de lo blandas que estaban. Pese a la tragedia, esa noche dormí bien porque llevaba años entrenando mi mente.

Un par de días más tarde decidimos incinerar a mi padre. Alguien fue al tanatorio para ocuparse de las cuestiones legales y llevarse su ropa y el anillo de compromiso. Yo estaba ocupado con el papeleo en casa de mis padres y encontré una fotografía de él entre los documentos: era su cuerpo tendido en el tanatorio, con una sábana cubriéndolo hasta los hombros. Esa imagen me persiguió el resto del día. No podía quitármela de la cabeza.

Entonces recordé una técnica que enseño a mis pacientes, llamada «Havening» (ver el recuadro). Recordé la imagen de mi padre en el tanatorio junto con la sensación de malestar, y luego me puse cada mano en el hombro opuesto y froté hasta el codo varias veces durante 30 segundos. Eso me tranquilizó, fue como si estuviera limpiando esa sensación de malestar.

A continuación, me pregunté: *¿Cómo te sientes?*

Mi respuesta fue inmediata: *Mejor.*

Repetí esta técnica de Havening cinco veces más. Cuando terminé, esa imagen que me perturbaba se había convertido en algo que podía apreciar, porque era la última foto que tenía de mi padre, que ya descansaba en paz.

Esta experiencia fue otro recordatorio de que el lugar al que diriges la mente es lo importante. En ese momento podía emplear mi cerebro para torturarme con preguntas inútiles («¿Quién fue el idiota que colocó la foto de mi padre muerto en este montón de papeles?») o bien podía convertir mi dolor en algo positivo. Esto último es lo que hice.

En un mundo cargado de negatividad, es bueno entrenarse para utilizar el sesgo de positividad.

¿Qué es exactamente la técnica Havening?

A principios de la década de los 2000, el doctor Ronald Ruden, internista con un doctorado en Química Orgánica, desarrolló el Havening, una técnica de curación que utiliza el tacto terapéutico para modificar las vías cerebrales relacionadas con la angustia emocional. El doctor Ruden argumentó que ciertas técnicas de contacto podían ayudar a aumentar la producción de serotonina en el cerebro, lo que nos permite relajarnos y distanciarnos de una experiencia perturbadora. La práctica del Havening implica una o varias de las siguientes técnicas táctiles:

- Frotarse las palmas de las manos con lentitud, como si te estuvieras lavando las manos.
- Abrazarse. Consiste en colocar las palmas de las manos cada una sobre el hombro opuesto y frotarlas por los brazos hasta los codos.
- Lavarse la cara, colocando las puntas de los dedos en la frente, justo debajo del nacimiento del pelo, y dejando caer las manos por la cara hasta la barbilla.

Desde una perspectiva neurocientífica, el Havening es una técnica que implica la estimulación de ambos hemisferios del cerebro mientras se evoca un recuerdo estresante o un evento traumático.

El Havening ganó popularidad durante la pandemia cuando el cantante Justin Bieber apareció en un documental de YouTube practicando esta técnica de autosanación a través del tacto. En el vídeo, mientras Justin se masajea las sienes en postura encorvada, su esposa Hailey explica ante la cámara: «Es una forma de calmarse [...] cuando comienzas a estresarte o quieres tranquilizarte. Es similar a cuando, en tu infancia, tu madre te frotaba la espalda para ayudarte a dormir. Es la mejor sensación del mundo. Aunque en este caso eres tú quien se ocupa de todo».[1]

El doctor Ruden ha publicado que sus investigaciones han demostrado que la técnica Havening genera unas oscilaciones neuronales de gran amplitud conocidas como ondas delta, que experimentamos cuando dormimos.[2] Estas ondas calman las regiones del cerebro implicadas en la creación de recuerdos cargados de emociones y traumas. Una de tales regiones cerebrales es la amígdala, que juega un papel fundamental en el registro de las emociones que proceden de la experiencia.

Con las experiencias traumáticas, la amígdala codifica las emociones relacionadas de forma diferente, y así estas se convierten en lo que la neurociencia llama «potenciadas». Esto significa que el trauma y las emociones se graban en el cerebro y se adhieren como el pegamento. Los ejercicios de Havening ayudan a retirar ese adhesivo del cerebro.

DESCUBRIENDO EL PODER DE LA POSITIVIDAD

Decir que «hoy va a ser un gran día» y llevar a cabo técnicas de Havening son ejemplos de entrenamiento del sesgo de positividad que ayudan a eliminar o desplazar la negatividad de los malos momentos o recuerdos.

El padre de la psicología positiva, el doctor Martin Seligman, es uno de mis principales referentes. Cuando hace más de 20 años lo eligieron presidente de la Asociación Estadounidense de Psicología (APA), reunió a varios de sus mejores colegas y les pidió si querían echarle una mano para desarrollar un plan que alejara la disciplina del tratamiento de la enfermedad mental y la acercara al desarrollo humano. Durante muchos años, la psicología había trabajado con la enfermedad como modelo (tratando a las personas con problemas mentales y psicopatológicos). Durante esa carrera de fondo para reparar los daños en la salud mental, a los psicólogos nunca se les había ocurrido desarrollar intervenciones positivas que hicieran más felices a las personas. Eso fue lo que motivó al doctor Seligman a trabajar con el doctor Mihaly Csikszentmihalyi y otros ilustres psicólogos en una estrategia que denominaron «psicología positiva», que desplazaba el foco de las intervenciones desde los problemas a las soluciones.

Acordaron que la psicología positiva tendría cinco principios básicos:

1. Nos ayuda a mirar la vida con optimismo.
2. Nos permite apreciar el presente.
3. Nos permite aceptar y hacer las paces con el pasado.
4. Fomenta el agradecimiento y el perdón.
5. Nos ayuda a mirar más allá de los placeres y dolores momentáneos de la vida.[3]

El doctor Seligman presentó el concepto de psicología positiva en la convención anual de la Asociación Estadounidense de Psicología en 1998. Su mensaje fue claro: el campo de la psicología debía ampliar su enfoque más allá del tratamiento de las enfermedades mentales para incluir también la salud mental. Para ilustrar este cambio, Seligman compartió con honestidad una historia personal ante una sala llena de colegas:

> El verano pasado estaba trabajando en mi jardín con mi hija Nicki, que había cumplido cinco años hacía ya casi un año. Debo mencionar que me tomo mi labor como jardinero muy en serio, y esa tarde en particular estaba muy concentrado en la tarea de quitar las malas hierbas. Nicki, en cambio, estaba disfrutando: lanzaba al aire las malas hierbas y esparcía tierra por todas partes.
>
> Aclaro aquí que, pese a todo mi trabajo en el campo del optimismo, en casa suelo ser más bien taciturno. Y aun con mi extensa experiencia trabajando con niños, y de tener cinco hijos de entre cinco y veintinueve años, nunca he sido muy

> hábil con ellos. Así que, arrodillado en el jardín esa tarde, regañé a Nicki.
>
> Ella frunció el ceño y se acercó a mí con decisión. «Papá —dijo—, quiero hablar contigo». Luego me soltó esto: «Desde que tenía tres años hasta que cumplí cinco lloraba por cualquier cosa. Pero el día que cumplí cinco decidí que dejaría de lloriquear. Y no lo he hecho ni una sola vez desde entonces. —Entonces me miró a los ojos y añadió—: Papá, si yo pude dejar de lloriquear, tú también puedes dejar de refunfuñar».[4]

La sala estalló en una sonora carcajada. Había sido derrotado por una niña.

Con el doctor Seligman como líder, la psicología positiva comenzó a transformar el panorama de la disciplina en la década de los 2000. Antes de eso, científicos y psicólogos afirmaban que la felicidad era algo demasiado subjetivo, amplio y relativo culturalmente como para investigarla de un modo serio. Sin embargo, como ya se ha mencionado en este libro, la neurociencia ha descubierto que más o menos el 40 % del sentido de positividad de una persona se debe a su genética; el resto depende, en gran medida, de las experiencias, emociones y pensamientos individuales.

Además, sus investigaciones también sugerían que la felicidad puede alcanzarse a través de diversos canales, como los siguientes:

- Conciencia social: es decir, ser consciente de los sentidos físicos, el tacto, el olfato, el gusto, el oído y la vista.
- Comunicación social: emplear formas verbales y no verbales para interactuar en sociedad.
- Prácticas de gratitud: expresar y mostrar agradecimiento de forma sincera.
- Reformas cognitivas: modificar la propia manera de pensar.

En conjunto, estos factores se agrupan en técnicas prácticas denominadas «intervenciones de psicología positiva» (IPP).[5] Tales herramientas y estrategias científicas han sido diseñadas para aumentar la felicidad, el bienestar y las emociones positivas.

EJERCICIOS DE FORMACIÓN SOBRE EL SESGO DE POSITIVIDAD: NUEVE PASOS PARA INCREMENTAR TU FELICIDAD

Los doctores Seligman y Csikszentmihalyi descubrieron que las intervenciones de psicología positiva pueden mejorar la vida de una persona sin importar su estado mental o sus circunstancias. A continuación, convertiremos todo esto en nueve pasos prácticos que yo mismo enseño a mis pacientes para ayudarles a ser más felices y a superar las actitudes negativas.

1. Empieza cada mañana diciendo que «hoy va a ser un gran día». Como ya he dicho, el lugar al que diriges tu atención determina cómo te sientes. Si quieres sentirte feliz, empieza el día dirigiendo la atención hacia lo que te motiva, te gusta, deseas, esperas o te hace feliz, en lugar de hacer hincapié en lo negativo. Suelo recomendar a las familias que hagan este ejercicio en grupo, al levantar a sus hijos o a la hora del desayuno. Me gusta tanto que está en el primer lugar de mi lista de tareas pendientes, por si acaso se me pasa.

Entiendo que en los tiempos que corren decir que «hoy va a ser un gran día» puede parecer inocente o naif (como Pollyanna), en especial durante catástrofes como la pandemia, cuando muchos hosteleros se vieron obligados a cerrar su negocio. Yo también estoy triste por las consecuencias del coronavirus, pero que sea negativo no ayudará a nadie. En las Clínicas Amen tenemos mucho trabajo por delante para ayudar a miles de personas que tienen ansiedad, depresión o pensamientos suicidas.

Al decir que «hoy va a ser un gran día» estaba protegiendo y enfocando mi mente para centrarme en lo que estaba bien, no solo en las desgracias. Esto me ayudó a hacer cientos de chats en directo en las redes sociales durante la pandemia, con el objetivo de animar a nuestros pacientes y seguidores.

Otra de las razones por las que recomiendo esta práctica es que siembra semillas de optimismo en el terreno de la vida cotidiana. Las personas felices buscan el lado positivo en cada situación en lugar de concentrarse en lo que podría salir mal. Uno de mis refranes favoritos es: «Un pesimista ve la dificultad en cada oportunidad; un optimista ve la oportunidad en cada dificultad».

Los optimistas y los pesimistas afrontan los problemas de manera distinta. Los primeros suelen abordar las dificultades con una actitud positiva, mientras que los segundos tienden a esperar lo peor. Una persona optimista es consciente de que las cosas no siempre saldrán como desea; por eso cuando la vida la golpea se levanta y lo intenta de nuevo. Además, el optimismo fortalece el sistema inmune, ayuda a prevenir enfermedades crónicas y permite afrontar mejor las malas noticias, como cuando falleció mi padre.

TRANSFORMACIÓN FELIZ EN 30 DÍAS

Muchas gracias por este reto de 30 días. ¡Hay tantas ideas y consejos para cambiar mi forma de pensar! El simple hecho de decir: «¡Hoy va a ser un gran día!» ha transformado mi perspectiva, y lo repito todos los días.

SD

☺ **2. Anota tus pequeños momentos de felicidad para poder revivirlos más tarde.** Como mencioné en capítulos anteriores, la felicidad no ha de ser algo singular o extraordinario; la que surge de los pequeños momentos puede ser, de hecho, más valiosa que la que es producto de grandes hitos como tu cumpleaños, una ceremonia de graduación o una fiesta.

Si adoptas el hábito de buscar y encontrar los pequeños momentos de felicidad a lo largo del día, entrenarás a tu cerebro para que tenga un sesgo positivo. Lleva un diario o usa la aplicación de notas de tu teléfono para registrar estos momentos a lo largo del día. Luego revísalos al final de la jornada para asegurarte de que no te pierdas las pequeñas cosas que te hacen feliz. Prestar atención a esos momentos puede tener un gran impacto en las sustancias químicas de la felicidad y la positividad en general. «Buscad y hallaréis» (Mateo 7:7).

A continuación, revelo algunos ejemplos de breves momentos de felicidad que mis pacientes han compartido conmigo en cada uno de los cuatro círculos de la felicidad:

Momentos en los cuatro círculos de la felicidad

Biológico

Despertar y sentir que he descansado de verdad.

Ver sonreír a mi bebé.

Fijarme en el cambio de color de las hojas de los árboles.

Oír la primera nota de mi canción favorita en la radio.

El momento de chapotear en la piscina.

Los olores cuando empiezo a cocinar.

El sonido de la música en directo al comienzo de un concierto.

Caminar por el paseo marítimo al principio de las vacaciones.

Sostener un paraguas durante un aguacero.

Saborear el primer bocado de un postre saludable.

Psicológico

Terminar un puzle o resolver un problema complejo.

Ver mi serie de televisión favorita.

Escribir mis pensamientos en un diario y sentirme mejor al instante.

Escuchar mi música instrumental favorita.

Hacer una búsqueda de mis antepasados.

Leer un libro a mi hijo pequeño.

Escuchar un pódcast que merezca la pena.

Escuchar un buen audiolibro.

Probar un nuevo programa informático.

Social

Pulsar el botón «comprar» de unos billetes de avión para mis próximas vacaciones.

Cuando acaricio a mi perro y me dirige «esa» mirada.

Contemplar al búho que visita mi jardín.

Cuando mi pareja me tiende la mano.

Oír reír a otra persona.
Recibir un «buen trabajo» de mi jefe.
Recibir un mensaje inesperado de un viejo amigo.
Encontrarme con mis amigos cuando llego a la pista de tenis.
Sentarme a cenar.
Conducir hasta un lugar pintoresco y ver la puesta de sol.

Espiritual

Cuando rezo y me siento conectado con Dios.
Asistir a servicios religiosos en la iglesia con personas que me importan.
Cuidar el planeta (reciclar).
Perder la noción del tiempo cuando medito.
Hacer un trabajo relevante.
Ayudar a un amigo a superar una pérdida.
Asistir a un congreso.
Buscar inspiración.

---

3. Expresar gratitud y apreciar a los demás tantas veces como sea posible. El científico del comportamiento Steve Maraboli, autor de *Unapologetically You*, publicó en 2020 un diario de gratitud titulado *If You Want to Find Happiness, Find Gratitude.*[6] ¿Y por qué no? Cuando expresamos gratitud nos sentimos mejor, con más positividad, al igual que la persona a la que estamos agradeciendo.

Enfocarse en la gratitud mejora la felicidad, la salud, el aspecto físico y las relaciones. Y apreciar a los demás catapulta la gratitud a un nuevo nivel, porque estrecha lazos con el prójimo. Anota tres cosas cada día por las que sientas agradecimiento y encuentra a una persona a la que puedas demostrarle tu aprecio. Este simple ejercicio incrementará de forma significativa tu felicidad en apenas unas semanas.

El doctor Seligman ideó un ejercicio para aumentar la felicidad de la gente y lo llamó «La Visita Gratitud». Así lo describe él:

> Cierra los ojos. Imagina el rostro de alguien vivo que hace tiempo hizo o dijo algo que mejoró tu vida; alguien a quien nunca has podido agradecérselo y con quien podrías quedar la próxima semana. ¿Ya sabes quién puede ser?
>
> La gratitud es capaz de hacer que tu vida sea más feliz y satisfactoria. Cuando experimentamos gratitud nos beneficiamos del recuerdo agradable de un evento positivo de la vida. Además, al agradecer a los demás fortalecemos nuestra relación con ellos. En ocasiones, cuando le damos las gracias a alguien lo hacemos tan a la ligera que apenas significa nada. Con este ejercicio tendrás la oportunidad de experimentar lo que supone de verdad expresar tu gratitud de una manera reflexiva y decidida.
>
> Tu tarea consiste en escribir una carta de agradecimiento a esta persona y entregársela. La carta debe ser concreta, de unas 300 palabras. No te andes por las ramas y describe cómo influyó en tu vida. Hazle saber lo que estás haciendo ahora y no te olvides de mencionar que todavía recuerdas lo que hizo por ti. Una vez que escribas tu carta de agradecimiento, llama a esa persona y cuéntale que le gustaría verla. No especifiques demasiado el asunto que quieres tratar; este ejercicio es mucho más divertido cuando es sorpresa. Cuando te reúnas con esa persona, tómate tu tiempo para leerle la carta.[7]

Si eres capaz de leer la carta frente a esa persona, prepárate para emocionarte: seguro que le tocarás el corazón; todo el mundo llora cuando se le lee una carta de agradecimiento. El doctor Seligman examinó las reacciones de quienes hicieron este ejercicio de gratitud una semana, un mes y tres meses después: todos ellos estaban más felices y menos deprimidos.

4. Muestra empatía y sé amable con los demás. Cuando buscamos la forma de entender el punto de vista ajeno comprendemos mejor sus sentimientos. Las «meditaciones de amor propio» y los ejercicios de *mindfulness* son dos actividades que promueven la empatía y los sentimientos positivos hacia uno mismo y hacia los demás. Una comunicación más efectiva y buscar otros puntos de vista nos permite crear conexiones significativas.

En la actualidad, muchas personas están experimentando malestar. ¿Hay alguien a quien puedas llamar para preguntarle cómo está? ¿Alguien que conozcas y que sabes que necesita hablar?

La investigación ha demostrado ampliamente que la empatía fomenta la felicidad. Todo el mundo ha oído hablar de los «actos de bondad altruista», esas acciones desinteresadas para ayudar o animar a un desconocido sin otra razón que ponerle una sonrisa en la cara. Hay muchas formas de mostrar amabilidad, pero aquí van algunas ideas:

- Sonríe cuando te cruces con alguien por la calle.
- Sujeta la puerta a quienes entren en una habitación detrás de ti.
- Practica la escucha activa.
- Pregunta a los demás cómo están.
- Manda flores a un ser querido.
- Manda algún chiste o una viñeta cómica a alguien a quien aprecies.
- Juega con tus mascotas.

Se ha demostrado que un gesto de altruismo incrementa el bienestar tanto de quien lo hace como de quien lo recibe. Sin embargo, una investigación del doctor Timothy D. Windsor, del Centro de Investigación en Salud Mental de la Universidad Nacional de Australia, demostró que quienes dedicaban poco o demasiado tiempo al voluntariado mostraban los mismos niveles de malestar. En cambio, quienes dedicaban una cantidad moderada de tiempo a ayudar a los demás mostraban unos niveles de satisfacción más elevados.[8]

En este sentido, utilizo un acrónimo para quienes contrato en las Clínicas Amen y BrainMD, y procede de uno de mis jugadores favoritos de Los Ángeles Lakers, Kentavious Caldwell-Pope, que juega con una energía y un entusiasmo contagiosos. De camino a casa después de asistir a un partido de los Lakers en el que Kentavious jugó fenomenal y pareció estar pasándolo en grande, pensé que quería para mi equipo a gente que fuera como él: amable, competente y apasionada (en inglés, *kind, competent, and passionate*, KCP). Eso ha contribuido a la cultura corporativa de las Clínicas Amen; nos centramos en la amabilidad, la competencia y la pasión por la salud cerebral, lo cual ha tenido un impacto significativo en nuestros equipos.

5. Céntrate en tus éxitos y puntos fuertes. Una virtud básica para las intervenciones de psicología positiva es prestar atención a lo positivo en lugar de a lo negativo. Una vez tuve una sesión con una artista que había vendido más de 400 millones de discos, pero sufría depresión y solo era capaz de valorar aquello que iba mal en su vida (por ejemplo, en un artículo que había aparecido en una revista de rock 'n' roll hacía 40 años y que criticaba su estilo musical). Con toda su fama y su dinero, no tenía capacidad para controlar su mente. Se fue a casa con deberes: elaborar una lista de todos sus éxitos.

Centrarte en tus puntos fuertes en lugar de en tus debilidades es esencial. En 2005, el doctor Seligman participó en un estudio que reveló que los ejercicios que centran la atención en las fortalezas aumentan la felicidad y reducen los síntomas depresivos al cabo de solo un mes. No obstante, es fundamental que la propia persona identifique y use de manera adecuada sus puntos fuertes; limitarse a hablar de ellos no aporta los mismos beneficios.[9]

Anota cinco actividades que se te den bien. Si dudas, pregunta en tu entorno qué creen que haces bien.

Luego piensa en distintas formas de utilizar esas virtudes en tu vida cotidiana. Por ejemplo, si te criaste en un hogar bilingüe y tienes un nivel nativo en otro idioma, ¿podrías aprovecharlo para mejorar tu carrera profesional? Puedes actuar del mismo modo con otras habilidades, como la informática o la capacidad de liderazgo. Tus capacidades pueden convertirse en tus puntos fuertes.

Una de las claves para centrarte en tus puntos fuertes es tener las expectativas y aspiraciones adecuadas. Es interesante como, desde la infancia, oímos eso de que podemos llegar a ser lo que queramos, incluso presidente de los Estados Unidos. De este modo, llegamos a la edad adulta con grandes expectativas y las esperanzas de un futuro brillante, pero si algo hemos aprendido de la pandemia es que hoy en día *no es posible dar nada por sentado.*

Si eliminas o reduces cualquier expectativa poco realista incrementarás tu felicidad. Tienes muy pocas probabilidades de que tu carrera profesional, tu pareja o tus hijos, por ejemplo, sean perfectos. De hecho, pretender la perfección es una buena receta para la infelicidad, porque la realidad siempre te acabará decepcionando. Por tanto, genera siempre unas expectativas acordes con tu situación actual y con lo que has aprendido de ti a través de una evaluación basada en tus puntos fuertes.

Asimismo, haz hincapié en tus puntos fuertes. ¿Qué has logrado? Cuando le hice esta pregunta a uno de mis pacientes me respondió que no era capaz de mantener una relación. Se había casado nada menos que once veces. De modo que usamos el sesgo de positividad y reformulamos la situación para que pudiera entender que tenía facilidad para empezar relaciones y encontrar pareja. Con el fin de trabajar por qué no era capaz de mantener una relación duradera, primero teníamos que partir de uno de sus puntos fuertes; luego mejoraríamos sus puntos débiles.

¿Qué has logrado? Escríbelo. Memorízalo. Yo tengo un archivo en el teléfono móvil donde he anotado los eventos en los que participo y siempre lo releo cuando me siento desanimado.

6. Entrena tu mente para que viva en el presente. Todo el mundo ha oído alguna vez frases como «vive el momento» o «aprovecha al máximo cada instante», y la realidad es que la mayoría de los estudios demuestra que las personas felices viven con mayor plenitud el presente que las infelices. Un par de investigadores de Harvard puso a prueba este concepto al diseñar una aplicación para analizar minuto a minuto los pensamientos, sentimientos y acciones de las personas.[10] Y hallaron que quienes solían pensar tanto en lo que no había ocurrido como en lo que estaba sucediendo en el momento actual *no* eran felices. En cambio, las personas felices, que prestaban más atención al presente y no se preocupaban por las heridas del pasado, ni se estresaban por los remordimientos ni se obsesionaban con lo que podría ocurrir en el futuro; centraban su atención en el momento actual, es decir, eran del todo conscientes de lo que estaba ocurriendo en el presente.

Estar presente es fundamental para la salud y la felicidad, y te permitirá reconocer de forma adecuada lo que te rodea. Esto no implica que vacíes tu mente de pensamientos, sino que tu atención se centre en lo que estás haciendo, con quién estás y qué estás experimentando.

Hace un tiempo, tras haber perdido a una persona cercana y estar pasando un duelo, leí por casualidad el libro *El poder del ahora*, de Eckhart Tolle. El dolor me forzaba a rebuscar en los recuerdos del pasado, lo que me producía ansiedad y dolor en el pecho. Mi intestino tampoco funcionaba bien y la verdad es que me sentía bastante miserable. La principal conclusión que extraje de *El poder del ahora* fue que mi mente era la que me hacía sufrir, porque permitía que los pensamientos recurrentes me robaran la energía vital. Cuando no estaba pensando en algo que me ocurriría en el futuro me preocupaba por lo sucedido en el pasado. Sin embargo, si lograba centrarme en el momento presente era capaz de librarme del dolor emocional del pasado y de las preocupaciones por el futuro.

Pensar en el presente es fundamental en tiempos difíciles. Porque, aunque queramos alejarnos o escapar del dolor, debemos *adentrarnos* en él. En mi libro *Your Brain Is Always Listening* hablé sobre la importancia de dejar que el dolor nos afecte y de llorar en los momentos de pérdida.[11] Al reconocer nuestro dolor y adentrarnos en él, empieza a disiparse. Al estar presentes y conscientes de dónde estamos adquirimos mayor propensión a sentirnos felices y con seguridad, a gestionar mejor el dolor, a reducir el impacto del estrés en la propia salud y a afrontar con más ánimo las emociones difíciles.[12]

Una técnica que he utilizado para centrar la mente en el momento presente consiste en un breve ejercicio de consciencia antes de arrancar el coche. Cada vez que me sentaba en el asiento del conductor colocaba las manos sobre el volante, observando su posición y el material que lo recubre. Dedicar entre 20 y 30 segundos a este gesto antes de encender el motor se convirtió en un ejercicio consciente de ralentización que me permitía «anclarme» en el momento presente. Al observar mis manos y mi respiración, lograba sincronizar cuerpo y mente con el aquí y el ahora.

¿Quién no necesita un recordatorio para agarrar el volante u oler las rosas mientras «circulamos» por la vida? Cuando elegimos saborear el mundo que nos rodea (desde respirar el reconfortante aroma de la ropa recién salida de la secadora hasta disfrutar de forma pausada de los complejos sabores de la comida) reforzamos nuestras experiencias sensoriales.

Una parte crucial de vivir el presente consiste en no preocuparse por el futuro, porque eso se carga la sensación de felicidad. Es posible que preocuparse sea algo natural para mucha gente, pero la mayoría no somos conscientes de lo mucho que nos obsesionamos con pensamientos aciagos sobre el futuro. La investigación al respecto ha demostrado que las personas felices se preocupan mucho menos que las infelices.[13] Aunque esta idea no es nueva; de hecho, hay un pasaje maravilloso sobre este concepto en la Biblia:

> Por tanto, os digo: no os afanéis por vuestra vida, qué habéis de comer o qué habéis de beber; ni por vuestro cuerpo, qué habéis de vestir. ¿No es la vida más que el alimento, y el cuerpo más que el vestido? Mirad las aves del cielo, que no siembran, ni siegan ni almacenan en graneros; y vuestro Padre celestial las alimenta. ¿No valéis vosotros mucho más que ellas? ¿Y quién de vosotros podrá, por mucho que se afane, añadir a su estatura un codo?
>
> MATEO 6:25-27

7. **Mantén una actitud positiva eliminando todo lo negativo.** Cuanto más deseamos tener pensamientos positivos, más adora la mente adentrarse en terreno pantanoso. Al principio de mi carrera traté a innumerables pacientes que se quejaban de sus pensamientos negativos; decían que eran profundos y oscuros, que se sentían como si estuvieran en piloto automático, en un bucle constante de pensamientos negativos.

Me acordé de esa descripción al llegar un día a casa y encontrarme una plaga de hormigas en la cocina. Estaban por todas partes: salían de los enchufe o de las juntas entre el suelo y las paredes. Encontré hormigas en la despensa, metidas en las cajas de cereales. Alguna hormiga había corrido la voz de que en casa de los Amen había buen botín.

Para sacarme la carrera de Medicina había confiado en la mnemotecnia; esta estrategia de memorización es una forma de retener y recuperar hechos concretos o grandes cantidades de información en el cerebro. Puede funcionar con una simple frase o con un acrónimo, que toma la primera letra de cada palabra que se quiere recordar y crea una nueva con todas esas letras. Así que empecé a jugar con el concepto y hallé un acrónimo perfecto: ANT (en inglés, *Automatic Negative Thoughts*); no solo describía a la perfección la plaga de hormigas que tenía en casa (*ant*, en inglés, significa hormiga), sino que además encajaba muy bien con la maraña de pensamientos negativos que arruinaban la mente de mis pacientes. (En español, PNA, pensamientos negativos automáticos).

Después de trabajar en el concepto, he identificado nueve tipos de pensamientos negativos que suelen infestar tu mente, como si se tratara de una plaga de hormigas en un picnic. (Puedes encontrar mucha información sobre este tema en varios de mis libros):

- **Los ANT del «todo o nada»**. Son patrones que se arrastran por el cerebro, preparados para activarse en cualquier momento, en especial cuando creemos que todo está bien o que todo ha salido mal. Para estos ANT no existe un término medio o una zona gris: las situaciones son solo buenas o malas, y con frecuencia malas. Este tipo de pensamiento se apoya en palabras absolutas como «siempre» y «nunca»: *Siempre cometo errores... Nunca lograré bajar de peso... No tengo disciplina... Nunca dejaré de comer chocolate.* Durante la pandemia, muchos pacientes experimentaron ANT de «todo o nada» y se convencieron de que, sin excepción, todo el mundo se contagiaría del virus y moriría.

Los tipos de cerebro más comunes para los ANT de todo o nada son el espontáneo y el persistente.

- **Los ANT de «soy inferior a los demás»**. Son pensamientos que se comparan una y otra vez con los demás y minusvaloran las propias capacidades. A estos pensamientos les encanta dañar tu autoestima recordándote que no estás a la altura y que nunca lo has estado, lo que te hace sentir inferior a las personas de tu entorno. Las personas con este tipo de pensamientos están seguras de que nunca serán lo bastante buenas en lo que hacen o en lo que son. De este modo, se imponen expectativas poco realistas y se presionan a sí mismas, sin darse cuenta de que la gente de su entorno tiene los mismos problemas e inseguridades que ellas.

Los tipos de cerebro más comunes para los ANT de soy inferior a los demás son el sensible y el prudente.

- **Los ANT que solo ven lo malo.** Estos pensamientos se esfuerzan por hallar lo malo de cada situación. Su atención hace hincapié en errores y problemas, repitiendo de manera constante que nunca encontrarás otro trabajo o que no saldrás de casa de tus padres para independizarte. Este tipo de pensamiento hace que las personas sientan que no tienen control sobre sus acciones o comportamientos. Por ejemplo, quienes sufren este tipo de pensamientos creyeron que la pandemia acabaría con sus sueños y ambiciones. Son esa clase de gente que, cuando se entera de que ha recibido una herencia inesperada, se queja de los impuestos que tiene que pagar.

TRANSFORMACIÓN FELIZ EN 30 DÍAS

Debido a mi infelicidad, tiendo a ver lo negativo antes que lo positivo. Esta semana he intentado ver las cosas desde la perspectiva opuesta. Ahora mismo es un reto, pero espero que pronto se convierta en algo natural.

AC

El tipo de cerebro más común para los ANT que solo ven lo malo es el sensible.

- **Los ANT de la culpa.** Este tipo de pensamientos se basa en las palabras «debería» o «tengo que». Las personas con este tipo de pensamientos se sienten culpables por no haber dado nunca la talla, por no haber llegado nunca a tiempo o por haber cometido errores en su juventud. Se sienten culpables de su pasado y recuerdan con facilidad sus errores, malas decisiones y estupideces. Repiten una letanía de defectos que escucharon de sus padres y otras figuras de autoridad.

Los tipos de cerebro más comunes de los ANT de la culpa son el sensible y el prudente.

- **Los ANT que aman las etiquetas.** Cuando te autodenominas «perdedor» o le dices a tu hija que es una mocosa indisciplinada, tu cerebro abusa de los pensamientos que aman las etiquetas. Y el problema de etiquetarte o etiquetar a los demás con un término negativo es que los metes en un grupo y no eres capaz de verlos como personas individuales. Además, las etiquetas pueden convertirse en profecías autocumplidas.

Los tipos de cerebro más comunes para los ANT que aman las etiquetas son todos.

- **Los ANT adivinos.** Este es uno de los peores. Se trata de unos ANT que predicen lo más negativo en cualquier situación y luego empeoran aún más la situación. Estos pensamientos se enlazan y apilan para crear terribles desgracias. A estos tipos de pensamientos les encanta hacer predicciones funestas cuando ocurre algo inesperado: el lunar que tienes en el pecho es un melanoma, y el extraño sonido en el motor de tu coche significa que se ha averiado y hay que sustituirlo.

Los tipos de cerebro más comunes para los ANT adivinos son el sensible y el prudente.

- **Los ANT que leen la mente.** Quienes tienen este tipo de pensamientos se convencen de que pueden leer la mente de otras personas y saber con exactitud lo que piensan de ellos, por ejemplo, lo estúpida o estúpido que es. Pero, igual que tú no puedes leer la mente de los demás, los demás tampoco pueden leer la tuya.

Los tipos de cerebro más comunes para los ANT que leen la mente son todos.

- **Los ANT de «solo si…» y «seré más feliz si…».** A estos pensamientos les gusta discutir con el pasado y anhelar el futuro. Tienden a revolcarse en el arrepentimiento, conjugando todos los condicionales como excusa de por qué no tienen la vida que desean. *Si hubiera tenido más dinero… Si hubiera adelgazado… Si nunca me hubiera casado con…* Pero vivir en el pasado es solo eso: darle vueltas a la cabeza porque no puedes hacer nada para cambiar lo que pasó. Y si crees que serás más feliz cuando ocurra algo «nuevo» (cuando te asciendan, cuando te mudes a una casa más grande, cuando te cases), eso te impedirá encontrar formas de ser feliz ahora.

Los tipos de cerebro más comunes para los ANT de «solo si...» y «seré más feliz si...» son todos.

- **Los ANT victimistas.** La «mentalidad de víctima» se ha impuesto en los últimos años y se ha convertido en un fenómeno muy común. Tener «mentalidad de víctima» significa culpar de los propios problemas o contratiempos a las personas o circunstancias que te rodean. Algunas personas se aferran a estos ANT porque les gusta que los demás sientan lástima por ellas o recibir atención por su condición de víctimas. De todos los ANT, este es el peor, porque culpar a los demás suele traducirse en asumir poca o ninguna responsabilidad por tu propia vida. Como te consideras una víctima de las acciones negativas de los demás te sientes impotente para modificar tu comportamiento.

Los tipos de cerebro más comunes para los ANT victimistas son todos.

Mucha gente no sabe que los pensamientos positivos y negativos liberan diferentes sustancias químicas en el cerebro. Cuando tienes un pensamiento alegre, una gran idea o te enamoras, tu cerebro segrega sustancias que fomentan la felicidad, como dopamina, serotonina y endorfinas, que son las responsables de calmar el cuerpo. En cambio, cuando tienes pensamientos negativos el cerebro libera sustancias químicas que provocan tristeza, estrés o malestar, o reduce la liberación de las que dan felicidad. Así, cuando se liberan las hormonas del estrés (cortisol o adrenalina) y se limita el alcance de los neurotransmisores del bienestar (dopamina y serotonina) cambia el estado químico del cuerpo y con ello tu forma de ver el mundo; y eso te produce malestar.

Es difícil tomar el rumbo de la felicidad cuando la negatividad te hace flaquear las piernas. Claro que la vida está llena de problemas, desengaños y decepciones. Es seguro que en algún momento te ocurrirán cosas malas, tanto personal como profesionalmente. Las relaciones se acaban y los amigos y familiares mueren. Es fundamental lamentar las pérdidas, como yo hice con la muerte de mi padre, y el duelo se afronta mejor cuando te das tiempo y espacio para hacerlo. Date cuenta de que pueden pasar semanas o meses antes de que vuelvas a tener más o menos el mismo nivel de felicidad que antes.

Sin embargo, sí que puedes controlar cómo reaccionas ante los acontecimientos negativos. Desafía tus pensamientos para lograr una perspectiva más positiva.

Deja de creerte todo lo que piensas

Los pensamientos son poderosos y provocan reacciones físicas, emocionales y químicas en el cuerpo. Sin embargo, existe otra forma de verlo: *no tienes por qué creerte todos los pensamientos que tienes, en especial los negativos.*

A lo largo de los años he insistido en que este es un concepto que deberíamos enseñar desde la más tierna infancia. Y así lo hago en mi popular libro *Captain Snout and the Super Power Questions*. El Capitán Snout anima a los niños y niñas a llevar una vida más feliz y sana, con una actitud más positiva. ¡No dejes que los ANT te roben la felicidad! Eso es lo que dice, alto y claro, el Capitán Snout en este libro lúdico y esperanzador sobre cómo vivir de manera positiva sin sufrir el estrés de la negatividad. El Capitán Snout asegura que es posible usar sus poderosas preguntas para superar los problemas y convertirnos en héroes. El Capitán Snout nos permite:

- Eliminar los pensamientos negativos cuestionándolos.
- Adoptar una perspectiva positiva y mejorar el propio bienestar general.
- Superar los pensamientos negativos automáticos.

Aquí tienes otra razón para ocuparte de los ANT, sobre todo a medida que envejeces: si proliferan, tu memoria se echará a perder. Esa es una de las conclusiones que saqué de un estudio llevado a cabo por el University College de Londres en 2020, que mostraba una relación entre el «pensamiento negativo repetitivo» y el deterioro cognitivo. Los investigadores hallaron que quienes mostraban patrones de pensamiento negativo más recurrentes experimentaban un deterioro mayor de sus capacidades cognitivas, incluidos la memoria y el razonamiento. «Los pensamientos pueden tener un impacto real en nuestra salud física, y este puede ser positivo o negativo —afirma el doctor Gael Chételat, coautor del estudio, haciéndose eco de lo que vengo diciendo desde hace muchos años—. Cuidar la salud mental no solo es importante para y el bienestar a corto plazo, sino que también puede influir en el riesgo de demencia».[14]

Para afrontar los ANT y los pensamientos negativos, la mejor defensa es un buen ataque. Por este motivo, desarrollar el sesgo de positividad equilibra la tendencia a centrarte en los pensamientos negativos.

Siempre que te sientas triste, de mal humor, con nervios o fuera de control, anota qué te está pasando por la cabeza y pregúntate si es verdad. Para erradicar los ANT, escribe tus pensamientos negativos, identifícalos y cuestiónalos haciéndote cinco preguntas que aprendí de mi amiga la escritora Byron Katie.[15]

1. ¿Es cierto?
2. ¿Es absolutamente cierto?
3. ¿Cómo me siento cuando me creo este pensamiento?
4. ¿Cómo me sentiría si no tuviera este pensamiento?
5. Dale la vuelta al pensamiento y pregúntate si lo contrario es cierto. ¿Hay alguna prueba de que sea cierto?

Luego reflexiona sobre ello. He aquí un ejemplo:

ANT: Nadie me quiere.

Tipo de ANT: del «todo o nada».

1. **¿Es cierto?** Sí.
2. **¿Es absolutamente cierto?** Bueno, tal vez mi madre me quiere.
3. **¿Cómo me siento cuando me creo este pensamiento?** Triste y con miedo, porque me pasaré el resto de la vida en soledad y sin amigos.
4. **¿Cómo me sentiría si no tuviera este pensamiento?** Más feliz y con ganas de conocer gente y conectar con los demás. Tendría más autoconfianza y me sentiría mejor conmigo.
5. **Dale la vuelta al pensamiento y pregúntate si lo contrario es cierto.** Algunas personas me quieren. **¿Tengo alguna prueba de que esto es cierto?** Mis colegas del trabajo me suelen invitar a comer con ellos. No lo harían si no me quisieran cerca. Mi hermana me llama con frecuencia; podría pasar de mí, pero no lo hace. Y la gente de la iglesia me ha pedido que me una a su grupo de chat.

Reflexiona sobre este nuevo pensamiento: algunas personas me quieren.

En una charla con una de mis pacientes, ella me dijo: «Sabes que hablamos de erradicar los ANT y de reentrenar la mente. Pero a veces me pregunto: *Espera, ¿cómo sé que esa vocecita no es mi instinto diciéndome que debo hacerle caso? ¿Conoces toda esa teoría de escucha a tu instinto?*».

Mi respuesta fue: «Esa es una gran pregunta. ¿Cuándo debes escuchar a tu mente? Pregúntate si tus pensamientos te ayudan o te perjudican. ¿Son útiles para alcanzar tus objetivos como madre, compañera, amiga, empresaria, o te están perjudicando? ¿Tus pensamientos te aportan alegría, paz y seguridad, o te generan tristeza, arrepentimiento y frustración? Quédate con los que te sirven y cuestiona los que minan tu autoestima».

8. Busca la diversión y la risa. ¿Quieres inyectar un poco de positividad en tu vida? Ríete más. Cada vez que sueltas una carcajada, tu cerebro libera las sustancias químicas de la felicidad (dopamina, oxitocina y endorfinas) y, al mismo tiempo, disminuye el nivel de la hormona del estrés, el cortisol. Una carcajada es como una droga que modifica la química de tu cerebro para que te sientas más feliz, y lo hace de un modo casi instantáneo.

Por desgracia, la risa escasea hoy en día, sobre todo a medida que envejecemos. «La pérdida colectiva del sentido del humor es un grave problema que afecta a personas y empresas de todo el mundo», afirman Jennifer Aaker y Naomi Bagdonas, autoras de *Humor, Seriously*. Ambas señalan que una encuesta de Gallup en la que participó casi un millón y medio de personas de 166 países reveló que la frecuencia con la que reímos o sonreímos cada día empieza a caer en picado en torno a los veintitrés años de edad.[16] Esto explica por qué los adultos se ríen una media de 4,2 veces al día, que es un número muy pobre en comparación con las carcajadas y estallidos de risa de los niños: ellos se ríen una media de 300 veces al día.

Pero ¿qué es la risa y cómo se produce? El acto de reír muestra una emoción, como la alegría, el regocijo o el desprecio, mediante una carcajada o un sonido vocal explosivo.

Lo que no menciona esta definición es dónde empieza la risa, y eso ocurre en el cerebro. Sabemos que el hemisferio izquierdo es el responsable de interpretar las palabras, incluidos los chistes; el derecho, por su parte, se ocupa de interpretar el significado del chiste o si la situación es graciosa. La CPF (corteza prefrontal) es responsable de las respuestas emocionales, pero no hay que olvidar que los ganglios basales (la zona del cerebro que integra el movimiento y la emoción) se activan cuando vemos una película divertida o un monólogo cómico. Estas áreas producen las acciones físicas de la risa.

Lo mejor de la risa es lo buena que es para ti. Un estudio de la Universidad de Loma Linda sobre sus efectos demostró que la jocosidad y la alegría liberan endorfinas (los analgésicos del cuerpo) y reducen la tensión arterial.[17] Como reza el viejo proverbio, la risa es la mejor medicina, y además «el humor es la mayor bendición de la humanidad», en un famoso dicho atribuido a Mark Twain.

¿Cómo puedes reírte más? Bueno, la risa es contagiosa, así que si tienes oportunidad de ir al cine a ver una comedia, asistir a una sesión de monólogos en una pequeña sala o ver un montaje de una obra de teatro tipo farsa, no lo dudes y hazlo. Al reír en grupo se genera un vínculo que incrementa la propensión a expresar los verdaderos sentimientos, lo que también tiene un efecto positivo en la vida en general.

En *Humor, Seriously*, Aaker y Bagdonas explican que utilizar el humor para hacer reír a los demás puede ser igual de beneficioso, ya que nos ayuda a parecer más inteligentes, hace más profundos los vínculos, fomenta la creatividad y fortalece la resiliencia. Pero ¿cómo puedes hacer reír a otras personas si no has nacido con ese don? Con práctica. Incluso tú puedes sacar a relucir tu ingenio empleando dos elementos básicos del humor:

- Un hecho verídico.
- Algo inesperado.

Yo suelo utilizar estos dos principios del humor tanto en mi práctica clínica como en mis libros o intervenciones televisivas. Eso me permite exponer información compleja de una forma más liviana y fácil de recordar. Por ejemplo, el siguiente es un ejemplo al que recurrí en mi programa de la televisión nacional *Change Your Brain, Heal Your Mind.*

Estaba contando al público que era mi decimocuarto programa de televisión sobre el cerebro, y que allá donde voy (por todo el país) la gente me asegura que mis programas le han cambiado la vida. Así que les puse los siguientes ejemplos:

> Hace poco, mientras paseaba, me crucé con una pareja que corría en mi dirección. La mujer me reconoció y dijo: «¡Oye, tú eres el médico del cerebro! Estamos haciendo ejercicio gracias a ti. ¡Mi marido no *me* hacía caso, pero al parecer a *ti* sí!».
>
> También conocí a una azafata que me contó que había adelgazado diez kilos y superado una depresión desde que veía mis programas. Había cambiado su dieta por completo y ahora iba a andar con su marido y sus hijos.
>
> Además, un profesor de Stanford me contó que había dejado de beber gracias a mis programas y que ahora se levanta sintiéndose al 100 % cada día.

Entonces solté algo inesperado:

> Pero mi anécdota favorita es la de una mujer de ochenta y siete años que me contó que había vuelto a tener citas después de ver mis programas; descubrió que estar sola no era bueno para su cerebro. Con una gran sonrisa, me dijo que había conocido a un hombre maravilloso de ochenta años en internet, y que se lo estaban pasando mejor que nunca. En ese momento me pregunté en voz alta si eso la convertía en una «asaltacunas».
>
> Nada más mencionar ese *término*, el público estalló en carcajadas. Todo era cierto, pero añadí un toque inesperado que hizo reír a la gente desde el cerebro. Y al hacerles reír mi propio cerebro liberó un cóctel de neuroquímicos que me hicieron sentir feliz también.

9. Termina el día preguntándote: ¿Qué ha ido bien hoy? Ya he explicado cómo el ejercicio de entrenar el sesgo de positividad me ha ayudado en mi propia vida, en especial el día en que perdí a mi padre. Pero no necesitas esperar a que llegue la noche y te acuestes para preguntarte qué ha ido bien durante el día; este es un ejercicio excelente que cualquier familia puede poner en práctica en torno a la mesa. Es, de hecho, algo que hacemos en casa de los Amen.

Hace un par de años, dos de mis sobrinas vinieron a vivir con nosotros porque sus padres estaban luchando contra algunas adicciones, y Tana y yo queríamos ofrecerles un entorno familiar más saludable. Ahora tienen 17 y 12 años. Durante el desayuno, siempre les preguntábamos: «¿Por qué hoy va a ser un gran día?». Y en la cena solemos conversar sobre lo que ha ido bien durante el día. Así es como animo a las familias a hacerlo: busca un momento cada día para orientar la jornada en una dirección positiva, y acábalo repasando juntos lo que ha salido bien.

Siempre soy capaz de encontrar algo positivo en cada día. Y tú también puedes, incluso en los momentos difíciles. Buscar lo bueno que ocurre a lo largo de tus horas de vigilia entrena al cerebro para identificar tus «mejores momentos». Reflexionar sobre las cosas buenas que te han pasado ayuda a que tus sueños sean más positivos, mejorando así tu descanso, tu estado de ánimo y tu energía. Al dormirte más feliz, te despertarás más feliz, con el estado de ánimo adecuado para afrontar el día con una actitud positiva.

Un poco de amor y mucho cariño siempre ayudan

Quizá te preguntes cómo se puede ser feliz mientras el mundo se desmorona. ¿Cómo es que algunas personas sobreviven a las situaciones más horribles mientras que otras se quedan bloqueadas. No soy capaz de recordar el número de pacientes que se han sentado en mi consulta y me han contado la desesperación que les consume. La investigación en este ámbito ha revelado que, en casos de mucho estrés, quienes no son capaces de capear el temporal suelen creer tres cosas:

- Que su situación es *permanente.*
- Que su situación es *global.*
- Que no tienen *ningún control* sobre la situación.

Además de utilizar técnicas como el sesgo de positividad o el Havening, otra que puedes probar cada vez que sientas que te dominan el estrés y la ansiedad es invertir estos pensamientos para tener más esperanza en el futuro. Esta técnica se llama TLC (en inglés, *Tender, Loving, Care*), e implica pensar:

- Que la situación es *temporal.*
- Que la situación es *local.*
- Que tienes *cierto control* sobre la situación.

A continuación, te muestro cómo utilicé el TLC para contemplar la pandemia de COVID-19 desde una perspectiva más positiva:

Es una situación temporal: la pandemia no durará para siempre. Piensa en todas las pandemias del pasado:

la gripe española, la peste bubónica y el cólera, por ejemplo. Todas acabaron resolviéndose. Esta también pasará. Y cada vez que nuestra economía ha entrado en recesión ha acabado recuperándose.

La situación es local: aunque se han notificado casos de COVID-19 en todo el mundo, la enfermedad no ha afectado a todas las calles de todos los barrios de todas las ciudades y de todos los países del mundo. Aunque falleció mucha gente, la gran mayoría de los que contrajeron el virus sobrevivieron. Aunque mi padre murió poco después de contagiarse, mi madre y otros familiares míos sobrevivieron, y la gran mayoría de mis amigos y colegas nunca tuvieron COVID.

Tengo cierto control sobre la situación: ¿qué puedo hacer para «controlar» la propagación del coronavirus? Mantener una buena higiene, llevar mascarilla y reforzar mi sistema inmunitario con vitaminas D y C, y con zinc. También me puse una de las vacunas disponibles.

Para gestionar el asunto del control recurrí a la «oración de la serenidad», atribuida al teólogo estadounidense Reinhold Niebuhr, [18] y lo hice miles de veces durante 2020 y 2021. Para mí es la esencia de la salud mental:

Dios, concédeme la serenidad para
aceptar las cosas que no puedo cambiar,
el valor para cambiar las cosas que sí puedo cambiar
y la sabiduría para reconocer la diferencia.

Este es el modo de vida de la persona feliz. Practicar este ejercicio centrándote en que la situación es temporal y local, y que está bajo tu control, fortalecerá tu resiliencia para superar cualquier problema grave que tengas en la vida.

☺

LO MÁS DESTACADO DEL SECRETO 5:

CONTROLA TU MENTE Y ALÉJATE DEL RUIDO DE TU CEREBRO

Para anclar la felicidad en tu cerebro:

- Practica el «juego de la alegría».
- Pon un nombre a tu mente (como medida de autodistanciamiento psicológico).
- Interrumpe los momentos infelices innecesarios y concéntrate a propósito en los recuerdos felices.
- Siente bienestar en cualquier momento y lugar vinculando los recuerdos a habitaciones u objetos de tu casa.

Para entrenar el sesgo de positividad:

- Orienta en el buen sentido tu día inyectando una dosis de positividad desde el principio, diciendo: «Hoy va a ser un gran día».
- Presta atención a los pequeños momentos de felicidad de tu vida.
- Busca formas de expresar gratitud a los demás.
- Pon en práctica un acto de bondad al azar e intenta ponerte en el lugar de otra persona.
- Céntrate en tus puntos fuertes, utilízalos en tu vida cotidiana y recuérdate tus logros siempre que puedas.
- Aférrate al momento presente.
- Saca lo negativo de tu vida y aprende a cuestionar tus pensamientos.
- Ríete más.
- Repasa lo que ha ido bien en el día antes de dormirte.

PARTE 4

LAS RELACIONES SOCIALES DE LA FELICIDAD

SECRETO 6

FÍJATE MÁS EN LO QUE TE GUSTA DE LOS DEMÁS QUE EN LO QUE NO TE GUSTA

PREGUNTA 6

¿Estoy reforzando las conductas que me gustan de los demás o las que no me gustan?

CAPÍTULO 14

RELACIONES FELICES

La neurociencia de la felicidad en las relaciones

Es sabio ser educado; por lo tanto, es estúpido ser maleducado. Hacer enemigos por innecesaria y voluntaria descortesía es tan insensato como prender fuego a tu propia casa.

ARTHUR SCHOPENHAUER

Un día de 2021 recibí una llamada de Laura Clery, la humorista e *influencer* de la que ya te he hablado, y su marido, Stephen Hilton, compositor musical que también colabora con ella en las redes sociales. Habían tenido una discusión o —como lo describió Laura en una publicación— una «pelea descomunal, horrible». Querían algunos consejos matrimoniales. En aquel momento no me di cuenta, pero la pareja publicó casi toda nuestra conversación en Instagram y Facebook, donde tuvo millones de visualizaciones y miles de comentarios. Y estoy contento de que lo hicieran. En nuestras clínicas, desde que la pandemia obligó a millones de estadounidenses a confinarse, vimos un incremento espectacular en el número de pacientes con dificultades en sus relaciones. Por tanto, estoy seguro de que había millones de parejas en todo el país que también necesitaban terapia, así que me encanta que tuvieran la oportunidad de escuchar y aprender de los consejos que les di a Laura y Stephen.

Pero ¿qué fue lo que desencadenó aquella pelea monumental?

Una noche, Stephen irrumpió en el dormitorio cuando Laura —que en ese momento estaba embarazada de siete meses— ya se había retirado a descansar. Emocionado, le preguntó algo relacionado con el trabajo.

Suena bastante inocuo, ¿verdad? Pero a veces elegir el momento oportuno lo es todo, y ese fue el problema en este caso. Laura es alondra (una persona cuya energía es diurna), mientras que Stephen es búho, un ave nocturna. Ella se acuesta temprano para relajarse, pero en ese momento es justo cuando él se siente más enérgico y creativo, y está entrando en su estado mental óptimo para el trabajo.

—Esto es genial —comentó Laura durante nuestra sesión de terapia—, pero luego vienes a la cama a las 21:30 diciendo: «¿Cómo podemos hacer esto?». Tú estás a tope con temas de trabajo... y yo me siento mal, porque quisiera estar igual de entusiasmada. Y entonces empezamos una estúpida discusión.

Para Stephen, el hecho de que su entusiasmo nocturno le resultara un problema fue una sorpresa.

—Ni siquiera era consciente de que hacía eso hasta que lo has dicho —confesó.

En esencia, se trataba de un caso de desajuste de los ritmos circadianos (los ciclos naturales de sueño y vigilia), algo que veo en muchas de las parejas a las que trato. Lo que recomiendo a mis pacientes en estos casos —y lo que les sugerí a Laura y Stephen— es establecer momentos específicos para hablar de trabajo y otros asuntos relevantes. Hay que elegir uno en el que ambos miembros de la pareja se sientan productivos y creativos para abordar esas conversaciones.

—Es una gran idea —exclamó Laura—, porque por la noche esas cosas me estresan y duermo peor.

Así, respetando sus ritmos circadianos, Stephen no se sentirá frustrado por la aparente falta de interés de su mujer en la «lluvia de ideas» nocturna, y Laura podrá dormir mejor. Esto hará más felices a ambos, de manera individual y como pareja.

Como ilustra este diálogo, las relaciones pueden sacar lo mejor de cada cual o hacernos infelices. Las relaciones positivas nos brindan amor, seguridad y satisfacción, mientras que las problemáticas generan ansiedad, estrés e infelicidad. Pero ¿hasta qué punto son cruciales las relaciones sociales para el bienestar y la satisfacción vital? Numerosas investigaciones señalan que las relaciones saludables son, en realidad, el mejor factor pronóstico de una vida feliz. Estudios con neuroimágenes demuestran que fortalecer los vínculos personales puede incluso mejorar la función cerebral en personas con depresión.[1] Al enriquecer tus relaciones, optimizas tu cerebro y aumentas tu felicidad.

Te voy a ofrecer un plan para cultivar relaciones más satisfactorias con las personas relevantes de tu vida, un plan basado en el funcionamiento del cerebro. Estas estrategias, clínicamente comprobadas, se fundamentan en la psicoterapia interpersonal, un enfoque que ha demostrado reducir la depresión, la ansiedad y el estrés, al tiempo que aumenta la satisfacción en las relaciones de pareja. Un metanálisis de 2016 publicado en la *American Journal of Psychiatry* analizó 90 estudios sobre psicoterapia interpersonal con 11.434 participantes y halló que es eficaz tanto para prevenir nuevos episodios de depresión como para evitar recaídas, además de aliviar los trastornos de ansiedad y alimentarios.[2] Este enfoque también augura buenos resultados con otros problemas de salud mental que afectan al bienestar.

En el capítulo 4 hablamos de los siguientes hábitos relacionales, esenciales para las personas con un cerebro equilibrado:

Responsabilidad.
Empatía.
Escucha (y buenas habilidades comunicativas).
Asertividad (adecuada).
Tiempo.
Indagación (y corrección de los pensamientos negativos).
Focalización más en lo que gusta que en lo que no gusta.
Perdón.

Me referí a estas estrategias en mi libro *Feel better fast and make it last*,[3] pero aquí te daré claves específicas sobre cómo tu tipo de cerebro y el de los demás influyen en la cuestión. Tras escanear los cerebros de miles de parejas en terapia, queda claro que el tipo de cerebro es una de las razones de que algunas relaciones funcionen bien y otras fracasen, si bien es algo que suele pasarse por alto. Las personas con un cerebro equilibrado, por ejemplo, están más preparadas para aplicar estas estrategias con éxito. En cambio, otros tipos de cerebro pueden enfrentarse a mayores retos con algunas de ellas. Comprender qué tipo de cerebro tienes y cuáles tienen las personas a quienes amas te ayudará a forjar relaciones más felices. Además, dicha comprensión es fundamental para que las parejas tengan éxito en su terapia conyugal y a la hora de aplicar estas estrategias.

RESPONSABILIDAD

En un vídeo de Dennis Prager titulado «¿Por qué ser feliz?»,[4] el autor sugiere que ser felices es nuestra responsabilidad, porque mejora nuestras relaciones y la vida de nuestros seres queridos:

> Con independencia de lo infeliz que te sientas en un momento dado, puedes (y debes) tomar una decisión respecto a cómo actúas. Tal vez no seamos libres de controlar si estamos tristes o felices, pero sí lo somos de ofrecer o no un semblante feliz a los demás [...].
>
> Todo el mundo tiene la capacidad de controlar cómo se expresa, independientemente de cómo se sienta. Y puedo demostrarlo. Imagina a una persona que se está comportando de forma mezquina con su pareja cuando alguien llama a la puerta. ¿Te has fijado alguna vez en lo bien que trata esa persona al desconocido? ¿Cómo ha podido, en una fracción de segundo, pasar de imponer su pésimo estado de ánimo a su pareja a comportarse maravillosamente con el desconocido que llama a la puerta? Es evidente que podemos controlar nuestro estado de ánimo.

Como les dije a Laura y Stephen, si aceptamos que es casi una obligación moral ser felices para las personas de nuestra vida, entonces tendremos más motivación para trabajar en nuestras relaciones y fortalecerlas. Pero asumir la responsabilidad en tus relaciones no significa echarte la culpa de todo ni fingir que la vida es maravillosa sin más. Se trata de tu capacidad para responder a lo que ocurre en tus relaciones y asumir la responsabilidad de buscar soluciones positivas a los problemas. Dicho de otro modo, es tener la siguiente actitud:

Quiero ayudar a encontrar una solución a este conflicto para que no caigamos en un patrón negativo.

Puedo hallar mejores formas de tener desacuerdos sin que escalen a peleas hirientes.

Soy responsable de abordar los conflictos de forma saludable antes de que se conviertan en grandes problemas.

Mi humor y mi actitud son responsabilidad mía, no de mi pareja.

Asumir responsabilidad en tus relaciones te ayuda a evitar el juego de las culpas, algo que observo con frecuencia en muchas de las parejas que trato: adoptan el rol de víctima indefensa, lo cual les arrebata toda su capacidad de influir en el amor de su vida. Por ejemplo, cuando una persona deposita su felicidad de forma exclusiva en las manos de su pareja se genera angustia, ansiedad, depresión, resentimiento y un sentimiento de impotencia y desesperanza. Según el doctor John Gottman, investigador en terapia de pareja, culpar es tan perjudicial para las relaciones que debería añadirse a otros comportamientos que predicen el divorcio, como el desprecio, la crítica y la actitud defensiva y evasiva.[5]

Para poner en práctica esta idea, toma una hoja y responde por escrito a las tres preguntas siguientes para empezar a asumir más responsabilidad en tus relaciones:

1. ¿Qué mínimo gesto podría hacer hoy para mejorar mi relación?
2. ¿Cuál fue la última vez que culpé a mi pareja, familiar o amigo por algo, y cómo contribuí a generar el problema? ¿De qué otra manera podría haber gestionado la situación?
3. ¿Qué puedo hacer hoy para mejorar mi humor y tener así una influencia más positiva sobre la otra persona?

EMPATÍA

Al aconsejar a Laura y Stephen respetar sus diferentes ritmos circadianos les estaba dando un ejemplo de cómo cultivar la empatía, esa capacidad humana de ponerse en el lugar del otro. Si Stephen es capaz de imaginar cómo se siente Laura por las noches y comprende que está cansada y necesita relajarse, será menos probable que espere de ella ideas estimulantes a esa hora del día.

Esta idea se basa en la existencia de «neuronas espejo» en el cerebro. Esta clase de neuronas fue descubierta por un grupo de neurocientíficos italianos a finales de los años noventa. Nos ayudan a «leer» la mente de los demás y tienden a imitar ciertas acciones, como bostezar al ver a otra persona hacerlo o reír cuando alguien empieza a reírse.

La empatía es uno de los secretos de las relaciones felices. Las personas con un cerebro sensible poseen una habilidad especial para ponerse en el lugar del otro. Pero la empatía se vuelve aún más importante cuando tenemos una relación con alguien cuyo cerebro es de un tipo diferente al propio. Por ejemplo, imagina que tienes un cerebro espontáneo y te encanta lanzarte a aventuras improvisadas, pero tienes una relación con alguien con un cerebro persistente, que adora la rutina. Si le propones a tu pareja una escapada de fin de semana en el último momento, esto podría causarle angustia. Y si se niega cada vez que insinúas hacer algo inesperado es posible que te frustres tú. Por tanto, desarrollar la empatía te ayudará a gestionar mejor estas diferencias.

¿Cómo podemos activar las neuronas espejo y tener así más empatía hacia nuestros seres queridos?

- **Conoce el tipo de cerebro de la persona a la que quieres.** Anima a tus seres queridos a que cumplimenten el cuestionario para conocer su tipo de cerebro (brainhealthassessment.com) y llegar así a una mayor comprensión sobre su funcionamiento.
- **Toma nota de lo que hace feliz a tu persona amada.** ¿Le gusta la espontaneidad, salir en grupo, la rutina o las cenas románticas en casa? Lee esta lista con frecuencia para recordar lo que le hace feliz.
- **Escribe lo que hace infeliz a la persona a la que quieres.** ¿Qué tipo de cosas le irritan, la ponen nerviosa o triste, o le causan estrés? Al ser más consciente de ello es menos probable que pulses estos botones.
- **Haz un esfuerzo por ver las cosas desde su perspectiva.** Antes de decir o hacer algo, míralo a través de sus ojos. Si estáis discutiendo, escucha su punto de vista y tómate un momento antes de responder, para intentar entender de verdad lo que le está pasando (consulta el siguiente apartado sobre la escucha).
- **Imita a tu pareja.** Observa su lenguaje corporal y adopta una actitud similar. ¿Se inclina hacia delante, te mira a los ojos o te abraza? Cuando imitamos las acciones de la otra persona estamos creando un vínculo.

ESCUCHA (Y BUENAS HABILIDADES COMUNICATIVAS)

Una adecuada comunicación es esencial en las relaciones felices. Por el contrario, una mala comunicación puede estropear una relación, aunque ambas personas se quieran. Como psiquiatra, he sido testigo de muy malos hábitos de escucha, como por ejemplo:

- Centrarse en lo que uno quiere decir a continuación en lugar de escuchar al otro.
- Interrumpir.
- Falta de respuesta (verbal y no verbal).
- Distraerse.
- Falta de contacto visual.
- Pensar en otras cosas mientras se habla con la otra persona.
- Meterle prisa a la otra persona cuando está hablando.
- Terminar sus frases.

Siempre que observo estas dinámicas en las parejas a las que atiendo los animo a practicar la escucha activa, una técnica que los consejeros matrimoniales aprenden para mejorar la comunicación. La escucha activa ayuda a las parejas a generar confianza, fortalecer lazos, sentirse escuchadas y comprenderse de verdad.

Aquí tienes siete estrategias para poner en práctica la escucha activa:

1. **Da señales de que estás escuchando**: sonríe, asiente en silencio, acércate o di cosas como «ya veo», «entiendo», «ajá» o «mmm».
2. **Deja que haya momentos de silencio**: en lugar de llenar cada segundo cuando la otra persona deja de hablar, ten paciencia y permite que se tome su tiempo.
3. **Repite lo que el otro haya dicho**: por ejemplo, di algo así: «Para asegurarme de que lo entiendo, has dicho que...» o «Entonces, ¿estás diciendo que...?».
4. **Sé neutral y no juzgues**: espera a que la otra persona haya terminado de hablar antes de dar tu opinión.
5. **Pide aclaraciones**: por ejemplo, di algo así: «Para tenerlo claro, ¿es esto lo que quieres decir?».

6. **Haz preguntas abiertas**: permítele a la persona que habla que exprese sus pensamientos con libertad.
7. **Recapitula lo que se ha dicho en la conversación**: cuando hayáis terminado, haz un resumen de lo que habéis hablado.

Ten en cuenta que algunas de estas estrategias para fomentar la escucha activa pueden resultar más difíciles a personas con determinados tipos de cerebro. Quienes poseen un cerebro espontáneo, por ejemplo, se distraen con mayor facilidad, de modo que quizá desconecten durante una conversación. Las personas con un cerebro persistente es más probable que tiendan a juzgar o a mostrar oposición en lugar de dejar a la otra persona terminar de exponer sus reflexiones. Las personas prudentes pueden ser complacientes, perfeccionistas o tan sensibles a la crítica que eviten pedir aclaraciones para que no parezca que hay algo que no han entendido. Y las de tipo sensible tal vez se retraigan y no ofrezcan las señales verbales y no verbales que ayudan a conectar. Sea cual sea tu tipo de cerebro, esfuérzate en superar tus carencias a la hora de escuchar. Tu relación te lo agradecerá.

ASERTIVIDAD

Actuar de forma asertiva significa expresar los pensamientos y sentimientos de manera firme pero razonable, sin dejar que los demás te atropellen emocionalmente y sin decir que sí cuando no es lo que quieres.

A continuación te ofrezco cinco sencillas pautas para ayudarte a actuar de forma más asertiva de un modo saludable, así como los tipos de cerebro que más se pueden beneficiar de cada una:

1. *No cedas ante la ira de los demás solo porque te genera incomodidad.* Esto es básico sobre todo para las personas con un cerebro prudente. Quienes experimentan ansiedad o nerviosismo es más probable que manifiesten acuerdo con la otra persona solo para evitar el conflicto. Pero esta estrategia es contraproducente, porque le enseña al otro que puede intimidarte para salirse con la suya. Cuando la ira de alguien te genere incomodidad, tómate tu tiempo antes de responder a sus peticiones o demandas. Lo ideal es esperar a que el otro se haya calmado (y tu ansiedad haya remitido) antes de mostrar tu asertividad.

2. ***Di lo que quieres decir y mantente firme en lo que crees que es correcto.*** Las personas con un cerebro persistente tienen un talento natural para esto. Poseen opiniones muy claras y son de voluntad férrea. Si tu cerebro es de otro tipo y tal vez dudes en hablar porque temes ofender o que tus ideas no sean bien recibidas, practica dando tu opinión y compartiendo tus pensamientos. Te sorprenderá descubrir que los demás responden de forma más positiva cuando dices lo que piensas.

3. ***Mantén el autocontrol.*** Mostrar enfado o mala educación no es asertividad. Las personas con un cerebro espontáneo, que tienen dificultades para controlar sus impulsos, pueden soltar algo con ira cuando en realidad están intentando actuar de forma asertiva. Si es tu caso, practica la asertividad de una manera más comedida. Cuando sientas que necesitas desatarte «de palabra» contra alguien, imagina una gran señal de STOP y respira hondo un par de veces, contando hasta tres o cuatro al inhalar y hasta seis u ocho al exhalar. Y presta atención a los consejos del apartado sobre fijarnos en lo que nos gusta de los demás.

4. ***Sé firme y amable, cuando esto sea posible.*** Ser firme es una parte esencial de la asertividad, pero la amabilidad también juega un papel importante. Las personas con un cerebro sensible sobresalen en la parte de la amabilidad, pero tienen dificultades con la firmeza. Las prudentes también pueden tener problemas a la hora de ser firmes, porque quieren evitar el conflicto. Pero es que cuando adoptas una postura firme esto muestra a los demás que deben tratarte con respeto y te ayuda también a respetarte.

5. ***Usa la asertividad solo cuando sea necesario.*** La mayoría de las interacciones cotidianas no requieren asertividad. Las personas con un cerebro persistente pueden tender, en cierto modo, a mostrarse asertivas por cosas poco relevantes, lo cual hace que parezcan controladoras y con tendencia a la oposición. Si es tu caso, practica dejando pasar las pequeñas cosas que no son tan importantes. En el extremo opuesto del espectro están las personas con un cerebro prudente, que tienen dificultades para

mostrarse asertivas por miedo a no gustar o porque odian la confrontación. Defiende tu postura cuando sea necesario; por ejemplo, cuando alguien se está intentando aprovechar de ti, si pides un ascenso merecido en el trabajo o cuando necesitas poner límites con algún familiar.

TIEMPO

Durante mi sesión con Laura y Stephen compartieron conmigo una situación que había desembocado en discusión. Laura comentó que quería tomarse unos días libres de las redes sociales y Stephen se lo rebatió diciendo que «la gente de éxito no se toma días libres».

Durante la llamada, Laura dijo:

—Solo quería dejar las redes sociales y el trabajo, y pasar tiempo con la familia. Pero tuvimos una buena discusión a cuenta de eso. [La reacción de Stephen] me hizo sentir como una fracasada por querer tomarme Navidad, Nochebuena y Fin de Año libres.

Fue fascinante escuchar a la pareja mientras diseccionaban su intercambio para la audiencia:

> *Stephen: Bueno, no creo haber dicho eso. Ni siquiera lo insinué. Solo lo interpretaste así.*
>
> *Laura: Lo hiciste. Estabas enfadadísimo porque te dije que no iba a publicar. No quería publicar. Solo quería tomarme un descanso.*

En ese momento intervine para ayudarles a recobrar el rumbo. Primero tuve que hacerle ver a Stephen que la idea de que «la gente de éxito no se toma días libres» es un pensamiento tóxico, un PNA o ANT de «todo o nada». Las personas triunfadoras también se toman días libres, y de hecho es algo esencial. Le recordé que para tener una relación y un hogar felices hace falta dedicarles tiempo. No podemos volcar toda nuestra energía en el trabajo, porque eso significaría descuidar otras relaciones importantes.

Esto lo viví con mi propio padre. Él gozaba de éxito en los negocios y trabajaba sin parar. Pero eso implicaba que no tenía tiempo para mí, y por tanto no tuvimos una buena relación cuando yo era pequeño. No fue hasta los últimos años de su vida que empezó a pasar tiempo conmigo. Y entonces nos convertimos en mejores amigos.

TRANSFORMACIÓN FELIZ EN 30 DÍAS

Es increíble cómo dedicar a o compartir tiempo con alguien me hace sentirme mejor conmigo mismo. El más mínimo detalle puede beneficiar a los demás y, a la vez, ¡darte alegría a ti! ¡¡Comparte la felicidad!!

.AM

Laura explicó que Stephen acabó recapacitando y estuvo de acuerdo en tomarse unos días de descanso para disfrutar del tiempo en familia. Era todo lo que necesitaba Laura.

—Con solo un par de días —admitió— me sentí revitalizada, enérgica y muy feliz.

Y cuando tu pareja es feliz, tú también lo eres.

Si quieres relaciones saludables es necesario invertir en lo que yo llamo «momentos especiales». Durante la pandemia, la gente pasó más tiempo en casa, juntos, pero no fue necesariamente tiempo de calidad. Es posible que ambos estuvierais trabajando desde casa, ayudando a los niños con las clases online o viendo series de Netflix, pero sin conectar en realidad a un nivel profundo. Lo que se necesita en realidad es reservar un tiempo en el que focalizarse el uno en el otro. Aquí tienes algunos consejos para aprovechar al máximo los momentos especiales con tu ser querido:

- **Organiza una cita.** Igual que programas una reunión en el trabajo, anota tus citas en la agenda. Esto no solo te ayudará a recordar que debes tomarte ese tiempo, sino que además refuerza su importancia en tu mente.

- **Proponle dar una vuelta.** Salir de casa, donde hay tantas distracciones (la colada, internet, un mueble por arreglar, etc.) puede ayudar a focalizarse el uno en el otro.

- **Mantente presente.** Mantén la mente en el aquí y ahora en lugar de pensar en algo que ocurrió ayer o preocuparte por lo que pueda ocurrir en el futuro.

- **Apaga el móvil (y él o ella también).** Ayuda a sintonizar el uno con el otro tomarse un respiro de dispositivos.

- **Planifica algo para el disfrute de ambos.** ¿A tu pareja le encanta el senderismo? ¿Te gustan los bolos y a él o ella también? ¿Jugar al tenis de mesa, quizá? Programar actividades físicas durante el tiempo juntos favorece la liberación de sustancias químicas de la felicidad, y eso estrecha los lazos de pareja.

- **Dedica un tiempo al romanticismo (en el caso de relaciones estables).** La intimidad sexual es fundamental para las parejas y libera varias sustancias neuroquímicas que fomentan la felicidad y el vínculo. Si en tu caso y el de tu pareja los horarios son frenéticos, planificar esos encuentros mantendrá fuerte la relación.

INDAGACIÓN (Y CORRECCIÓN DE LOS PENSAMIENTOS NEGATIVOS)

En el capítulo 13 te mostré lo fundamental que resulta cuestionar los propios pensamientos y acabar con los ANT o PNA que nos infestan la mente y nos roban la felicidad. En mi práctica clínica he conocido a muchas parejas llenas de ANT como los siguientes:

ANT de todo o nada: «Nunca me escucha».
ANT que leen la mente: «Debe de estar enfadada conmigo, porque no me ha besado al despedirse».
ANT que predicen el futuro: «Me dejará porque hemos tenido una discusión».

Quienes tienen este tipo de pensamientos suelen enquistarse en sus patrones de pensamiento negativo y sabotean sus relaciones sin darse cuenta. Así que, cada vez que tengas un pensamiento angustioso sobre tu relación, anótalo y pregúntate si es cierto. También es crucial pedirle a la persona que amas que te explique lo que quiere decir en realidad cuando expresa algo que tú interpretas de forma negativa. Lo más probable es que no lo haya dicho en ese sentido. La próxima vez que tengas pensamientos negativos sobre tu relación, que te enfades o sientas que te hiere algo que haya dicho tu pareja, empieza a investigar.

- Escribe tu pensamiento negativo.
- Pregúntate si es cierto.
- Pregúntale a tu pareja qué ha querido decir (usa la escucha activa para ayudarte a evitar los problemas de comunicación).
- Hazle saber cómo interpretaste en principio su comentario.
- Procura que haya un esfuerzo conjunto para encontrar una solución que ayude a evitar estos errores en el futuro.

FOCALIZACIÓN MÁS EN LO QUE GUSTA QUE EN LO QUE NO GUSTA

¿Alguna vez has salido con una de esas parejas que dan vergüenza ajena porque no paran de discutir? Durante una cena son capaces de criticarse por casi todo —desde la elección del plato hasta el tono con el que cuentan una historia—, se lanzan miradas de desaprobación cuando el otro comparte una anécdota y saltan en cuanto «recuerda mal» algún detalle. Presenciarlo resulta incómodo, y es una clara señal de que la relación no funciona.

Laura y Stephen *no* pertenecen a esta categoría, pero —igual que muchas parejas— en ocasiones se critican entre sí. Y esto a veces puede desembocar en una discusión en toda regla. En nuestra sesión de terapia me contaron otro incidente que desencadenó una pelea. Stephen estaba preparando pasta para la cena de Alfie, su hijo de veinte meses. Laura, que se suele ocupar de la cena del niño, se dio cuenta de que Stephen no le había puesto tanta salsa como ella, así que le añadió una cucharada.

Cuando Stephen se dio cuenta, se molestó «porque quería hacerle yo la cena», según explicó. Con la perspectiva del tiempo, Laura se percató de que su acción había disgustado a su marido.

—Te hizo sentir que no te creía capaz de prepararle una buena cena —admitió—. Y no es que no te creyera capaz…

Pero así lo interpretó Stephen, y le dolió. En última instancia, señalar lo que tu ser querido hace mal desmotiva y abre una brecha en la relación.

Como les expliqué a Laura y Stephen, aunque observemos algo de nuestra pareja, familiar o amigo íntimo que no nos gusta, *¡no tenemos por qué decirlo!* Todo el mundo tiene pensamientos extraños, locos, estúpidos, sexuales o violentos que nadie debería oír jamás. Por lo tanto, expresarlos en voz alta no ayuda en nada. Cuando tengas pensamientos poco amables o críticos, fíltralos mediante la pregunta: «¿Esto encaja?». Tengo que mencionarlo al menos cinco veces a la semana con mis pacientes. No hay regla que diga que uno tiene que soltar todo lo que piensa. Procesa lo que sientes y pregúntate si encaja con tus objetivos respecto a la relación. ¿Te proporcionará lo que deseas en esa relación? Si lo que quieres es que sea amable, afectuosa, cariñosa, llena de apoyo mutuo y pasión, señalar los defectos y limitaciones de tu pareja desde luego no te ayudará a lograrlo.

¿Qué te ayudará, en cambio, a gozar de una relación más afectuosa? La investigación ha estado buscando la respuesta a esta pregunta durante décadas. Los resultados de muchos estudios apuntan al refuerzo positivo como puerta de entrada a una unión más feliz. Si nos fijamos en las investigaciones pioneras sobre parejas felices e infelices, vemos que en ellas se descubrió que las segundas eran más propensas a no recompensar los comportamientos cariñosos de su pareja en favor de castigarla por su mala conducta, ya fuera criticándola, interrumpiéndola, quejándose o distanciándose.[6] Se comprobó, pues, que el patrón de ignorar lo bueno y castigar lo malo alimentaba la discordia y generaba infelicidad. Y lo mismo en cualquier otra relación íntima.

Numerosas investigaciones revelan que observar los comportamientos cariñosos y recompensarlos conduce a otros aún más positivos.[7] Esto se denomina «refuerzo positivo», y décadas de ciencia demuestran que funciona. Por ejemplo, las parejas casadas que se hacen cinco veces más comentarios positivos que negativos tienen *muchas menos probabilidades de divorciarse.*[8] El mismo concepto se aplica a las relaciones empresariales: los trabajadores que intercambian cinco veces más comentarios positivos que negativos tienen muchas más probabilidades de ofrecer un alto rendimiento.[9] En ese mismo estudio, los equipos profesionales con menor rendimiento mostraban un mayor índice de negatividad. También hay que tener en cuenta que es posible excederse en lo bueno: cuando la relación entre comentarios positivos y negativos supera la proporción de nueve a uno, el efecto se vuelve contraproducente.

Para empezar a poner en práctica esta estrategia no esperes a fijarte en grandes gestos, como un ramo de rosas, un regalo sorpresa o una escapada romántica. Busca micromomentos de comportamiento afectuoso, las cosas pequeñas del día a día que significan «te quiero». Por ejemplo:

☺ Cuando prepara la cena de los niños.
Cuando compra tu comida favorita en el supermercado.
Cuando llena tu depósito de gasolina.
Cuando te hace un cumplido por tu nuevo corte de pelo.
Cuando se pone la camisa que le regalaste por su cumpleaños.
Cuando te prepara tu batido matutino para que puedas dormir unos minutos más.
Cuando organiza por sorpresa una noche de diversión familiar.

TRANSFORMACIÓN FELIZ EN 30 DÍAS

He adquirido nuevas herramientas para utilizarlas cuando el mundo amenace con apagar mi espíritu. Mi vida está llena de alegría, felicidad y personas a las que quiero y me quieren. Estoy agradecido por las enseñanzas sobre cómo tener presente la felicidad, la positividad y la gratitud en el día a día.

ML

PERDÓN

¿Guardas rencor? ¿Le sigues recordando a tu pareja o familiar errores u ofensas del pasado? ¿Tienes las mismas discusiones una y otra vez? Si es así, se trata de una clara señal de problemas que pueden sabotear tus relaciones y alimentar la infelicidad. La ciencia ha descubierto que la falta de perdón se asocia a un incremento del estrés y a efectos negativos sobre la salud mental y el bienestar físico. Todo esto nos quita felicidad.[10]

En cambio, aprender a practicar el perdón juega un papel instrumental para ayudar a que una relación florezca, y puede resultar muy sanador. De hecho, según hallazgos publicados en *The Journal of Happiness Studies*, el perdón nos hace más felices, tanto de forma inmediata como a un nivel más profundo.[11] Otros estudios han relacionado el perdón con una disminución de la depresión, la ansiedad y otros trastornos de salud mental, además de con una menor incidencia de problemas de salud física y de la tasa de mortalidad.[12]

Cada vez que les hablo a mis pacientes de este tema clave, les explico en qué consiste el «método del perdón», desarrollado por el psicólogo Everett Worthington, de la Virginia Commonwealth University.[13] Se trata de lo siguiente:

- **Recordar la herida**. Intenta pensar en lo que te ha hecho daño sin sentirte una víctima ni guardar rencor.

- **Empatizar**. Trata de ponerte en el lugar de quien te ha hecho daño y de contemplar la situación desde su punto de vista. ¿Puedes empatizar con sus posibles sentimientos?

- **Usar el altruismo como regalo**. Ofrece tu perdón a la persona que te ha causado dolor. Si este paso te cuesta, piensa en alguien que alguna vez te haya perdonado por algo que hiciste y recuerda lo bien que te hizo sentir.

- **Comprometerse con el perdón**. En lugar de limitarte a pensar en perdonar a alguien, materialízalo escribiéndolo o haciendo una declaración pública al respecto.

- **Aferrarse al perdón**. Si vuelves a tener contacto con la persona que te hizo daño, es posible que experimentes una reacción visceral (de ansiedad, ira o miedo, por ejemplo) y que creas que esto indica que te retractas de tu perdón. Pero no es así, es solo la forma que tiene tu cuerpo de advertirte.

Para ayudarte a seguir este método, ten presentes los siguientes consejos:

1. **Sé consciente de cómo tu tipo de cerebro influye en tu capacidad de perdonar.** A algunos tipos de cerebro les cuesta mucho el perdón. En particular, las personas con un cerebro persistente tienden a aferrarse al rencor. Si es tu caso, reconoce que tal vez te lleve más tiempo perdonar a quienes te han hecho daño. No pasa nada, permítete ir a tu ritmo.

2. **Piensa en el tipo de cerebro y en la salud cerebral de la persona que te ha hecho daño.** ¿Tiene alguna alteración en el funcionamiento de su cerebro, problemas de salud mental o antecedentes de una conmoción cerebral que le haya podido afectar de forma negativa? Ten esto en cuenta al hacer el esfuerzo de perdonar.

3. **El perdón es un proceso.** Perdonar no siempre es fácil, y tampoco algo que suceda de golpe. Quizá des los pasos necesarios para perdonar a alguien y, aun así, el resentimiento aparezca de vez en cuando (me dirijo a vosotros, persistentes). Cuando experimentes uno de estos momentos difíciles, analízalo, plantéate qué puede haber desencadenado esas viejas emociones. ¿Has dormido mal? ¿Has bebido alcohol? ¿Te has saltado la comida? ¿Tenías una entrega importante en el trabajo? Todos los altibajos de la vida pueden afectar a tu capacidad para mantener el perdón que has dado.

4. **Perdonar no implica que tengas que volver a relacionarte con la persona que te hizo daño.** El acto de perdonar es para ti. Si alguien se comportó de forma abusiva contigo no te conviene mantener a esa persona en tu vida ni volverla a incluir en tu círculo social. Dile que la perdonas, pero que ya no puede formar parte de tu vida.

5. **El perdón es un acto de fortaleza, no de debilidad.** Es decir, no supone dejar que alguien se salga con la suya mediante comportamientos inaceptables o hirientes. Si te percatas de que

estás haciendo esto (es más habitual en las personas prudentes), vuelve al apartado sobre la asertividad de este capítulo.

¿Tus dragones mentales están arruinando tu relación?

En mi libro *Your brain is always listening*, presenté a mis lectores el concepto de los «dragones del pasado», esas bestias internas que escupen fuego sobre el cerebro emocional y nos roban la felicidad.[14] Si no se doman, estos dragones pueden descontrolarse y causar depresión, ansiedad y otros problemas emocionales. Todo el mundo tiene dragones: tú los tienes y tu pareja los tiene, además de tu jefe, y tus colegas del trabajo, amistades, padres, hermanos e hijos. Incluso yo los tengo.

El cerebro siempre escucha a los dragones del pasado. Pero no solo eso, también las palabras y acciones de las personas más cercanas, que a su vez escuchan a sus propios dragones. Esto explica bastante bien la complejidad de las relaciones.

Con el tiempo, he llegado a identificar trece dragones del pasado:

Dragones abandonados, invisibles o insignificantes: se sienten solos, creen que pasan desapercibidos o son poco importantes.

Dragones inferiores o imperfectos: se sienten menos que los demás.

Dragones ansiosos: tienen miedo y se sienten abrumados.

Dragones heridos: están marcados por algún trauma del pasado.

Dragones de las obligaciones y la vergüenza: se ven carcomidos por **la culpa.**

Dragones especiales, malcriados o que se creen con privilegios: se sienten más especiales que los demás.

Dragones responsables: tienen siempre que ocuparse de los demás.

Dragones enfadados: acumulan heridas y rabia.

Dragones que juzgan: poseen opiniones duras o especialmente críticas hacia los demás por injusticias del pasado.

Dragones de la muerte: tienen miedo al futuro y a la falta de una vida con sentido.

Dragones del duelo y la pérdida: sienten en especial la pérdida y el miedo a la pérdida.

Dragones desesperados e indefensos: tienen una sensación generalizada de desesperación y desánimo.

Dragones de los ancestros: les afectan los problemas de otras generaciones.

Supongamos que estás teniendo una discusión cotidiana con tu pareja. Sin que ninguno de los dos se dé cuenta, es posible que digas algo que despierte sus dragones internos y, de repente, esos dragones rugen y buscan pelea con los tuyos. Entonces tus dragones también rugen, y en un abrir y cerrar de ojos se ha pasado de una conversación tranquila a una discusión acalorada; es algo así como una batalla de *Juego de tronos* dentro de tu cabeza. A menos que cada cual dome a sus dragones internos, esto puede dar lugar a una relación infeliz, incluso cuando ambos miembros de la pareja sienten un amor profundo por el otro.

Aprender a reorganizar tus dragones es el primer paso para domarlos. Descubre qué dragones tienes respondiendo a mi cuestionario en KnowYourDragons.com. También descubrirás sus orígenes, lo que los despierta y cómo te hacen reaccionar. Anima a tus seres queridos a que respondan también el cuestionario para ser consciente de sus dragones y de cómo pueden «echar fuego» a los tuyos.

LAS CLAVES DE LA FELICIDAD RELACIONADAS CON EL SECRETO 6:

FÍJATE MÁS EN LO QUE TE GUSTA DE LOS DEMÁS QUE EN LO QUE NO TE GUSTA

Responsabilidad
Empatía
Escucha (y buenas habilidades comunicativas)
Asertividad (adecuada)
Tiempo
Indagación (y corrección de los pensamientos negativos)
Focalización más en lo que gusta que en lo que no gusta
Perdón

CAPÍTULO 15

LA FELICIDAD EN EL MUNDO

Lo que otras culturas nos enseñan sobre la felicidad

El mundo es más pequeño de lo que crees, y la gente que lo habita es más hermosa de lo que imaginas.

BERTRAM VAN MUNSTER, *PRODUCTOR Y DIRECTOR*

¿Has subido alguna vez a la atracción «It's a Small World» («Qué pequeño es el mundo») en alguno de los parques de atracciones de Disney?

Esta sigue siendo una de las más populares en estos parques temáticos, y una de mis favoritas. Disfruté mucho compartiendo el paseo en barco con cada uno de mis hijos cuando eran pequeños, y luego con mis nietos. La última vez que subí a «It's a Small World» fue justo antes de la pandemia, cuando acompañé a mi nieta Haven, una niña movida y extrovertida como su madre. Haven estuvo boquiabierta y entusiasmada durante los diez minutos que duró el trayecto, mirando a su alrededor y señalando los alegres muñecos cantarines.

Todavía recuerdo mi primera vez en ese divertido paseo en barco anunciado como el «crucero más feliz que jamás navegó». Tenía doce años. Los barcos avanzan poco a poco entre figuras animatrónicas vestidas con trajes típicos de distintos países del mundo y que cantan la misma canción con agudas voces infantiles.

Al final del paseo logran la armonía universal coreando la pegadiza y machacona melodía en distintos idiomas. Ya sabes a qué canción me refiero: «En el mundo hay risas y dolor [...] Muy pequeño el mundo es...».

Vaya, ¡ahora no me puedo quitar la canción de la cabeza! Tal vez tú también estés rechinando los dientes porque *It's a Small World* suena una y otra vez en tu cabeza. Si es así, no solo te pasa a ti. «Ninguna canción ha puesto tanto de los nervios a la gente como ese himno de unidad global de los parques temáticos», escribió Jason Richards en *The Atlantic*, calificándola como «la canción más irritante de todos los tiempos».[1]

¿Por qué algunas canciones se nos quedan grabadas en el cerebro?

Si te preguntas por qué ciertas canciones se te incrustan en el cerebro y se quedan ahí, la respuesta es que son como un gusano que entra por la oreja, una idea que acuñaron los alemanes hace un siglo con la palabra *ohrwurms* (literalmente, gusano de la oreja). Esto explica por qué melodías implacables como *It's a Small World*, *YMCA* o *Don't Stop Believin'* suenan en bucle para el 98 % de la gente en el mundo occidental.[2]

Los científicos dan otros nombres a este fenómeno: lo llaman «síndrome de la melodía pegadiza» o «repetición de imágenes musicales». Investigadores del Dartmouth College descubrieron que, cuando los participantes de su estudio escuchaban una canción, se activaba el área auditiva primaria izquierda, la región del cerebro asociada a la audición y el procesamiento de sonidos. Esta región también se activaba cuando los participantes *pensaban* en una canción, lo que sugiere que un «gusano de la oreja» puede alimentarse gracias al mecanismo de memoria de la corteza auditiva.[3]

Pero ¿hay algún remedio para esto? En realidad, no hay mucho que puedas hacer, salvo dejar que la dichosa cancioncita desaparezca por sí sola. Investigadores del Departamento de Salud Mental y Autismo del Instituto Psiquiátrico Lentis, de Groningen, en los Países Bajos, afirman que cantar la canción en voz alta (involucrarse) o centrarse en otra actividad (distraerse) pueden ayudar a detener la repetición de la melodía en la mente.[4]

Pero, en general, intentar bloquear de forma activa el molesto sonido dentro de la cabeza funciona peor que limitarse a aceptarlo de forma pasiva.

Aun así, el actor John Stamos, gran fan de Disney, publicó la letra de *It's a Small World* en su cuenta de Instagram como forma de sobrellevar la pandemia del COVID-19. Las palabras de esta canción, según Stamos, nos aseguran que «aunque nos separen las montañas y los océanos, el idioma, la cultura y la política, la luna y el sol que brillan sobre nosotros aquí también iluminan Italia, España y cualquier otro lugar del mundo».[5]

Ahora bien, por mucho que Disney lo pretenda, la felicidad no es igual en todas partes. «Dime cómo defines la felicidad y te diré quién eres», declararon los investigadores británicos Harry Walker e Iza Kavedžija,[6] afirmando así que la forma en que la gente define, mide y persigue la felicidad nos dice mucho sobre su estilo de vida y sus valores.

¿Qué hace feliz a la población de otros países y cómo podemos incorporar sus costumbres más felices a nuestra propia vida? Para hallar algunas respuestas subamos a bordo de un barco imaginario que nos llevará a recorrer varios lugares del mundo que cuentan con una palabra especial para referirse a la felicidad, la alegría y la satisfacción con la vida. Fíjate en cómo se pueden detectar ahí los siete secretos de la felicidad.

DINAMARCA

Empezaré por Dinamarca, que suele figurar entre los dos o tres países más felices del mundo, según el *World Happiness Report* (informe anual sobre la felicidad en el mundo). ¿Los daneses son tan felices porque su educación y sanidad son gratuitas o porque la delincuencia y la corrupción política en su país son relativamente bajas? ¿O se trata solo del *hygge* danés?[7]

Hygge (pronunciado «'hyu-gah») puede traducirse de forma aproximada como «alegría hospitalaria», y refleja la idea de un ambiente o cualidad de calidez sutil, pero perceptible. Resulta apropiado para el sombrío clima danés del mar del Norte y sus 17 horas de oscuridad diarias en invierno; es sinónimo de acurrucarse y estar bien abrigado (tal vez en pijama) cuando fuera hace frío y está oscuro. En invierno, los daneses encienden velas, echan unos troncos a la chimenea y sacan sus cálidas mantas y sus zapatillas peludas. Para que veas hasta qué punto la idea de *hygge* forma parte de la mentalidad danesa, es la raíz de tres palabras de uso cotidiano:

- *Hyggekrog* = rincón de lectura
- *Hyggebukser* = pantalones cómodos
- *Hyggesokker* = calcetines de lana

A los daneses les gusta organizar noches *hyggelig*, que consisten en cocinar en grupo, reunirse alrededor de una mesa para compartir una agradable comida, y luego fregar platos y cubiertos y sacar los juegos de mesa. Aunque uno también puede acurrucarse solo escuchando el sonido de la lluvia sobre el tejado y haciendo una maratón de alguna serie televisiva, el *hygge* se intensifica al reunirse con un grupo de gente de manera informal, tal vez en una confortable cabaña en medio del bosque, rodeada de montículos de nieve.

El *hygge* ayuda a apreciar las cosas que más importan en la vida. La palabra tiene su origen en el término noruego del siglo XVI *hugga*, que significa «consolar» o «reconfortar». De ahí viene la palabra inglesa *hug*, abrazo.

La moda del *hygge* arraigó en Estados Unidos en 2016, impulsada por más de 20 libros sobre cómo entrar en contacto con el danés que llevamos dentro y —según Helen Russell, periodista británica autora de *The year of living Danishly*— cómo «disfrutar de cosas agradables y relajantes», como una taza de té o una manta.[8]

La obra más conocida sobre el tema es *Hygge. La felicidad en las pequeñas cosas*, de Meik Wiking, que salió a la venta en Estados Unidos en 2017 tras haber cosechado un gran éxito en Inglaterra, donde *Oxford Dictionaries* incluyó *hygge* entre los diez mejores neologismos de ese año. Los críticos compararon favorablemente el libro con *La magia del orden*, de Marie Kondo. De Maine a Malta, pasando por Mauricio, el *hygge* se extendió por todo el mundo en forma de velas y mantas peludas.

Wiking compartió una historia típica sobre el *hygge* en la que, en el día de Navidad, se reunió con unos amigos en una cabaña en el bosque. Tras una larga caminata por la nieve, regresaron a la cabaña y se reunieron alrededor de una chimenea crepitante, vestidos con gruesos suéteres y calcetines de lana mientras disfrutaban de un vino caliente y especiado. Observando las chisporroteantes llamas, recordaron las navidades pasadas. Uno de los amigos de Wiking, totalmente inmerso en el ambiente, dijo:

—¿Podría ser esto más *hygge*?

Todos asintieron, hasta que una mujer añadió:

—Sí, si afuera hubiera tormenta.[9]

Esto me recuerda a un chiste que tenemos en Newport Beach sobre el día de Navidad: «Pongamos el aire acondicionado para poder encender la chimenea». Por suerte, el *hygge* no está reservado solo para el crudo invierno y los montones de nieve de tres metros; puedes disfrutar de él estés donde estés y en cualquier época del año.

***Sé más feliz con* hygge:**

- Enciende varias velas en casa. Cenar con esa suave luz añade una capa de personalidad cálida y una luminiscencia diferente a tu mesa. Intenta utilizar una buena combinación de velas perfumadas y no perfumadas que no sean tóxicas.

- Toma bebidas calientes y agradables, como mi chocolate saludable para el cerebro (consulta la página 218) o el capuchino de calabaza especiado de Tana (lo encontrarás en tanaamen.com/recipes/pumpkin-spice-up-cappuccino/).

- Acurrúcate en el sofá con un buen libro y quítate los zapatos. Guarda o apaga los dispositivos electrónicos.

- Da un paseo por la naturaleza, lejos de las aglomeraciones, por las montañas que tengas cerca, la orilla de un lago o la playa.

- Invita a unos amigos a cenar. Las cenas en grupo escasearon durante la pandemia. Recupera el hábito de reunirte de nuevo con tus seres queridos. ¡Comparte tareas en la cocina y experimenta el *hygge*!

PAÍSES BAJOS

Nuestra siguiente parada hace frontera con Dinamarca. Los Países Bajos son el país de más de un millón de habitantes con mayor densidad de población de la Unión Europea y el duodécimo del mundo. Conocido por sus campos de tulipanes, molinos de viento, mercados de queso, zuecos de madera, innumerables canales y legendarios maestros de la pintura, los neerlandeses se cuentan entre los pueblos más felices del mundo. Quizá sea porque, al ir en bicicleta a todas partes, nunca se quedan atrapados en un atasco. Los 18 millones de habitantes del país tienen más de 22 millones de bicicletas,[10] muchas de ellas *omafiets* (bicicletas de la abuela) negras de tres velocidades.

La palabra holandesa *gezelligheid* (pronunciada «'ha-ZEL-ic-jait») describe una sensación de bienestar que abarca sentimientos de confort y tranquilidad, así como un sentido de conexión. Dependiendo del contexto, *gezelligheid* puede traducirse como una situación social relajada, pero también se refiere a la calidez, la convivencia y la diversión.

Los neerlandeses, a quienes les encanta pronunciar esta palabra tan gutural, dirán que *gezelligheid* es intraducible. Dicen que tanto *gezelligheid* (sustantivo) como *gezellig* (adjetivo) son un sentimiento más que una palabra. A veces, el *gezelligheid* se experimenta en actividades en apariencia insignificantes de la vida cotidiana. ¡Micromomentos!

«Su comprensión [es difícil] de abarcar porque los neerlandeses tienden a evaluar cada cosa según su nivel particular de *gezelligheid*», señaló Colleen Geske, autora de *Stuff Dutch people like* («Cosas que les gustan a los neerlandeses»). «Un lugar puede ser *gezellig*, una habitación puede ser *gezellig*, una persona puede ser *gezellig* y una noche puede ser *gezellig*».[11] Puede usarse en el sentido de agradable, pintoresco o encantador, pero también puede hacer referencia al tiempo que se pasa con los seres queridos, a ver a los amigos tras una larga ausencia o a la unión en general. El *gezelligheid* es el secreto neerlandés de la felicidad.

Sé más feliz con gezellighheid:

- Saca tiempo de tu agenda para dar un paseo en bici o subirte a un barco. En el puerto de Newport, cerca de nuestra casa, podemos alquilar barcos eléctricos, conocidos como barcos Duffy, que navegan a 8 km/h entre increíbles casas frente a la bahía y megayates. En los barcos Duffy caben unas diez personas, espacio de sobra para la mayoría de las familias.

- Deja que fluya la conversación. Si estás con amigos o familia, no mires el móvil. Los neerlandeses tienen una frase para esto: «*Gezelligheid Kent Gee tijd*», que significa «la calidez no conoce el tiempo». No programes una cosa detrás de otra; deja algo de margen en tu agenda.
- Cuando te reúnas con amigos en una cafetería, actúa con intención y mantente presente. Así el tiempo que pases alejado de los asuntos urgentes será más *gezellig*.

ALEMANIA

Alemania, país limítrofe con Dinamarca y los Países Bajos, ha adoptado el concepto *gemütlichkeit* (pronunciado «gue-mut-lij-cait»), que es la versión alemana del *hygge*, pero con la diferencia de que no se centra en el hogar. Este trabalenguas se basa en la idea de que tener relaciones más sanas nos hace más felices.

Es posible que hayas oído hablar del *gemütlichkeit*, puesto que se ha adoptado en inglés,[12] igual que *kindergarten* (parvulario), *angst* (miedo), *schadenfreude* (sentir placer por la desgracia ajena) y *über* (que significa «por encima» o «más allá», no es solo la empresa de transporte que utilizamos para ir al aeropuerto). La palabra deriva del adjetivo *gemüt*, que significa «corazón, mente, carácter y sentimiento». El *gemütlichkeit* trae una sensación de calidez y bienestar relajado, una actitud abierta y agradable, y un profundo confort. Es un sentimiento hospitalario y de pertenencia que anima a disfrutar de la compañía de los demás.[13]

El *gemütlichkeit* tiene que ver con hacer algo con otras personas, como cantar de forma escandalosa con la gente de tu mesa en las grandes reuniones del Oktoberfest o relajarse con los amigos. Esto no fue fácil durante la pandemia, puesto que millones de personas se vieron obligadas a reprimir sus instintos gregarios y permanecer dentro de sus casas. En un rasgo de oscura ironía, nuestros gobernantes nos dijeron que lo más social que podíamos hacer era ser antisociales.

Cuando estuve destinado en Alemania durante casi tres años, en torno a mis veinte, experimenté mucho *gemütlichkeit.* Los alemanes, cuando abren la puerta a los amigos que esperan, dicen: «*Kommt rein. Mach's euch gemütlich*» («Entra. Siéntete como en casa»).

Pero ¿cómo podemos incorporar el *gemütlichkeit* a nuestra vida sin tener contestar a la puerta en alemán?

***Sé más feliz con* gemütlichkeit:**

- Haz un esfuerzo por tener vida social. La cotidianeidad puede ser muy ajetreada, y es un reto encontrar tiempo para hacer algo divertido con otra pareja o un grupo de amigos. Tal vez una clase de *spinning* juntos, ir a bailar o pasar el rato en el parque del barrio.
- Acércate a un mercado agrícola para experimentar *gemütlichkeit* y empaparte del ambiente mientras paseas por los puestos, echas un vistazo a los productos frescos o a los artículos artesanales de baño y belleza, como bálsamo labial de cera de abeja o sales de baño, y acaricias piezas de artesanía hechas a mano, como colchas o cerámica.
- Tómate un *kaffeeklatsch* con amigos a los que hace tiempo que no ves. Aunque no recomiendo beber más de una taza de café al día, por la cafeína (el café descafeinado está genial), reunirse en casa de alguien querido para tomar una infusión, un té *kombucha* u otra bebida saludable puede ser una forma estupenda de ponerse al día.

NORUEGA

Otro país escandinavo, Noruega, tiene su propia versión del *hygge.* Los noruegos cuentan con la expresión nacional *friluftsliv,* que significa «comprometerse a disfrutar al aire libre», por desolador que sea el pronóstico meteorológico. La gente en Noruega no se acurruca alrededor de la chimenea en pijama y zapatillas; ellos creen que pasar tiempo al aire libre, a la intemperie, es muy beneficioso para la salud mental. Así, mientras que el *hygge* consiste en encontrar la comodidad en el interior, el *friluftsliv* hace referencia a hacerlo al aire libre.

La palabra *friluftsliv,* acuñada en 1859 por el dramaturgo noruego Henrik Ibsen (cuya obra más famosa es *Casa de muñecas*), significa «vida al aire libre». *Friluftsliv* implica una comprensión completa de los efectos curativos de la naturaleza.

Los noruegos te dirán que el *friluftsliv* es muy necesario, debido a nuestra pérdida colectiva de acceso a la naturaleza. Un estudio llevado a cabo en 2015 por investigadores de Stanford halló pruebas cuantificables de que pasear por la naturaleza produce beneficios mensurables para la salud mental y puede reducir el riesgo de depresión. Los participantes del estudio que caminaron 90 minutos por una zona natural mostraron una reducción de la actividad en las regiones límbicas del cerebro, en comparación con quienes pasearon por zonas urbanas congestionadas.[14]

«Estos resultados sugieren que las zonas naturales accesibles pueden ser vitales para la salud mental en un mundo que se está urbanizando a gran velocidad», afirmó su coautora, Gretchen Daily, investigadora sénior en el Stanford Woods Institute for the Environment.[15] En la actualidad, la mitad de la población mundial vive en un entorno urbano, y se estima que este porcentaje llegará al 70 % en 2050.[16]

El *friluftsliv* caló aún más hondo en la cultura noruega durante la pandemia, cuando la gente de este país recurrió a su amor por el aire libre como respiro de los espacios cerrados. A este país escandinavo hay que reconocerle que tiene uno de los peores climas del planeta: un valle de nubes grises lo cubre durante los cortos días de invierno, y las lluvias torrenciales son habituales en verano. Pero los noruegos tienen un dicho que en su idioma rima: «No existe el mal tiempo, sino la ropa inapropiada».[17]

Así pues, ¿cómo podemos incorporar el *friluftsliv*, la idea de reconectar con la naturaleza y gozar de un estilo de vida al aire libre?

Sé más feliz con **friluftsliv:**

- Sal de la ciudad en coche y acercarte a una reserva natural para pasear o hacer senderismo por una ruta nueva. Respira aire puro y aprecia la sencillez de la vida al aire libre.
- Date un chapuzón. Cada 1 de enero (excepto durante la pandemia), miles de personas participan en «zambullidas polares» en las que se lanzan al agua helada para sentir un chute de adrenalina. No puedo decir que lo haya hecho alguna vez, porque en nuestras

playas no hay ningún evento oficial de «osos polares», pero la idea de un breve chapuzón en agua helada sería una forma perfecta de empezar el año de una manera *friluftsliv*.

- Organiza una excursión de esquí de fondo. Aunque nunca lo hayas practicado, no pasa nada, es bastante sencillo de aprender. Los senderos de esquí de fondo pueden llevarte a lo más profundo del bosque y a vistas impresionantes que jamás has contemplado.

SUECIA

Suecia está encajada entre Noruega y Dinamarca, por lo que los suecos lo saben todo sobre el *hygge* y el *friluftsliv*, e incluso han incorporado de manera informal estas palabras a su vocabulario; a la gente de este país le encanta ponerse casera en invierno y pasar tiempo al aire libre, sea la estación que sea.

Lo que Suecia tiene que los demás países escandinavos no es el concepto *lagom* (pronunciado «la-gum»), que viene de la frase *lagom är bäst*, cuya traducción aproximada sería «lo justo», «ni mucho ni poco» o «la cantidad justa». Así, un sueco que pregunta a una amiga cómo está puede obtener «*lagom*» como respuesta.

—¿Qué tiempo hace?

—*Lagom.*

—¿Cuánto mide?

—*Lagom.*

Lagom responde a las normas culturales suecas y a los ideales sociales de llevar un estilo de vida equilibrado, sostenible y placentero a partes iguales. Aquí tienes algunas ideas para incorporar el *lagom* a tu vida.

***Sé más feliz con* lagom:**

- Acaba con el desorden. Despejar el entorno aumenta la productividad y facilita al cerebro el procesamiento de la información. El desorden también tiene efectos adversos en la salud mental y física. Los estudios al respecto demuestran que quienes viven en casas desordenadas presentan niveles más altos de cortisol, la hormona del estrés.[18]

- Simplifícate la vida. Es fácil de decir y difícil de hacer, pero si no te complicas la vida en exceso lograrás mucho más, tanto en el trabajo como en casa.
- Come con moderación, lo suficiente y sin excederte. Steffi Knowles-Dellner, autora de *Lagom: The Swedish Art of Eating Harmoniously*, afirma que la dieta sueca es variada, con una saludable mezcla de cereales integrales, proteínas magras (mucho pescado y carne de caza) y una especial atención a las verduras, las bayas y los lácteos fermentados como el kéfir, una bebida parecida al yogur que tiene una antigüedad de siglos.[19]

TURQUÍA

Hacia el sudeste, los turcos poseen una expresión que hace referencia a tomarse un poco de tiempo libre durante el día. La palabra turca *keyif*, que se puede traducir como «placer» o «alegría», se refiere más bien a buscar un momento ocioso y alejarse del ajetreo.

Viene a ser un recordatorio de que hay que saborear el momento. Para los turcos, esto puede significar sentarse en un banco del parque junto al Bósforo (el estrecho que separa Europa de Asia) y contemplar la puesta de sol, arrojar trozos de pan a las gaviotas desde la parte trasera de un ferri o escuchar a una banda de músicos gitanos tocando en una esquina.

«En Estambul tenemos un pasatiempo que los occidentales no comparten —explica Arzu Tutuk, guía de la ciudad—. Podríamos llamarlo nuestro secreto: *keyif* [...] En esencia, consiste en quedarse sentado y no hacer nada. La mayoría de la gente, cuando hace una pausa, también hace alguna otra cosa, como leer una revista, consultar el correo electrónico o pensar en el futuro o en el pasado. Pero *keyif* consiste en detenerse y solo disfrutar del presente [...] En mi caso, es encontrar un lugar que no esté abarrotado».[20]

El *keyif* implica cierto sentido de la ociosidad. Esto puede verse en la forma en que a los turcos les gusta sentarse durante horas con un poco de compañía y una bonita vista. Tal vez no tengamos tiempo ni interés en dejar pasar el día, lo cual es comprensible. Pero la idea de buscar un lugar tranquilo para reponernos y recargar pilas con un momento de relajación y atención plena, antes de volver a nuestras agitadas responsabilidades del trabajo y la vida familiar, eso seguro que merece la pena. Además, aquí tienes otras ideas que encajan en el concepto de *keyif*.

***Sé más feliz con* keyif:**

- Juega una partida de *backgammon* con un colega del trabajo en un descanso durante la jornada. Si trabajas desde casa, ten un puzle empezado. Es bueno para el cerebro levantarte de la silla y colocar varias piezas antes de regresar a un nuevo aluvión de correos electrónicos.
- Siguiendo la tradición de los baños turcos, que simbolizan un entorno relajante y sereno, deléitate con un baño caliente o toma una sauna.
- Siéntate en la terraza de una cafetería con amigos y observa a la gente.

NIGERIA

Nos trasladamos al continente africano. Los nigerianos siguen una antigua filosofía conocida como *ubuntu*, acuñada a partir del dicho zulú «*umuntu ngumuntu ngabantu*», que significa «una persona es una persona a través de otras personas». En lenguaje llano, esta frase significa que la comunidad es la piedra angular de la sociedad.[21]

El arzobispo sudafricano Desmond Tutu, Premio Nobel de la Paz y de la misma edad que mi madre, dijo: «*Ubuntu* es la esencia del ser humano. Habla del hecho de que mi humanidad está atrapada y está ligada a la tuya de forma inextricable. Soy humano porque pertenezco a algo. Habla de comunidad».[22] Al arzobispo Tutu se le atribuye la introducción del concepto *ubuntu* en Occidente.

Sin embargo, la filosofía *ubuntu* no la inventó el prelado sudafricano. Se cree que tiene unos 2000 años de antigüedad, y su sentido colectivo de la vida se encuentra en todos los países al sur del Sáhara, gracias a la migración tribal. *Ubuntu* es un recordatorio de que nadie es una isla, de que cada cosa que hacemos, buena o mala, repercute en nuestra familias, amigos y la comunidad que nos rodea. También es un llamamiento para pensar dos veces las decisiones que tomamos y el impacto que generamos en los demás. *Ubuntu* pone las necesidades de la comunidad por encima de las propias a través de la responsabilidad colectiva, y del respeto y el amor hacia los demás. Aquí tienes algunas ideas para añadir *ubuntu* a tu vida.

***Sé más feliz con* ubuntu:**

- Participa en un «día de servicio a la comunidad» promovido por alguna organización o parroquia de tu zona. Haz bolsas de regalo como agradecimiento para los equipos de asistencia, limpia un campo deportivo o pinta la casa de una familia sin recursos.
- Busca maneras de celebrar las cosas buenas que les ocurren a tus amigos, pero que suelen pasar inadvertidas.
- Haz tuyo este proverbio africano: «Si quieres ir rápido, ve solo. Si quieres llegar lejos, ve acompañado».[23]

INDONESIA

¿Te imaginas cómo sería vivir en una comunidad donde la alegría se comparte y el dolor se consuela? Puede que este concepto sea difícil de visualizar para los lectores occidentales, pero durante siglos las comunidades javanesas han vivido bajo los principios del *guyub* (pronunciado «gay-ub»), considerado el secreto de Indonesia para que sus comunidades sean más felices y saludables.

Similar a la filosofía *ubuntu*, *guyub* hace referencia a una conexión y un vínculo fraternal entre todos los miembros de la comunidad. *Guyub* es una forma de relacionarse, cultivando un profundo sentido de pertenencia, compasión y apoyo sincero. Implica alegrarse por la buena fortuna de otros y tener la seguridad de que tu propia existencia es relevante para los demás. *Guyub* refleja muchos de los principios sobre las relaciones tratados en el capítulo anterior.

***Sé más feliz con* guyub:**

- Practica la escucha activa. El cerebro es el órgano más increíble del universo, pero todavía no ha descubierto cómo usar la lengua y los oídos a la vez. Si te muerdes la lengua tendrás los oídos libres para escuchar de forma activa y aprenderás más sobre quienes te rodean.

- Cuando tengas oportunidad de decir una palabra amable y alentadora, aprovéchala. Cualquiera puede deleitarse durante mucho tiempo con un cumplido. Por cierto, ¿cuándo fue la última vez que felicitaste al cocinero o la cocinera de tu casa?
- Ten cuidado con el ruido que haces con tus hijos. ¿Los vecinos perciben el estruendo de tu televisor? ¿Tus hijos corren con desenfreno por el jardín? Nadie pretende impedir la diversión, por supuesto, pero si sabes que tu vecino se acuesta pronto y a ti te gusta trasnochar los fines de semana, baja el volumen.

FILIPINAS

El trabalenguas compuesto filipino *pakikipagkapwa-tao* sigue la línea de la felicidad comunitaria según la cual se valoran la armonía y la unidad del grupo. La mentalidad filipina se basa en llevarse bien en lugar de destacar. Si uno progresa, todo el grupo se beneficia y nadie se queda atrás, lo que aumenta la felicidad de todos.

El espíritu *pakikipagkapwa-tao*, que significa «llevarse bien con los demás», está imbuido en la psique y el sistema de valores de Filipinas. Esta es la razón por la que las familias viven en casas multigeneracionales o unifamiliares, pero cercanas entre sí. Ir a la iglesia también juega un papel esencial en este país, como espacio público para el vínculo comunitario.[24]

Durante la pandemia, organizaciones cristianas de ayuda como SIM International distribuyeron arroz, huevos, fideos instantáneos y alimentos enlatados a las comunidades pobres en las que ejercían con regularidad su ministerio. Una directora de SIM Filipinas (que prefirió mantener su anonimato) observó una conexión única entre estos actos de bondad, lo sagrado y la cultura filipina. Ella declaró: «[Estábamos] motivados por el principal valor de los filipinos, *pakikipagkapwa-tao*, de la palabra *kapwa*, que significa "identidad compartida" [...] y por un sentido de comunidad o *bayanihan*, de la palabra *bayani*, que significa "héroe". Nos convertimos en héroes para los demás».[25]

Aquí tienes algunas ideas sobre cómo incorporar el espíritu del *pakikipagkapwa-tao* y convertirte en un bayani en tu comunidad.

***Sé más feliz con* pakikipagkapwa-tao:**

- Participa en una campaña de recolección de alimentos. Durante la pandemia, el desempleo se disparó, y eran habituales las desalentadoras imágenes de largas filas de coches llenos de familias que pasaban hambre.
- Apadrinar a un niño en el extranjero ofrece a un menor desfavorecido la oportunidad de salir adelante en lugar de una simple limosna. Dos organizaciones de confianza para hacerlo son World Vision y Compassion International.
- Infórmate sobre cómo ayudar a través de organizaciones humanitarias internacionales como Médicos sin Fronteras.

JAPÓN

Para ser una cultura orgullosa de miles de años de antigüedad, Japón cuenta con una tradición relativamente nueva, el *shinrin-yoku*, que puede traducirse como «baño forestal» o «impregnarse de la atmósfera del bosque». El término surgió en los años ochenta, como antídoto contra el agotamiento de la vida urbana, e inspiró a los japoneses a reconectar con sus vastos bosques. Esta sencilla práctica consiste en dar lentos paseos entre los árboles para entrar en contacto con la naturaleza a través de los cinco sentidos.

La idea no es nueva y, de hecho, es similar a la práctica del *friluftsliv* noruego. Pero esos «baños de bosque» se han convertido en una buena forma de reducir el estrés urbano y levantar el ánimo de los japoneses. Los trabajadores de Tokio, embebidos de una ética laboral extrema, han descubierto que los paseos por frondosos bosques les hacen más felices. El *shinrin-yoku* ha arraigado de forma definitiva en el país del sol naciente, que cuenta con 44 bosques acreditados de *shinrin-yoku* y con guías certificados.

¿Y por qué no iba a ser beneficioso un paseo por un paisaje encantador, tranquilo y de color verde esmeralda? De hecho, una investigación llevada a cabo en 24 bosques japoneses reveló que pasar tiempo allí «podría reducir las concentraciones de cortisol, disminuir la frecuencia cardíaca, reducir la presión arterial, aumentar la actividad nerviosa parasimpática (descanso y digestión) y reducir la energía nerviosa simpática (lucha o huida)».[26]

Si crees que necesitas salir de la ciudad y sumergirte en un «baño» de verde bosque, aquí tienes algunas ideas:

***Sé más feliz con* shinrin-yoku:**

- Pasa tus próximas vacaciones en un lugar donde puedas darte un baño forestal. ¿Ha estado alguna vez en las montañas Adirondack, en el estado de Nueva York? El parque Adirondack es más extenso que Yellowstone, Yosemite y el Gran Cañón juntos, y alberga más de 3000 kilómetros de rutas de senderismo.
- Usa tus sentidos como nunca. Mientras caminas, haz una pausa de vez en cuando para observar la naturaleza que te rodea. Involucra cuatro de los cinco sentidos: la vista, el olfato, el oído y el tacto. Si ves un árbol frondoso, fíjate en cómo la luz se filtra a través de sus hojas; examina los patrones de estas y la corteza de los árboles. Escucha el canto de los pájaros. Percibe el aroma de la tierra.
- Si no tienes bosque cerca o vives en un clima árido, date un paseo por el parque. Deja el móvil y los problemas en casa.[27]

HAWÁI

Estamos casi de vuelta de nuestro paseo por el mundo. La última parada es Hawái, un archipiélago con ocho islas principales que fue nombrado el «estado más feliz de Estados Unidos»[28] en 2020, según la web de economía doméstica WalletHub, que comparó los 50 estados en tres dimensiones clave:

- Bienestar emocional y físico
- Entorno laboral
- Comunidad y entorno natural

Hawái fue mi hogar durante dos años. Allí hice mi residencia de psiquiatría infantil y juvenil en el Tripler Army Medical Center de Honolulu. Fue una de las épocas más felices de mi vida, con unos arcoíris, un clima, unas playas y unos recuerdos increíbles. Cada vez que vuelvo, noto una oleada de sustancias químicas de la felicidad en cuanto el avión está a punto de aterrizar en el aeropuerto internacional de Honolulu.

El estado del «*aloha*» fue el gran vencedor, con unas cifras muy bajas de adultos deprimidos y de divorcios, parámetros que figuraban entre los 30 estudiados. Supongo que las playas hawaianas, los cálidos vientos alisios, las palmeras y las majestuosas montañas también inclinaron la balanza a su favor.

El pueblo hawaiano es asimismo hermoso porque ha dado continuidad a una tradición de sus antepasados indígenas, que habitaron Hawái mucho antes de la llegada de los occidentales. Es una costumbre conocida como *ho'oponopono* (pronunciado «'hou-oh-pono-pono») y procede de las palabras hawaianas *ho'o* (hacer) y *pono* (correcto). Decir *pono* dos veces lo hace enfático, como cuando decimos «dos veces bueno», y se aplica a uno mismo y a los demás.

En un diccionario hawaiano, *ho'oponopono* se define de la siguiente manera: «Limpieza mental; reuniones familiares en las que se arreglan las relaciones mediante la oración, la discusión, la confesión, el arrepentimiento y la restitución y el perdón mutuos».[29] Los antiguos isleños creían que los errores, la culpa y la ira causaban enfermedades físicas. Y decidieron que el remedio para todo ello era el perdón.

Sé más feliz con ho'oponopono:

- Plantéate si necesitas pedir perdón o perdonar a alguien. Si es así, el perdón inspirado en el *ho'oponopono* se basa en cuatro frases clave, conocidas como la «oración *ho'oponopono*»:

  «Te quiero»
  «Lo siento»
  «Perdóname, por favor»
  «Gracias»

  Aunque es breve y fácil de decir, esta oración puede ser difícil de expresar cara a cara, pero inténtalo.

- Escribe la oración *ho'oponopono* en una hoja y colócala en un lugar donde puedas verla todos los días. Que sirva como un recordatorio para autoperdonarte y perdonar a los demás como un camino hacia la sanación.

- Una forma más sencilla de *ho'oponopono* es tener un debate familiar, conocido como *pule 'ohana*. En él, la familia se reúne para repasar el día, algo que también hacemos en la casa de los Amen cuando nos juntamos para cenar y comentamos qué cosas positivas nos han ocurrido ese día.

Hay cosas que son universales, ¿verdad?

LLEGANDO AL FINAL DEL PASEO

En mis viajes también he observado la felicidad de los italianos, con la de los griegos pisándoles los talones. Hace tiempo que me pregunto si es debido a la cantidad de vitamina D que reciben, puesto que viven en climas bañados por el sol. La vitamina D, producida por el organismo a partir de los rayos ultravioleta del sol, se conoce como la «hormona de la felicidad» porque juega un papel crucial en el estado de ánimo, la función cognitiva y la digestión.

En los países mediterráneos también se consume mucho pescado. El doctor Cyrus Raji fue el investigador principal de un estudio sobre el consumo de este alimento de origen animal. «Si comes pescado, aunque sea solo una vez a la semana, tu hipocampo, el gran centro de la memoria y el aprendizaje, será un 14 % más grande que el de quienes no consumen pescado con esa frecuencia», comentó en *The Atlantic*.[30]

Los escandinavos, que se encuentran entre las personas más felices del mundo, no solo comen mucho pescado, sino que también consumen aceite de hígado de bacalao en cantidades copiosas, en especial durante el invierno, cuando la falta de luz solar impide la absorción de vitamina D.

Si hablamos de gente feliz, quiero mencionar un país más: Bután. Allí se toman muy en serio la felicidad de su ciudadanía. Este remoto, diminuto y místico reino budista, enclavado entre India, Nepal y China, ha dado prioridad a la felicidad nacional por encima del crecimiento económico. Así, en lugar de centrarse en el Producto Interior Bruto, los butaneses consagraron en su Constitución de 2008 un concepto conocido como «Índice de Felicidad Nacional Bruto».

Lo que eso significa en la práctica es que este país del Himalaya no puede aprobar ninguna ley a menos que mejore el bienestar de los ciudadanos. Durante el censo nacional se pregunta a todos los butaneses: «¿Es usted feliz?». Cuando se corrió la voz de lo que hacía Bután, países como Canadá, Francia y Gran Bretaña empezaron a informar sobre la felicidad de su población en sus estadísticas oficiales.[31]

Lo que los butaneses iniciaron llevó a las Naciones Unidas a convocar una reunión en la capital de este país, Thimphu, en 2011, en la que los delegados de la ONU invitaron a los gobiernos nacionales a «dar más importancia a la felicidad y el bienestar a la hora de determinar cómo lograr y medir el desarrollo social y económico».[32] El resultado fue la publicación del primer *World Happiness Report* (*Informe mundial sobre la felicidad*) en 2012, efectuado por la Organización Gallup para las Naciones Unidas. La felicidad de un país se medía a partir de seis variables clave:

1. PIB per cápita
2. Esperanza de vida saludable
3. Apoyo social
4. Libertad de elección
5. Generosidad
6. Percepción de la corrupción

Durante la última década, cuatro países han ocupado la primera posición: Dinamarca en 2012, 2013 y 2016; Suiza en 2015; Noruega en 2017; y Finlandia en 2018, 2019 y 2020. Por lo que se ve, el *hygge* y el *friluftsliv* funcionan.

Los Estados Unidos jamás han estado entre los diez primeros. Tras ocupar el undécimo puesto en el primer *World Happiness Report*, hemos caído hasta el puesto 19. «Los años transcurridos desde 2010 no han sido buenos para la felicidad y el bienestar entre los estadounidenses», afirmaba el informe de 2019.[33]

Pero estoy seguro de que podemos hacerlo mejor. Y es una de las razones por las que me inspiré para escribir este libro.

LAS CLAVES DE LA FELICIDAD ALREDEDOR DEL MUNDO

- Dinamarca: *hygge* (comodidad confortable en el interior).
- Países Bajos: *gezelligheid* (bienestar que engloba confort, tranquilidad y unión).
- Alemania: *gemütlichkeit* (actitud abierta y hospitalaria en los encuentros sociales).
- Noruega: *friluftsliv* (reconexión con la naturaleza).
- Suecia: *lagom* (vivir de forma equilibrada y sostenible, en su punto justo).
- Turquía: *keyif* (saborear momentos de relajación).
- Nigeria: *ubuntu* (sentido de comunidad).
- Indonesia: *guyub* (conexión mutua en comunidad).
- Filipinas: *pakikipagkapwa-tao* (llevarse bien con los demás).
- Japón: *shinrin-yoku* (baño forestal).
- Hawái: *ho'oponopono* (relaciones dos veces buenas).

PARTE 5

FELICIDAD Y ESPIRITUALIDAD

SECRETO 7

VIVE CADA DÍA SEGÚN UNOS VALORES, UN PROPÓSITO VITAL Y UNOS OBJETIVOS DEFINIDOS CON CLARIDAD

PREGUNTA 7

¿Esto encaja? ¿Mi comportamiento se ajusta a mis objetivos vitales?

CAPÍTULO 16

CLARIDAD

Valores esenciales, propósito vital y objetivos en los cuatro círculos

---

Si tenemos nuestro propio «porqué» de la vida,
podremos soportar casi cualquier «cómo».

FRIEDRICH NIETZSCHE

Debes conocer tu «porqué» para poder hacer el
«qué» para estar y mantenerte saludable.

TANA AMEN

La felicidad surge de encaminar la vida hacia los propios objetivos vitales con sentido y propósito sobre la base de nuestros valores, con independencia de los obstáculos que nos encontremos por el camino. Una vida feliz no se centra en el pasado con arrepentimiento ni mira hacia el futuro con miedo. Por eso me encanta la canción *Thank U, Next*, de la estrella del pop Ariana Grande; su letra habla de aprender del pasado y agradecerlo («Uno me enseñó amor, otro me enseñó paciencia y otro me enseñó dolor [...] gracias, el siguiente») mientras nos centramos en el futuro con un propósito vital claro, que en su caso es la conexión con alguien («Un día caminaré hacia el altar»).

Igual que todas las grandes empresas y otro tipo de entidades tienen unos valores esenciales, una declaración de principios y unos objetivos trimestrales, anuales y a tres o cinco años vista, definidos con claridad, en nuestro caso también deberíamos tenerlos. Sin embargo, por lo que he observado en mi práctica clínica, muy pocas personas son conscientes de sus valores esenciales, rara vez conectan con su sentido y propósito vitales más profundos y, en la mayoría de los casos, carecen de objetivos definidos a corto y largo plazo.

Acompañar a mis pacientes para que descubran sus valores, su propósito vital y sus objetivos en cada uno de los cuatro círculos (biológico, psicológico, social y espiritual) y luego tomen decisiones alineadas con ellos es la pieza final en el puzle de la felicidad. Así fue como ayudé a Laura Clery (la actriz, humorista e *influencer* de la que ya te he hablado) a identificar con gran claridad su propósito vital: «Proporcionar una pequeña dosis de felicidad a los demás cada día».

Ahora te guiaré para que lleves a cabo la misma serie de ejercicios que hice con Laura y así ayudarte a encontrar lo que satisface tu alma y dirige tu vida. Te mostraré cómo identificar tus valores esenciales, pulir tu propósito vital (tu porqué) y establecer objetivos biológicos, psicológicos, sociales y espirituales a través de un ejercicio que denomino «el milagro en una página» (MUP),[1] que arrojará luz sobre aquello por lo que quieres esforzarte en los cuatro círculos. El MUP es una forma excelente de añadir claridad a tu vida y asegurarte de que tienes una existencia equilibrada que contribuirá a tu felicidad. Te ayudaré a:

- Aclarar tus valores esenciales.
- Identificar un sentido y un propósito vitales.
- Definir tus objetivos en los cuatro círculos para los próximos tres meses, el próximo año y a tres o cinco años vista.
- Recordarte que te hagas todos los días esta pregunta básica: «¿Esto encaja? ¿Mis pensamientos y mi conducta encajan con mis objetivos vitales?».

A medida que avanzamos, te pediré que rellenes los formularios MUP, que también puedes descargarte en amenuniversity.com/youhappier

---

¿Psiquiatría y espiritualidad?

Albert Einstein, físico teórico del siglo XX, dijo en una ocasión: «Todo el que está involucrado de un modo serio en la búsqueda de la ciencia se convence de que un espíritu se manifiesta en las leyes del universo, un espíritu muy superior al del hombre, frente al cual nosotros, con nuestros modestos poderes, debemos sentirnos humildes».[2]

La espiritualidad implica creer que hay algo superior a nosotros, que ser humano es algo más que las experiencias sensoriales inmediatas y que la vida es, en parte, divina por naturaleza, por su valor persistente y duradero.

Incluso antes de empezar en la facultad de Medicina yo ya creía que la fe y la espiritualidad eran fundamentales para hallar cierta plenitud. Quería estudiar medicina en el contexto de mi fe, por lo que me hizo mucha ilusión que me aceptaran en la Universidad Oral Roberts de Tulsa, en Oklahoma. En ese momento, la ORU era una de las pocas facultades de Medicina cristianas del país. Allí nos enseñaban a ver a los pacientes no solo como sus enfermedades, sino como personas completas en cuerpo, mente, relaciones y espíritu. Aprender a rezar con los pacientes, por ejemplo, fue algo muy potente.

Más tarde, durante mis prácticas y mi residencia psiquiátrica en el Walter Reed Army Medical Center de Washington D. C., impartí un curso sobre espiritualidad y psiquiatría para los demás residentes y el personal del hospital. En la mayoría de las facultades de Medicina, la espiritualidad brilla por su ausencia en el currículo de Psiquiatría. Sigmund Freud, el fundador del psicoanálisis, era ateo, y describió la religión como «una neurosis obsesiva universal» y «el verdadero enemigo de la ciencia [...] indigno de ser creído».[3]

No obstante, según el psiquiatra Harold Koenig, director del Center for Spirituality, Theology and Health, del Duke University Medical Center, el 89 % de los estadounidenses cree en Dios, el 90 % reza con regularidad y el 82 % reconoce la necesidad de crecimiento espiritual.[4] Los psiquiatras deberían entender estas creencias, trabajar dentro de su contexto y nunca menospreciarlas ni ignorarlas.

Deberían, de hecho, explorar la idea de apoyar el sentido y propósito vitales más profundos de cada persona.

La ciencia empieza a ponerse al día respecto a la importancia de la espiritualidad en la salud mental y el bienestar humano. Algunas investigaciones han demostrado, por ejemplo, que asistir con regularidad a servicios religiosos y rezar a diario son prácticas que se asocian a numerosos beneficios para la salud, como una menor probabilidad de sufrir estrés, depresión, adicciones, hipertensión y enfermedades cardiovasculares, así como a una mayor capacidad para perdonar, al autocontrol, la longevidad, la felicidad y la satisfacción con la vida.[5]

Sin la fe seríamos algo así como un taburete al que le falta una pata.

MILAGRO EN UNA PÁGINA

¿Esto encaja?

Valores esenciales

Biológicos: ______

Psicológicos: ______

Sociales: ______

Espirituales: ______

Propósito vital

______

General

Objetivos biológicos
Cerebro y cuerpo

______

3 estrategias para el cerebro y la salud
Envidia cerebral: comprobar si la tenemos de forma regular
Evita lo malo: riesgos BRIGHT MINDS
Haz lo bueno: estrategias BRIGHT MINDS

BRIGHT MINDS
Flujo sanguíneo: ejercicio (haz 10.000 pasos al día como si llegaras tarde)
Jubilación/Envejecimiento: nuevos aprendizajes
Inflamación: elimina los alimentos procesados, usa el hilo dental, toma omega-3 y probióticos a diario
Genética: infórmate de tus vulnerabilidades y haz prevención
Traumatismo craneal: protégete la cabeza
Toxinas: evítalas y cuida los cuatro órganos con funciones de desintoxicación

Salud mental: consulta tus objetivos psicológicos
Inmunidad/infecciones: optimiza tu aparato digestivo y tus niveles de vitamina D
Neurohormonas: hazte análisis y optimiza sus niveles de forma regular
Diabesidad: peso y nivel de azúcar en sangre saludables
Sueño: entre siete y ocho horas de sueño nocturno

Objetivos psicológicos
Mente

______

Acaba con los ANT o PNA con 5 preguntas
Escribe el pensamiento negativo y pregunta:
¿Es cierto?
¿Es absolutamente cierto?
¿Cómo me siento con este pensamiento?
¿Cómo me siento sin este pensamiento?
¿El pensamiento contrario es cierto o incluso más cierto que el original?

Objetivos sociales
Relaciones, trabajo, dinero

______

Relaciones
Pareja ______
Familia ______
Amistades ______

Elementos para una buena relación
Responsabilidad
Empatía
Escucha
Asertividad
Tiempo
Indagación
Focalización en lo que gusta
Perdón

Trabajo/estudios

______

Dinero

______

Objetivos espirituales
Significado y propósito

Dios ______

Planeta ______

Conexión con generaciones pasadas

______

Conexión con generaciones futuras

______

ACLARA TUS VALORES ESENCIALES

¿Qué son los valores esenciales y por qué importan para la felicidad? Los valores esenciales son las características o aspectos de la forma de vivir que consideramos más relevantes. Nos ayudan a tomar decisiones cuando nos hallamos ante situaciones difíciles. Imagina, por ejemplo, que te estás entrenando para correr una maratón, pero en la mañana de una de tus largas sesiones de entrenamiento tu hijo se queja de dolor de barriga. ¿Renunciarías a entrenar para atender a tu hijo? ¿Y si tienes la cena de ensayo de la boda de tu mejor amigo, pero tu jefe te asigna un proyecto de última hora que debe estar listo cuanto antes? Las decisiones que tomes estarán impulsadas por tus valores esenciales. Saber qué valores son cruciales para ti te ayuda a tomar decisiones alineadas con tus objetivos vitales.

Este ejercicio es básico para todo el mundo, pero especialmente crítico para las personas con un cerebro espontáneo, como Laura Clery, porque tienden a tomar decisiones impulsivas sin tener en cuenta sus valores esenciales. Centrarte en ellos te ayudará a tomar mejores decisiones; y estas son fundamentales para alcanzar la felicidad.

A continuación, te explico cómo puedes aclarar tus valores esenciales en tan solo tres pasos.

Paso 1. Elige una o dos características o rasgos de la siguiente tabla para cada uno de tus círculos. Siéntete libre de añadir los que consideres.

BIOLÓGICO	PSICOLÓGICO	SOCIAL	ESPIRITUAL
Condición física	Autenticidad	Cuidar	Aceptación
Belleza	Seguridad en uno mismo	Conexión	Apreciación
Amor por tu cerebro/cuerpo	Valor	Dependencia	Conciencia (asombro)
Salud cerebral	Creatividad	Empatía	Compasión
Energía	Flexibilidad	Apoyo	Generosidad
Concentración	Franqueza	Familia	Gratitud
Estar en forma	Diversión	Amistades	Crecimiento
Longevidad	Felicidad/alegría	Independencia	Humildad

BIOLÓGICO	PSICOLÓGICO	SOCIAL	ESPIRITUAL
Claridad mental	Esfuerzo	Amabilidad	Inspiración
Salud física	Personalidad	Amor por los demás	Amor a/relación con Dios
Seguridad	Mente abierta	Lealtad	Moralidad
Fuerza	Positividad	Orientación a resultados/servicio	Paciencia
Vitalidad	Resiliencia	Pasión	Devoción
	Responsabilidad	Relevancia	Propósito
	Basado en la ciencia	Éxito	Comunidad religiosa
	Seguridad	Tradición	Rendición
	Autocontrol		Trascendencia
	Amor propio		Asombro

En las Clínicas Amen, por ejemplo, nuestros valores esenciales nos guían en todas las decisiones. Son los siguientes:

- **Salud cerebral.** El cerebro es central en todo lo que respecta a la salud y al éxito. Cuando funciona bien, tú también. Pero si el cerebro sufre algún problema es mucho más probable que tengas otros problemas en la vida.
- **Autenticidad.** Nuestra vida refleja el mensaje que queremos transmitir, pero si este no fuera auténtico los demás no creerían en lo que intentamos lograr.
- **Basado en la ciencia.** Actuamos en función de la evidencia disponible para ayudar a nuestros pacientes a vivir de manera más saludable.
- **Orientación a resultados.** Estamos aquí para cambiar vidas. Esta es nuestra razón para ir a trabajar todos los días. Es una cuestión central en nuestro propósito.
- **Responsabilidad.** ¿Qué puedo hacer hoy para que la organización sea mejor?
- **Compasión.** Estamos aquí por las personas a las que servimos y enseñamos.
- **Crecimiento.** Siempre nos esforzamos para ser mejores.

En lo personal, mis valores en los cuatro círculos son:

- **Biológico**
  Amor por mi cerebro/cuerpo
  Vitalidad
- **Psicológico**
  Autenticidad (vivir según el mensaje que quiero transmitir)
  Felicidad
- **Social**
  Relevancia
  Independencia
- **Espiritual**
  Amor a/relación con Dios
  Compasión

Paso 2. Piensa en entre seis y ocho personas a las que consideres héroes (pasados o presentes) y admires, y anota los valores que crees que representan sus vidas. Tus héroes pueden ser gente a la que conozcas personalmente, figuras públicas o incluso entidades (por ejemplo, el cuerpo de bomberos, un equipo deportivo o una escuela) que te hayan inspirado en algún sentido.

Estos son los míos:

LOS HÉROES DEL DOCTOR AMEN

HÉROE	VALORES QUE REPRESENTA
Abuelo	Amabilidad
Padre	Esfuerzo, éxito, franqueza
Madre	Diversión, conexión
Tana	Responsabilidad (capacidad para responder)
Abraham Lincoln	Resiliencia, valor
Ejército de los Estados Unidos	Flexibilidad (porque las cosas nunca salen como estaban previstas)
Formación en medicina	Basados en la ciencia

Paso 3. Ahora revisa tus valores. Obsérvate y presta atención a las decisiones que tomas a lo largo del tiempo y a por qué lo haces. ¿Qué valores reflejan y qué impacto tienen en tu vida? Ponlos por escrito y cuélgalos en un sitio donde puedas verlos con frecuencia. Convierte en un hábito el hecho de revisar tus valores de vez en cuando para ver si siguen resonando contigo o si necesitas actualizarlos. ¿Reflejan los valores que de verdad deseas? Ten en cuenta que esto puede ser difícil para las personas con un cerebro persistente, que eligen un conjunto de valores y se niegan a desviarse de ellos, incluso aunque ya no les sirvan. Si te identificas con esto, plantéate compartir tus valores con un amigo o familiar de confianza para que te brinde otra perspectiva sobre si esos valores siguen encajando en tu vida.

Paso 4. Escribe entre seis y ocho valores esenciales en la parte superior izquierda del formulario MUP.

DESCUBRE TU PROPÓSITO CON SEIS PREGUNTAS

Saber que tu vida importa es esencial para la felicidad. Cuando conocemos nuestro propósito vital nos sentimos más relevantes, felices y en conexión. Un estudio publicado en *Archives of General Psychiatry* siguió a más de 900 personas durante siete años para analizar los efectos de sentir un propósito vital, definido como «la tendencia psicológica de extraer significado de las experiencias de vida y de poseer un sentido de intencionalidad y orientación hacia metas que guían el comportamiento».[6] Sus investigadores hallaron que las personas con mayor propósito al inicio del estudio presentaban:

- Un mayor grado de felicidad
- Menos depresión
- Más satisfacción
- Mejor salud mental
- Crecimiento personal y autoaceptación
- Un sueño de mejor calidad
- Más longevidad

Y este es solo uno de los muchos estudios que vinculan el propósito con la satisfacción en la vida y con una menor tasa de mortalidad. Un estudio que duró 27 años concluyó que vivir con propósito y significado es clave para la felicidad y la longevidad.[7] Otro estudio, publicado en 2015 en *The Lancet*, midió el «bienestar eudaimónico», relacionado con tener un sentido y propósito vitales, y descubrió que está correlacionado con una mayor longevidad.[8] Además, puntuar alto en «propósito vital» reduce las probabilidades de que los «problemas» relacionados con las redes sociales (tener menos seguidores que otras personas, no recibir suficientes «me gusta» o que te hagan comentarios negativos) impacten en la autoestima.[9] Este conjunto de investigaciones apunta al propósito vital como un elemento esencial para una vida feliz.

Siempre que hablo con mis pacientes sobre el propósito vital menciono a Viktor Frankl, el reconocido psiquiatra superviviente del Holocausto y autor del extraordinario libro *El hombre en busca de sentido*. Frankl dijo que «la vida nunca se vuelve insoportable por las circunstancias, sino solo por la falta de sentido y propósito», y exploró tres elementos clave del propósito vital:

- Trabajo con sentido o ser productivo. Esto implica hacerse preguntas como «¿por qué el mundo es un lugar mejor gracias a mi existencia?» o «¿cuál es mi aportación?».
- Amar a otras personas.
- Tener coraje a pesar de la dificultad. Sobrellevar los desafíos que se nos presenten y ayudar a los demás con los suyos.

Para encontrar tu verdadero propósito en la vida solo tienes que saber dónde mirar. Si quieres centrarte en lo que da significado a tu vida, toma nota de tus respuestas a las siguientes preguntas:

1. **Mira hacia dentro**. ¿Qué te encanta hacer? Podría ser, por ejemplo, escribir, cocinar, diseñar, criar a tus hijos, crear, hablar, enseñar, etc. ¿Sobre qué sientes que tienes la preparación suficiente para enseñar a los demás?

2. **Mira hacia fuera**. ¿Por quién lo haces? ¿Cómo te conecta tu trabajo con los demás?

3. **Mira hacia atrás**. ¿Tienes heridas del pasado que puedas convertir en ayuda para otros? Transforma tu dolor en propósito.

4. **Mira más allá.** ¿Qué quieren o necesitan los demás de ti?

5. **Busca la transformación.** ¿Cómo cambian los demás como resultado de lo que haces?

6. **Mira hacia el final.** La psiquiatra Elisabeth Kübler-Ross, autora del conocido libro *Sobre la muerte y los moribundos*, afirmó: «La negación de la muerte es, en parte, responsable de que las personas vivan vidas vacías y sin propósito, porque cuando uno vive como si fuera a vivir para siempre se vuelve demasiado fácil posponer las cosas que sabe que debe hacer».[10] Así que pregúntate: *¿Este problema, preocupación o momento tiene un valor eterno? Cuando muera, ¿cómo quiero que me recuerden?*

Date cuenta de que solo dos de las seis preguntas son sobre ti; las otras cuatro tratan sobre los demás. Hay un proverbio chino que dice: «Si quieres ser feliz una hora, duerme la siesta. Si quieres ser feliz un día, sal a pescar. Si quieres ser feliz un año, hereda una fortuna. Si quieres ser feliz toda la vida, ayuda a alguien».[11] La felicidad se suele encontrar ayudando a los demás.

El propósito del doctor Amen en seis preguntas

1. ¿Qué te encanta hacer? *Me encanta trabajar con mis pacientes, examinar cerebros, escribir, enseñar, inspirar ¡y revolucionar la salud cerebral!*

2. ¿Por quién lo haces? *Lo hago por mí, por mi familia y por quienes vienen a nuestras clínicas, leen nuestros libros, ven nuestros programas, compran nuestros productos y forman parte de nuestra comunidad.*

3. ¿Tienes heridas del pasado que puedas convertir en ayuda para otros? *Alguien a quien amaba intentó suicidarse, y esto me embarcó en un viaje de sanación de las personas con problemas de salud mental/cerebral.*

4. ¿Qué quieren o necesitan los demás de ti? *Las personas a las que ayudamos quieren sufrir menos, sentirse mejor, tener una mente más despierta y ejercer un mayor control sobre su vida.*

5. ¿Cómo cambian los demás como resultado de lo que haces? *La gente tiene mejores cerebros y mejores vidas; sufre menos, es más feliz, está más sana y transmite lo que ha aprendido a otras personas.*

6. Mira hacia el final. *Quiero ser recordado como marido, mejor amigo, abuelo, profesor, alguien que ha ayudado a cambiar la psiquiatría incorporando las imágenes cerebrales y algunas formas naturales de curar el cerebro, y como líder de la revolución de la salud cerebral que ha ayudado a millones de personas a sentirse mejor, a tener una mente más despierta y a vivir una vida más plena.*

Así respondió Laura Clery a estas seis preguntas:

1. ¿Qué te encanta hacer? *Generar contenido que conecte con audiencias amplias (comedia); conseguir estar sobria.*

2. ¿Por quién lo haces? *Me da alegría; me conecta con mi público.*

3. ¿Tienes heridas del pasado que puedas convertir en ayuda para otros? *Las adicciones pasadas y haberme criado en un hogar en el que reinaba el alcoholismo me da mucha empatía y me genera el deseo de ayudar a los demás.*

4. ¿Qué quieren o necesitan los demás de ti? *Sentirse mejor, menos solos, más conectados, y sentirse bien con ellos mismos.*

5. ¿Cómo cambian los demás como resultado de lo que haces? *Le doy a la gente una «dosis diaria de felicidad» para mejorar su estado de ánimo y su vida.*

6. Mira hacia el final. *Quiero ser recordada como una fantástica madre y esposa, y como una profesora con sentido del humor y llena de felicidad.*

Cuando alguien te pregunte a qué te dedicas, responde con lo que hayas contestado a la pregunta 5. Por ejemplo, cuando a mí me hacen esta pregunta, digo: «Ayudo a las personas a tener mejores cerebros y mejores vidas para que sufran menos, sean más felices, estén más sanas y transmitan lo aprendido a otras personas». Ahora, cuando la gente le pregunta a Laura a qué se dedica, ella responde enseguida: «Le doy a la gente una dosis diaria de felicidad».

Al responder esta sencilla pregunta sobre lo que haces estás compartiendo tu propósito vital con todas las personas a las que conoces, lo que aumenta tus niveles de dopamina y, en consecuencia, tu felicidad.

Escribe tu respuesta a la pregunta 5 en el apartado sobre el propósito en el MUP.

EL SECRETO PARA MANTENER EL FOCO EN EL SENTIDO, EL PROPÓSITO Y LOS OBJETIVOS VITALES

Después de ayudar a mis pacientes a identificar sus valores y propósitos vitales, les pido que los tengan en mente mientras marcan sus objetivos en los cuatro círculos y en el resto del ejercicio MUP. Lo llamo «el milagro en una página» porque he visto que este ejercicio cambia de forma muy rápida la vida de muchas personas, y las centra. En tres décadas de trabajo con pacientes he descubierto que, cuando le decimos al cerebro lo que queremos, él nos ayudará a conseguirlo. El MUP te echará una mano para guiar tus pensamientos, tus palabras y tu conducta. Cuando tengas tu MUP podrás determinar con rapidez si tus palabras, tus actos y tu comportamiento te están ayudando a alcanzar tus objetivos o si te están impidiendo lograr lo que quieres en la vida. Se trata de una herramienta muy potente para todo tipo de cerebros, pero, igual que el ejercicio sobre los valores esenciales, el MUP ayudará en especial a las personas con un cerebro espontáneo a centrarse en sus objetivos.

TRANSFORMACIÓN FELIZ EN 30 DÍAS

¡Los últimos 30 días han sido un goce! Mi mente está más despierta, tomo decisiones con mayor claridad, me río mucho más y siento una ligereza y una autoconciencia que me han dado seguridad. ¡Me he focalizado en mi propósito y en mis metas! ¡Me encanta ser yo!

MD

MILAGRO EN UNA PÁGINA

¿Esto encaja?

Valores esenciales

Biológicos: amor por el cerebro/cuerpo; vitalidad

Psicológicos: autenticidad, felicidad.

Sociales: relevancia, independencia

Espirituales: amor a/relación con Dios; compasión

Propósito vital

Que las personas tengan mejores cerebros y mejores vidas para que sufran menos, sean más felices, estén más sanas y transmitan lo aprendido a otras personas.

General

Objetivos biológicos

Cerebro y cuerpo

Ej.: Quiero tener claridad mental y fortaleza física el máximo de tiempo posible. Es la base de mi felicidad, éxito e independencia.

3 estrategias para el cerebro y la salud
Envidia cerebral: comprobarla de forma regular
Evita lo malo: riesgos BRIGHT MINDS
Haz lo bueno: estrategias BRIGHT MINDS

BRIGHT MINDS
Flujo sanguíneo: ejercicio (haz 10.000 pasos al día como si llegaras tarde)
Jubilación/envejecimiento: nuevos aprendizajes
Inflamación: elimina los alimentos procesados, usa el hilo dental, toma omega-3 y probióticos a diario
Genética: infórmate de tus vulnerabilidades y haz prevención
Traumatismo craneal: protege tu cabeza
Toxinas: evítalas y cuida los cuatro órganos con funciones de desintoxicación
Salud mental: consulta tus objetivos psicológicos
Inmunidad/infecciones: optimiza tu aparato digestivo y tus niveles de vitamina D
Neurohormonas: hazte análisis y optimiza sus niveles de forma regular
Diabesidad: peso y nivel de azúcar en sangre saludables
Sueño: entre siete y ocho horas de sueño nocturno

Objetivos psicológicos

Mente

Ej.: Quiero tener autenticidad, ser feliz y capaz de gestionar mi mente con positividad, manteniendo asimismo el suficiente nivel de ansiedad para no perder el rumbo.

Acaba con los ANT o PNA con 5 preguntas
Escribe el pensamiento negativo y pregunta:
¿Es cierto?
¿Es absolutamente cierto?
¿Cómo me siento con este pensamiento?
¿Cómo me siento sin este pensamiento?
¿El pensamiento contrario es cierto o incluso más cierto que el original?

Objetivos sociales

Relaciones, trabajo, dinero

Relaciones
Pareja *Ej.: Quiero una relación amable, afectuosa, cariñosa, de apoyo y apasionada con Tana.*
Familia
Amigos

Elementos para una buena relación
Responsabilidad
Empatía
Escucha
Asertividad
Tiempo
Indagación
Focalización en lo que gusta
Perdón

Trabajo/estudios

____
____
____

Dinero

____
____
____

Objetivos espirituales

Significado y propósito

Dios *Ej.: Prestar atención a la voluntad de Dios respecto a mi vida con la oración diaria.*

Planeta *Ej.: Poner de mi parte para cuidar el planeta.*

Conexión con generaciones pasadas
Ej.: Honrar a mis antepasados manteniendo vivo el recuerdo de mi abuelo. Vivir de un modo que le haría sentirse orgulloso.

Conexión con generaciones futuras
Ej.: Cuidar a mis nietos.

Cumplimentar el MUP te ofrece la oportunidad de aclarar lo que deseas en cada área básica de tu vida y mantenerte fiel a tus valores y tu propósito vital. Este ejercicio crea una visión personal de cómo sería una vida equilibrada, con sentido y más feliz para ti. Para generar tu propio MUP pregúntate qué deseas en realidad en los cuatro círculos, teniendo en cuenta cómo refleja cada uno tus valores, tu sentido y tu propósito vitales. Aquí tienes algunas preguntas y consejos con ejemplos:

EL MILAGRO EN UNA PÁGINA Y LOS CUATRO CÍRCULOS

Biológico
¿Qué quiero para mi cerebro y mi cuerpo?

Preservar mi salud teniendo siempre presentes los factores de riesgo y las estrategias BRIGHT MINDS.

Anota tus objetivos biológicos en la sección correspondiente del MUP

Psicológico
¿Qué quiero para mi mente?

Acabar con los ANT o PNA. Cuando aparezca un pensamiento negativo, preguntarme: «¿Es cierto?».

Anota tus objetivos psicológicos en la sección correspondiente del MUP

Social
¿Qué quiero para mis relaciones (pareja, hijos, familia, amigos, colegas de trabajo)?

Recordar los elementos esenciales de una buena relación (responsabilidad, empatía, escucha, asertividad, tiempo, indagación, fijarme en lo que me gusta, perdón).

¿Qué quiero en el trabajo?

¿Qué quiero en el aspecto económico?

TRANSFORMACIÓN FELIZ EN 30 DÍAS

Antes de este reto de la felicidad, estaba muy deprimida y la medicación que no me ayudaba. Había perdido el rumbo y el propósito de mi vida. Ahora la veo con una esperanza renovada. Literalmente, me ha salvado la vida.

DJ

Anota tus objetivos sociales en la sección correspondiente del MUP

Espiritual

La espiritualidad puede definirse como el sentimiento de conexión con un poder superior, un sentido profundo del propósito vital que va más allá de uno mismo o una sensación de trascendencia que algunas personas encuentran en la religión y otras en la contemplación o la meditación. La espiritualidad también puede definirse como el descubrimiento de la conciencia interior sobre por qué creemos que estamos en este planeta; por qué vivimos; la conexión con Dios, tal como lo entendemos; la conexión con el planeta; con las generaciones pasadas (pienso en mi abuelo) y con las futuras (pienso en mis nietos).

¿Qué quiero en lo espiritual? ¿Qué quiero respecto a mi relación con Dios, la salud del planeta y mi conexión con generaciones pasadas y futuras?

Anota tus objetivos espirituales en la sección correspondiente del MUP

¿Te estás preguntando cómo es el proceso para llegar al MUP? De hecho, puedes ver a Laura y Stephen trazar sus objetivos de vida.[12] En este vídeo de once minutos dedican los últimos cinco a hablar sobre lo que desean en sus relaciones, su trabajo y su vida espiritual. En el vídeo no hablan del círculo biológico, pero puedo decirte que ambos se han comprometido a mejorar su salud cerebral.

Así es como quedó su MUP.

Relaciones

Pareja: quiero un matrimonio cariñoso, apasionado, divertido, considerado, estimulante, de confianza, gracioso, para toda la vida, creativo y comprensivo.

Padres: quiero verlos con regularidad. Quizá llamar más a mi padre (Laura).

Hijos: quiero una relación cercana y llena de amor, y que siempre sepan que los amaré y aceptaré tal y como son. Solo quiero amarlos de forma incondicional. Quiero que conozcan y sientan ese amor, que siempre se sientan seguros y que se diviertan. Y también apoyarles en todos sus proyectos.

Familia y amistades: me encantaría ver a todas esas personas con regularidad, hacer de verdad un esfuerzo para que nos veamos al menos una vez al mes.

Trabajo
Seguir haciendo crecer el negocio y nuestras marcas. Seguir escribiendo libros. Seguir haciendo reír a millones de personas. Hacer cosas nuevas. Hacer cine. Hacer televisión.

Salud espiritual
Oración diaria y meditación (Stephen reza; Laura reza una oración diaria y medita).

Ahora te toca a ti. Dedica un tiempo a dar forma a tu propio MUP. Reflexiona tus respuestas. Hazte siempre la siguiente pregunta: «¿Esto tiene valor eterno?». Una vez hayas cumplimentado el MUP, colócalo en algún sitio donde puedas verlo todos los días; te servirá como un poderoso recordatorio para vivir cada día según unos valores esenciales, un propósito vital y unos objetivos definidos en cada uno de los cuatro círculos. Si vives, amas y actúas con esto en mente, tomarás de forma sistemática decisiones que te ayudarán a ser más feliz.

También es útil hacer una versión del MUP para los próximos tres meses, el próximo año y a tres o cinco años vista. Por ejemplo, yo amo a mis cuatro hijos y cinco nietos, pero no quiero tener que vivir con ellos. No me gustaría ser jamás una carga para nadie ni terminar en una residencia geriátrica. Quiero ser independiente durante todo el tiempo que viva, lo que significa que debo tomarme en serio mi salud biológica, psicológica, social y espiritual.

Mantener la independencia a lo largo de mi vida es parte de mi felicidad. ¿Y para ti?

☺

LAS CLAVES DE LA FELICIDAD RELACIONADAS CON EL SECRETO 7:

VIVE CADA DÍA SEGÚN UNOS VALORES, UN PROPÓSITO VITAL Y UNOS OBJETIVOS DEFINIDOS CON CLARIDAD

- Aclara tus valores esenciales.
- Fórmate una idea clara de tu sentido y propósito vitales.
- Establece tus objetivos en los cuatro círculos: biológico, psicológico, social y espiritual.
- Pregúntate: *¿Esto encaja con mis objetivos vitales?*

CONCLUSIÓN

EL CAMINO COTIDIANO HACIA LA FELICIDAD

La mejor forma de reducir el estrés es dejar de equivocarse

ROY F. BAUMEISTER Y JOHN TIERNEY,

WILLPOWER, REDISCOVERING THE GREATEST HUMAN STRENGTH

La felicidad a largo plazo consiste en tomar las decisiones correctas una y otra vez a lo largo del tiempo, ya que esto configura las vías neuronales del «sentirse bien». Es un camino que hay que recorrer a diario, igual que para mantenerse en forma. He tenido pacientes que han dejado la terapia después de la primera o la segunda sesión. «A mí no me funciona», dicen. Es como si alguien que tiene que perder 20 kilos porque ha tomado miles de malas decisiones relacionadas con la salud se come una ensalada un lunes y espera haber perdido cuatro kilos para el viernes. Pues no: la felicidad, como la salud, necesita tiempo; se construye a partir de los siete secretos de la felicidad y tiene lugar en los cuatro círculos.

Hay que esforzarse para alcanzarla. Esto es lo que están haciendo Laura Clery y Stephen Hilton. Cuando volví a hablar con estos *influencers* en julio de 2021, me dijeron que estaban mejorando de forma espectacular. Stephen comentó que su depresión había desaparecido. Laura, por su parte, admitió que estaba saliendo de la tristeza, los cambios de humor hormonales y la depresión posparto que había experimentado desde el nacimiento de su segunda hija, Penelope, a quien llaman Poppy. «Empecé a tomarme en serio el tema de los suplementos —explicó—. Los omega-3 veganos, el Happy Saffron, mis posnatales [...] y en tres semanas, como dijiste, empecé a sentirme mucho mejor».

Su relación también es más armoniosa y fuerte, lo cual les hace a ambos más felices. ¿Recuerdas esa discusión acalorada que he mencionado antes en el libro? Laura se sentía molesta con Stephen porque él solía irrumpir en el dormitorio por las noches, emocionado por contarle algo relacionado con el trabajo. Pero esto ocurría justo cuando ella intentaba desconectar después de un día ajetreado y necesitaba relajarse y calmar la mente. Bien, pues este problema se ha resuelto en gran medida.

—Nos está yendo muy bien —me contó Laura—. Stephen sigue entrando a veces en el dormitorio con una idea que se muere por compartir, pero ahora se detiene, dice: «Da igual» y se la guarda para el día siguiente. Con práctica y un compromiso diario están logrando ser más felices juntos.

Cuando aplicas los siete secretos y te haces las siete preguntas relacionadas cada día, refuerzas las vías neuronales que te hacen sentir bien al tiempo que reduces aquellas que te hacen sentir mal. Puedes lograrlo. Nada de lo que he dicho aquí es complejo ni difícil. Se trata de hacerte las siete sencillas preguntas que llevan a los siete sencillos secretos de la felicidad y te ayudan a tomar las mejores decisiones:

Secreto 1. Conoce tu tipo de cerebro.
Pregunta 1. ¿Me estoy centrando solo en lo que me hace feliz a mí?

Secreto 2. Optimiza el funcionamiento físico de tu cerebro.
Pregunta 2. ¿Esto es bueno o malo para mi cerebro?

Secreto 3. Nutre tu cerebro singular.
Pregunta 3. ¿Estoy nutriendo mi cerebro singular?

Secreto 4. Ama la comida que te ama.
Pregunta 4. ¿Estoy eligiendo alimentos que me gustan y a la vez me cuidan?

Secreto 5. Domina tu mente y distánciate, desde el punto de vista psicológico, del ruido mental.
Pregunta 5. ¿Esto es verdad? ¿Qué ha ido bien hoy?

Secreto 6. Fíjate en qué te gusta de los demás y no tanto en lo que no te gusta.
Pregunta 6. ¿Estoy reforzando las conductas de los demás que me gustan o las que no me gustan?

Secreto 7. Vive cada día según unos valores, un propósito vital y unos objetivos definidos.
Pregunta 7. ¿Esto encaja? ¿Mi comportamiento se ajusta a mis objetivos vitales?

Coloca un papel con estos secretos y preguntas donde puedas verlos todos los días. Si tu estado de ánimo decae o la infelicidad empieza a invadir tu mente, plantéate qué puedes hacer para mejorarlo basándote en estos secretos y preguntas.

No hay nada más crucial para tu salud y tu felicidad que la calidad de las decisiones que tomas. Y esta es un reflejo directo de la salud física de tu cerebro. La neurociencia nos enseña que se toman mejores decisiones cuando...

1. **Sabemos lo que queremos**. Por eso es tan importante que conozcas tus valores, tu propósito vital y tus objetivos.

2. **Nuestro nivel de azúcar en sangre está equilibrado**. Un nivel bajo de azúcar en sangre se asocia a un flujo sanguíneo reducido en el cerebro, sobre todo en la CPF, lo que nos hace susceptibles de tomar malas decisiones. Saltarse comidas, beber alcohol o comerse un dónut con mermelada (que provoca un pico inicial de azúcar en sangre, pero la hace caer en picado 30 minutos después) son ejemplos de decisiones que conducen a un desequilibrio de los niveles de azúcar en sangre.

3. **Controlamos el estrés**. El hipotálamo es el encargado de activar o desactivar el interruptor del estrés en el cuerpo. Cuando se activa, la gente tiende a perder los papeles, volverse un manojo de nervios o bloquearse emocionalmente. De modo que contrarresta el estrés practicando tus técnicas favoritas para gestionarlo, como la oración, la meditación, la hipnosis terapéutica, concentrarte en tu respiración, dar un paseo o hacer algo creativo (cocinar, pintar, jardinería, etc.).

4. **Hacemos ejercicio**. Según un estudio llevado a cabo por investigadores de la Universidad Western Australia, los participantes

que practicaban 30 minutos de ejercicio aeróbico más o menos intenso cada mañana mostraban una mejora de su función cognitiva y tomaban mejores decisiones a lo largo del día.[1] El principal problema es que nos sentamos demasiado, y más que nunca. Un estudio que efectuó un seguimiento de 51.896 estadounidenses durante quince años descubrió que vivir en la era de Netflix, los videojuegos en *streaming*, las redes sociales y el visionado de series que inducen a hacer maratones implica que los adultos mayores de veinte años pasan una media de 6,4 horas al día sentados. Y los adolescentes son aún más sedentarios: 8,2 horas al día por término medio. En general, las personas de cada grupo de edad pasan sentadas una hora más que en 2007, el año en que se lanzó el iPhone.[2] En cambio, cuando hacemos ejercicio también dormimos mejor por la noche, tenemos una memoria más aguda y experimentamos una mayor positividad.

5. **Protegemos nuestras decisiones.** Muchos programas de tratamiento contra la drogadicción utilizan el acrónimo HALT para rebajar los impulsos y ayudar a los pacientes a tomar mejores decisiones. HALT son las siglas en inglés de hambriento (*hungry*), enfadado (*angry*), solo (*lonely*) y cansado (*tired*), y sirve de recordatorio para evitar tales estados. El hambre la provocan los niveles bajos de azúcar en sangre, que reducen el flujo sanguíneo en la corteza prefrontal (CPF) y dan lugar a una mala toma de decisiones. La ira también disminuye la función de la CPF, mientras que la soledad aumenta la sensación de desconectarse de los demás. El cansancio es el cuarto factor que perjudica la habilidad para tomar decisiones y la capacidad del cerebro para controlar los antojos. Y es que el sueño es esencial para tomar buenas decisiones.

ES MEJOR SER UNA PERSONA CURIOSA QUE ESTAR FURIOSA

Te diré lo mismo que a mis pacientes justo antes de que se vayan de mi consulta tras nuestra primera sesión de evaluación. Me dirijo a la pizarra y les dibujo este gráfico sobre cómo cambian las personas:

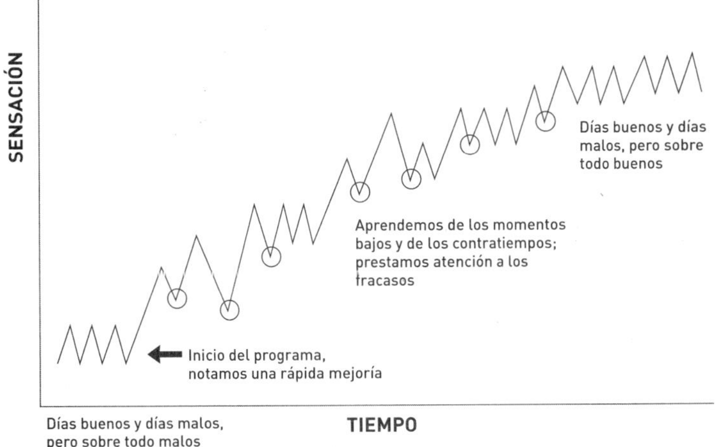

Entonces les digo: «Cuando alguien viene a verme como paciente, tiene días buenos y días malos, pero en general la mayoría no son muy buenos. Luego trabajamos en equipo para cambiar las cosas y mejora. Esto me encanta. Si haces lo que te pido, es probable que notes una gran mejoría. Pero nadie mejora de golpe; no es una progresión en línea recta, sino que hay altibajos. Así que no dejes que los momentos bajos te desanimen. Vamos a aprender de ellos, a estudiarlos y a analizar qué ha ocurrido. Así convertiremos los días malos en datos útiles y haremos que sean menos probables en el futuro. Con el tiempo, si aprendemos de los momentos difíciles —quizá la alimentación no fue la adecuada, nos creímos nuestros pensamientos negativos o discutimos con un ser querido—, podremos desarrollar estrategias para prevenirlos. Siempre estaremos en "modo aprendizaje" para avanzar hacia una meta de mayor estabilidad y felicidad».

La felicidad prolongada es un proceso sencillo que se alcanza mediante los pasos y las decisiones de cada día, y nunca es demasiado tarde para empezar.

NANCY NOS ENSEÑA EL CAMINO HACIA LA FELICIDAD PROLONGADA

Nancy vino a nuestra clínica desde Oxford, Inglaterra. A sus ochenta años, había comprado un ejemplar de *Cambia tu cerebro, cambia tu vida* en una librería de segunda mano, por unos 50 céntimos. En sus propias palabras: «El libro se quedó por ahí uno o dos años, pero en cuanto lo empecé no pude dejarlo. Creo que ha sido la lectura más reveladora y sorprendente de mi vida. Hasta entonces había sido obesa y propensa a la depresión, con largos periodos de decaimiento, estaba desmotivada, nada me inspiraba y tenía artritis. Entonces empecé a pensar en qué cosas podía cambiar con facilidad. Poco a poco fui añadiendo algunas que se recomiendan en el libro».[3]

En primer lugar, evaluó su salud cerebral en brainhealthassessment.com y descubrió que tenía un cerebro sensible, lo que la hacía propensa a la depresión. También se percató de que el suplemento de azafrán y el aroma de lavanda la hacían sentirse mejor.

En segundo lugar, empezó a beber más agua, al saber que mantenerse hidratada era básico para la salud y la energía del cerebro. Y empezó a preguntarse si cada cosa que hacía a lo largo del día era buena o mala para su cerebro. A medida que aumentaba su energía, empezó a hacer más ejercicio, como caminar, bailar o jugar al tenis de mesa, lo que mejoró su estado de ánimo. También emprendió nuevos aprendizajes pensando en su cerebro, como recibir clases de francés (y otros dos idiomas) y tocar la guitarra.

En tercer lugar, añadió a su dieta un multivitamínico, ácidos grasos omega-3, vitamina D (ya que su nivel había salido bajo en los análisis), *ginkgo biloba*, acetil-L-carnitina y fosfatidilserina. «Noté una gran diferencia —comentó—. Siento que estoy nutriendo mi cerebro cada día, como si estuviera regando mis plantas».

En cuarto lugar, motivada por su progreso, cambió su forma de comer y empezó a seguir una dieta como la descrita en el capítulo 11. «Empecé comiendo primero las cosas buenas, para tener menos antojo por las no tan buenas. Así había menos espacio para la comida basura en mi cuerpo». Se preguntaba con frecuencia si los alimentos que le gustaban la cuidaban.

En quinto lugar, dejó de creerse todos los pensamientos que tenía. Escribió sus ANT o PNA y descubrió que, con una mente más sana, era capaz de ignorarlos enseguida. También empezaba todos sus días con la frase: «Hoy será un gran día», y los terminaba con la búsqueda del tesoro: «¿Qué ha ido bien hoy?».

En sexto lugar, subió a su familia al «tren de la salud cerebral», fijándose más en lo que le gustaba de sus seres queridos que en lo que no le gustaba, lo cual fue un cambio significativo para ella. La transformación de Nancy los dejó asombrados. Cuando sus hijos la vieron perder peso y superar su depresión comenzaron a prestar atención a lo que hacía. De modo que les enseñó cómo cuidar de su propio cerebro y su felicidad de una forma positiva.

Por último, Nancy se preguntaba una y otra vez si lo que hacía y pensaba tenía un valor eterno en función de sus valores, propósito y objetivos vitales. Me dijo:

—Lo mejor que puedo hacer por mis hijos es preservar mi salud el mayor tiempo posible. Nunca soñé que podría ser tan feliz y disfrutar tanto en esta etapa de mi vida. Mi existencia ha cambiado por completo. Mi energía, estado de ánimo y memoria están muchísimo mejor, y ya no siento ningún dolor.

Cuando la conocí, Nancy había ahorrado para viajar hasta una de nuestras clínicas y someterse a un escáner cerebral, como autorregalo en su 83 cumpleaños. Al hablar con ella, los ojos se me empañaron de lágrimas. Nancy es la razón por la que hago lo que hago. Fue muy amable y se mostró muy agradecida y divertida. Me dijo que había perdido 32 kilos.

—Sin contar calorías y sin privarme de nada —admitió—. Antes era así [puso cara de pez globo], pero ahora ya no. Me he levantado del sofá y me siento mejor que en los últimos 40 años.

Aquí debajo puedes ver una serie de cerebros típicos de personas de entre ochenta y noventa años. A medida que envejecemos, el cerebro se vuelve cada vez menos activo.

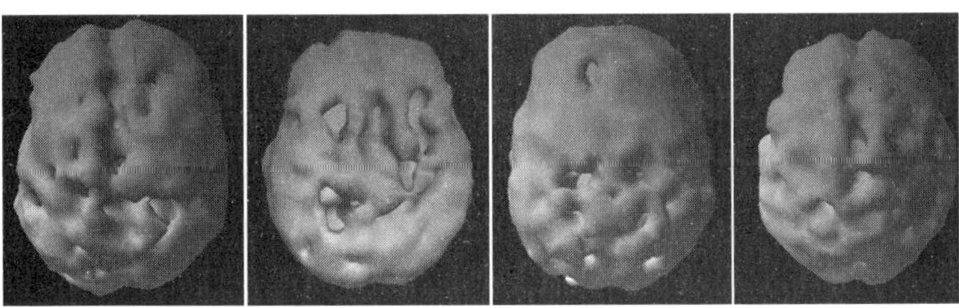

¡Pero el escáner de Nancy tenía el aspecto del de una persona en la cuarentena! Su cerebro estaba sano y fuerte. Al verlo lloró de felicidad, porque fue consciente de que no habría tenido el mismo aspecto hacía un año. Nancy viró el rumbo de su felicidad y del resto de su vida. Y tú también puedes hacerlo. No tienes por qué conformarte con el cerebro que tienes. Eres capaz de mejorarlo, da igual a qué edad empieces.

ESCÁNER SPECT DE SUPERFICIE DE NANCY

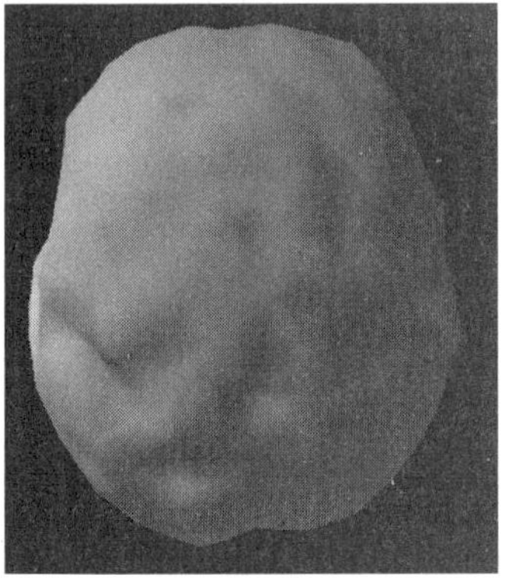

La clave del éxito de Nancy fue que se tomó en serio, casi de manera incansable, la tarea de tomar mejores decisiones. Nunca se sintió privada de nada ni le parecía que su nuevo estilo de vida fuera duro. Ser sedentaria, eso sí que era duro. Estar deprimida era duro. Sentirse aislada y sola, también. Así que desarrolló hábitos y rutinas que impulsaron su éxito y su felicidad.

NANCY Y EL DOCTOR AMEN

Nancy nos demuestra que nunca es demasiado tarde para empezar a asumir la responsabilidad de la propia vida. Ahora te toca a ti hacerte responsable de tu felicidad. Ya conoces los secretos que te ayudarán a conseguirlo.

Permíteme contarte por qué *responsabilidad* es una de las palabras favoritas de mi mujer, Tana. Para ella, fue la palabra que lo cambió todo. Cuando tenía unos veinte años y se estaba recuperando de un cáncer y de la depresión, asistió a un seminario motivacional que impartía su tío Bob. Él había sido adicto a la heroína, pero logró reconducir su vida. Durante el seminario, al ver la autocompasión de Tana, Bob le preguntó:

—¿Cuánta responsabilidad estás dispuesta a asumir?

—No puedo asumir la responsabilidad del cáncer —replicó ella, atónita.

—No te he pedido que asumas la culpa —le contestó él—. La responsabilidad no es lo mismo que la culpa. Es la capacidad para responder. ¿Quieres el 50 % de responsabilidad? Entonces tienes un 50 % de probabilidades de cambiar el resultado. ¿O quieres toda la responsabilidad? Si no tienes el 100 % de responsabilidad, otra persona o cosa que no eres tú tendrá el control.

—Quiero el 100 % de la capacidad para responder —afirmó Tana.

Ese fue el momento en el que se le encendió la bombilla: de inmediato empezó a responsabilizarse de su comportamiento y cambió su vida para siempre. Ahora tienes ante ti la misma elección. ¿Quieres un 50 % de responsabilidad sobre tu vida o prefieres tenerla toda? ¿Cuánto poder y control deseas tener sobre el resultado?

Cuando asumes la responsabilidad y empiezas a cambiar tu felicidad *hoy*, entonces puede cambiar tu futuro y el de las personas a las que amas.

Agradecimientos

Muchas personas han participado en la elaboración de *Sé más feliz: Los 7 secretos de la neurociencia para sentirte bien según tu tipo de cerebro.* Quiero expresar mi más sincero agradecimiento a todas ellas, especialmente a las decenas de miles de pacientes y familias que han confiado en las Clínicas Amen para acompañarlos en el proceso de mejorar su salud. Un agradecimiento especial a aquellos pacientes que me permitieron compartir parte de sus historias en este libro, entre ellos Laura Clery y Stephen Hilton.

Agradezco profundamente al extraordinario equipo de las Clínicas Amen, que cada día trabaja con dedicación para atender a nuestros pacientes. Un reconocimiento especial para Frances Sharpe, Mike Yorkey y Jenny Faherty, cuyo talento y esfuerzo fueron clave para dar forma a este libro y hacerlo accesible para nuestros lectores. Mi gratitud también se extiende a mis amigos y colegas, los doctores Rob Johnson, Kim Schneider, Christine Perkins, Rob Patterson, Jim Springer, Natalie Buchoz, Al Madi, Kevin Richards, Mark Silvestro, Stephanie Villafuerte, Jeff Feuerhaken y James Gilbert, por su invaluable apoyo, cariño y aportes a este proyecto. Agradezco igualmente a Jan Long Harris y al equipo de Tyndale por su confianza en este proyecto y su ayuda para sacarlo adelante, así como a mi editora, Andrea Vinley Converse, cuya dedicación y experiencia hicieron de este libro la mejor versión posible.

Estoy inmensamente agradecido a mi extraordinaria esposa, Tana, mi socia incondicional en cada proyecto y sueño, y a mi familia, que ha tenido la paciencia de acompañarme en mi obsesión por mejorar los cerebros. Os amo profundamente. Sois mi fuente de felicidad diaria.

Sobre el doctor Daniel G. Amen

El doctor Daniel G. Amen sostiene que la salud cerebral es la base de la salud integral y el éxito. Según él, cuando el cerebro funciona correctamente, las personas también lo hacen, pero cuando afronta dificultades, es más probable que estas se reflejen en la vida diaria. Su propósito consiste en ayudar a las personas a mejorar su cerebro y, con ello, sus vidas.

Reconocido como el experto y defensor más influyente en salud mental en Internet por *Sharecare*, y considerado por *The Washington Post* como el psiquiatra más popular de Estados Unidos, sus videos en línea han acumulado más de 150 millones de reproducciones.

El doctor Amen es médico, psiquiatra de niños y adultos, investigador galardonado y autor de doce libros que han sido *bestsellers* en el *New York Times*. Es el fundador y director ejecutivo de las Clínicas Amen, con sedes en Costa Mesa, Walnut Creek y Encino, California; Bellevue, Washington; Washington, D.C.; Atlanta, Georgia; Chicago, Illinois; Dallas, Texas; Nueva York, Nueva York; y Hollywood, Florida.

Las Clínicas Amen poseen la base de datos más extensa del mundo de estudios funcionales del cerebro relacionados con el comportamiento, con más de 200.000 escáneres SPECT y más de 10.000 qEEG realizados a pacientes de más de 155 países.

El doctor Amen es el principal investigador del mayor estudio mundial sobre imágenes cerebrales y rehabilitación en jugadores de fútbol americano profesional. Su investigación no solo ha revelado altos niveles de daño cerebral en los jugadores, sino también la posibilidad de una recuperación significativa para muchos de ellos, a través de los principios fundamentales de su método.

Junto al pastor Rick Warren y el doctor Mark Hyman, el doctor Amen es uno de los principales creadores de *The Daniel Plan*, un programa global para mejorar la salud, que aplican varias organizaciones religiosas. Este programa se ha llevado a cabo en miles de iglesias, mezquitas y sinagogas alrededor del mundo.

También es autor o coautor de más de ochenta artículos profesionales, nueve capítulos en otros títulos y ha participado en más de cuarenta libros, entre los que se incluyen diecisiete bestsellers nacionales y doce bestsellers del *New York Times*. Entre sus obras más destacadas se encuentran *The Daniel Plan* y *Cambia tu cerebro, cambia tu vida*, que ha vendido más de un millón de copias y permaneció cuarenta semanas en la lista de los más vendidos. También es autor de títulos tan influyentes como *The End of Mental Illness, Healing ADD, Mejora tu cerebro cada día, Change Your Body, The Brain Warrior's Way, Memory Rescue* y *Your Brain Is Always Listening.*

Los artículos científicos del doctor Amen han sido publicados en prestigiosas revistas académicas como *Journal of Alzheimer's Disease, Nature's Molecular Psychiatry, PLOS ONE, Nature's Translational Psychiatry, Nature's Obesity, Journal of Neuropsychiatry and Clinical Neuroscience, Minerva Psichiatrica, Journal of Neurotrauma, American Journal of Psychiatry, Nuclear Medicine Communications, Neurological Research, Journal of the American Academy of Child and Adolescent Psychiatry, Primary Psychiatry, Military Medicine* y *General Hospital Psychiatry.*

En enero de 2016, la investigación de su equipo sobre la distinción entre el trastorno de estrés postraumático (TEPT) y las lesiones cerebrales traumáticas (TBI) a partir de más de 21.000 escáneres SPECT fue seleccionada como una de las 100 historias científicas más destacadas por la revista Discover. En 2017, su equipo publicó un estudio basado en más de 46.000 escáneres, evidenciando las diferencias entre los cerebros masculinos y femeninos; y en 2018, su equipo presentó un estudio sobre el envejecimiento cerebral, basado en 62.454 escáneres SPECT.

El doctor Amen ha escrito, producido y presentado dieciséis programas en la televisión pública nacional sobre salud cerebral, los cuales han sido reproducidos más de 130.000 veces en toda América del Norte. A partir de marzo de 2022, su programa más reciente es *You, Happier: The Neuroscience of Feeling Good.*

Junto a su esposa, Tana, el doctor Amen ha conducido *The Brain Warrior's Way Podcast* desde 2015, un programa con más de 1000 episodios y catorce millones de descargas. Ha sido reconocido como uno de los veinte mejores podcasts de todos los tiempos en el ámbito de la salud mental en Apple.

Además, también ha participado en películas como *Quiet Explosions, After the Last Round* y *The Crash Reel*, y fue consultor para la película *Concussion*, protagonizada por Will Smith. Además, participó en la docuserie *Justin Bieber: Seasons* y ha sido un invitado frecuente en programas como *The Dr. Oz Show, Dr. Phil* y *The Doctors.*

Como ponente ha compartido su sabiduría en lugares tan destacados como la Agencia de Seguridad Nacional (NSA), la Fundación Nacional de Ciencias (NSF), la Conferencia *Learning and the Brain* de Harvard, el Departamento del Interior, el Consejo Nacional de Jueces de Tribunales Juveniles y de Familia, las Cortes Supremas de Ohio, Delaware y Wyoming, las Sociedades Canadiense y Brasileña de Medicina Nuclear, y en importantes corporaciones como Merrill Lynch, Hitachi, Bayer Pharmaceuticals, GNC, entre muchas otras. En 2016, ofreció una de las prestigiosas charlas en Google.

El trabajo del doctor Amen ha sido destacado en medios como *Newsweek, Time, Huffington Post, ABC World News, 20/20,* la BBC, *London Telegraph, Parade Magazine, The New York Times, The New York Times Magazine, The Washington Post, MIT Technology Review, World Economic Forum, Los Angeles Times, Men's Health, Bottom Line, Vogue, Cosmopolitan*, y muchos más.

En 2010, fundó BrainMD, una empresa nutracéutica de rápido crecimiento que se dedica a promover enfoques naturales para el cuidado de la salud mental y cerebral.

Está felizmente casado con Tana, es padre de cuatro hijos y abuelo de Elias, Emmy, Liam, Louie y Haven. Además, es un apasionado jugador de tenis de mesa.

Recursos

AMEN CLINICS, INC.

amenclinics.com

Amen Clinics, Inc. (ACI) fue fundada en 1989 por el doctor Daniel G. Amen. Está especializada en diagnósticos innovadores y planificación de tratamientos para una amplia variedad de problemas conductuales, de aprendizaje, emocionales, cognitivos y relacionados con el peso, y atiende tanto a niños como adolescentes y adultos. Los escáneres SPECT son una de las principales herramientas de diagnóstico utilizadas en nuestras clínicas. Amen Clinics posee la base de datos más grande del mundo de escáneres cerebrales vinculados a problemas emocionales, cognitivos y conductuales. La clínica ha ganado reputación internacional por su capacidad para evaluar trastornos relacionados con el cerebro y el comportamiento, tales como TDA/TDAH, depresión, ansiedad, fracaso escolar, lesiones cerebrales traumáticas y conmociones, trastornos obsesivo-compulsivos, agresividad, conflictos matrimoniales, deterioro cognitivo, toxicidad cerebral debido a drogas o alcohol, obesidad, entre otros. Además, trabajamos para optimizar la función cerebral y reducir el riesgo de enfermedades como el Alzheimer y otros problemas asociados con la edad.

Las Clínicas Amen admite derivaciones de médicos, psicólogos, trabajadores sociales, terapeutas matrimoniales y familiares, consejeros de drogas y alcohol, así como de pacientes individuales y familias.

Nuestro número gratuito es (888) 288-9834.

Amen Clinics Orange County, California
3150 Bristol St., Suite 400
Costa Mesa, CA 92626

Amen Clinics Northern California
350 N Wiget Ln., Suite 105
Walnut Creek, CA 94598

Amen Clinics Northwest
616 120th Ave. NE, Suite C100
Bellevue, WA 98005

Amen Clinics Los Angeles
5363 Balboa Blvd., Suite 100
Encino, CA 91316

Amen Clinics Washington, D.C.
1875 Campus Commons Dr.
Reston, VA 20191

Amen Clinics New York
16 East 40th St., 9th Floor
New York, NY 10016

Amen Clinics Atlanta
5901-C Peachtree Dunwoody Rd.,
N.E., Suite 65
Atlanta, GA 30328

Amen Clinics Chicago
2333 Waukegan Rd., Suite 100
Bannockburn, IL 60015

Amen Clinics Dallas
7301 N. State Hwy 161, Suite 170
Irving, TX 75039

Amen Clinics Miami
200 South Park Rd., Suite 140
Hollywood, FL 33021

BRAINMD

brainmd.com

Para obtener suplementos, cursos, libros y productos informativos de la más alta calidad sobre la salud del cerebro.

AMEN UNIVERSITY

amenuniversity.com

En 2014, el doctor Amen fundó Amen University con cursos sobre neurociencia práctica, que incluyen:

- Curso de Certificación Profesional en Salud Cerebral de Amen Clinics
- Curso de Entrenador Licenciado en Salud Cerebral
- *Brain Thrive by 25*, que ha demostrado disminuir el uso de drogas, alcohol y tabaco, reducir la depresión y mejorar la autoestima en adolescentes y jóvenes adultos
- Curso Magistral *Cambia tu cerebro*
- *Programe RESCUE para la memoria*
- *Programa RESCUE para contusiones*
- *Tratamiento para el ADD*
- 6 semanas para Superar la Ansiedad, Depresión, Trauma y Duelo
- Autismo: Un Nuevo Camino
- *The Brain Warrior's Way*
- *Brain Fit for Work and Life*
- Superar el insomnio

Notas

INTRODUCCIÓN

1. Tamara Lush, «'It's Been One Thing After Another': Americans Are Unhappiest They've Been in 50 Years, Poll Shows.» *USA Today*, 16 de junio de 2020. https://www.usatoday.com/story/news/nation/2020/06/16/amid-bad-news-2020-americans-unhappier-more-lonely-poll-shows/3197440001/.
2. Express Scripts. «America's State of Mind Report». 16 de abril de 2020. https://www.express-scripts.com/corporate/americas-state-of-mind-report.
3. Catherine K. Ettman, et al. «Prevalence of Depression Symptoms in US Adults before and during the COVID19 Pandemic». *JAMA Network Open* 3, n.º 9 (2 de septiembre de 2020): e2019686. https://jamanetwork.com/journals/jamanetworkopen/fullarticle/2770146.
4. Michael Argyle, Peter Hills, y Stephen Wright. «Take the Oxford Happiness Questionnaire». *Guardian*, 3 de noviembre de 2014. https://www.theguardian.com/lifeandstyle/2014/nov/03/take-the-oxford-happiness-questionnaire.

CAPÍTULO 1: LOS SIETE SECRETOS DE LA FELICIDAD DE LOS QUE NADIE HABLA

1. Katherine Nelson-Coffey, «The Science of Happiness in Positive Psychology 101», Happiness & SWB (blog). *PositivePsychology.com*, última actualización el 5 de junio de 2021. https://positivepsychology.com/happiness/.
2. Dennis Prager, «Why Be Happy?», *PragerU*, 20 de enero de 2014. Video, 5:05. https://www.youtube.com/watch?v=_Zxnw0l499g.
3. Howard S. Friedman, y Leslie R. Martin. *The Longevity Project: Surprising Discoveries for Health and Long Life from the Landmark Eight-Decade Study.* Nueva York: Plume, 2012.
4. Joel Fuhrman, «The Hidden Dangers of Fast and Processed Food». *American Journal of Lifestyle Medicine* 12, n.º 5 (septiembre-octubre de 2018): 375–381. https://www.ncbi.nlm.nih.gov/pmc/articles/PMC6146358/.

   Joel Fuhrman, «An Interview with Dr. Joel Fuhrman on the Importance of Diet». Entrevista por Oliver M. Glass. *American Journal of Psychiatry Residents' Journal* 14, n.º 3 (8 de marzo de 2019): 6–7.
5. Justin B. Echouffo-Tcheugui, et al. «Circulating Cortisol and Cognitive and Structural Brain Measures: The Framingham Heart Study». *Neurology* 91, n.º 21 (noviembre de 2018): e1961–e1970. doi: 10.1212/WNL.0000000000006549.
6. Deyan Georgiev, «How Much Time Do People Spend on Social Media? [63+ Facts to Like, Share and Comment]». *Review 42*, última actualización el 22 de mayo de 2021. https://review42.com/resources/how-much-time-do-people-spend-on-social-media/
7. Ian Bogost, «The Cigarette of This Century». *Atlantic*, 6 de junio de 2012. https://www.theatlantic.com/technology/archive/2012/06/the-cigarette-of-this-century/258092/.
8. World Health Organization. «Addictive Behaviours: Gaming Disorder». 14 de septiembre de 2018. https://www.who.int/news-room/q-a-detail/gaming-disorder.
9. Shawn Achor y Michelle Gielan. «Consuming Negative News Can Make You Less Effective at Work». *Harvard Business Review*, 14 de septiembre de 2015. https://hbr.org/2015/09/consuming-negative-news-can-make-you-less-effective-at-work.

10. Daniel G. Amen et al. «Discriminative Properties of Hippocampal Hypoperfusion in Marijuana Users Compared to Healthy Controls: Implications for Marijuana Administration in Alzheimer's Dementia». *Journal of Alzheimer's Disease* 56, n.º 1 (12 de enero de 2017): 261–273. https://pubmed.ncbi.nlm.nih.gov/27886010/.
11. Daniel T. Malone, Matthew N. Hill, y Tiziana Rubino. «Adolescent Cannabis Use and Psychosis: Epidemiology and Neurodevelopmental Models». *British Journal of Pharmacology* 160, n.º 3 (junio de 2010): 511–522. https://pubmed.ncbi.nlm.nih.gov/20590561/.
12. Gabriella Gobbi et al. «Association of Cannabis Use in Adolescence and Risk of Depression, Anxiety, and Suicidality in Young Adulthood». *JAMA Psychiatry* 76, n.º 4 (13 de febrero de 2019): 426–434. doi: 10.1001/jamapsychiatry.2018.4500.
13. Joe Leech. «13 Ways That Sugary Soda Is Bad for Your Health». *Healthline*, 8 de febrero de 2019. https://www.healthline.com/nutrition/13-ways-sugary-soda-is-bad-for-you.
14. Grant Edward Donnelly et al. «The Amount and Source of Millionaires' Wealth (Moderately) Predicts Their Happiness». *Personality and Social Psychology Bulletin* 44, n.º 5 (mayo de 2018): 684–699. https://www.hbs.edu/faculty/Pages/item.aspx?num=53540.
15. Sara Miñarro et al. «Happy without Money: Minimally Monetized Societies Can Exhibit High Subjective Well-Being». *PLOS ONE* 16, n.º 1 (13 de enero de 2021): e0244569. https://journals.plos.org/plosone/article?id=10.1371/journal.pone.0244569.
16. Amit Kumar, Matthew A. Killingsworth, y Thomas Gilovich. «Spending on Doing Promotes More Moment-to-Moment Happiness Than Spending on Having». *Journal of Experimental Social Psychology* 88 (mayo de 2020): 103971. https://www.sciencedirect.com/science/article/abs/pii/S0022103119305256?via%3Dihub.
17. National Library of Medicine. «Omega 3 and Mood». Resultados de búsqueda en PubMed, consultado el 13 de junio de 2021. https://pubmed.ncbi.nlm.nih.gov/?term=omega+3+and+mood.
18. National Library of Medicine. «Vitamin D and Mood». Resultados de búsqueda en PubMed, consultado el 13 de junio de 2021. https://pubmed.ncbi.nlm.nih.gov/?term=vitamin+d+and+mood.
19. National Library of Medicine. «St. John's Wort». Resultados de búsqueda en PubMed, consultado el 13 de junio de 2021. https://pubmed.ncbi.nlm.nih.gov/?term=st.+john%27s+wort.
20. Majid Fotuhi. «Can You Grow Your Hippocampus? Yes. Here's How, and Why It Matters». *SharpBrains*, 4 de noviembre de 2015. http://sharpbrains.com/blog/2015/11/04/can-you-grow-your-hippocampus-yes-heres-how-and-why-it-matters/.
21. Felice N. Jacka et al. «A Randomized Controlled Trial of Dietary Improvement for Adults with Major Depression (the 'SMILES' Trial)». *BMC Medicine* 15, n.º 23 (30 de enero de 2017). https://bmcmedicine.biomedcentral.com/articles/10.1186/s12916-017-0791-y.
22. James Cook University. «Study Firms up Diet and Depression Link.» *ScienceDaily*, 10 de octubre de 2018. http://www.sciencedaily.com/releases/2018/10/181010093645.htm.
23. Daniel G. Amen. *Healing ADD from the Inside Out.* Edición revisada. Nueva York: Berkley Books, 2013, capítulo 23.

CAPÍTULO 2: ENCONTRAR LA FELICIDAD EN EL CEREBRO

1. He contado la historia del primer escáner SPECT de mi madre en multitud de ocasiones, por ejemplo, en *Change Your Brain, Change Your Life*, rev. ed. (New York: Harmony Books, 2015), 58–59».
2. Me gusta empezar la mayoría de mis libros con una breve lección sobre la biología del cerebro y como sus regiones desempeñan un papel determinante en la salud mental y los problemas físicos. Cuanto más sepas sobre tu cerebro, mayor será tu preocupación para cuidarlo adecuadamente.
3. Daniel Kahneman. «Introduction to *Thinking, Fast and Slow*». (New York: Farrar, Straus and Giroux, 2011).

4. Michael Argyle, Peter Hills y Stephen Wright. «Take the Oxford Happiness Questionnaire». *Guardian*, 3 de noviembre de 2014. https://www.theguardian.com/lifeandstyle/2014/nov/03/take-the-oxford-happiness-questionnaire.
5. Silvia H. Cardoso. «Hardwired for Happiness». *Cerebrum*, Dana Foundation, 15 de diciembre de 2006. https://dana.org/article/hardwired-for-happiness.

CAPÍTULO 3: INTRODUCCIÓN A LOS TIPOS DE CEREBRO

1. He escrito sobre los cinco tipos principales de cerebro en Daniel G. Amen y Tana Amen, *The Brain Warrior's Way* (New York: New American Library, 2016), 65–69.»
2. Sobre los distintos tipos de cerebro: *The Brain Warrior's Way* (New York: New American Library, 2016); *Change Your Brain, Change Your Grades* (Dallas: BenBella Books, 2019); y *Your Brain Is Always Listening* (Carol Stream, IL: Tyndale, 2021)».
3. Elizabeth Scott. «What Happy People Have in Common». *Verywell Mind*, actualizado el 1 de diciembre de 2020. https://www.verywellmind.com/secrets-of-happy-people-3144868.

CAPÍTULO 5: CEREBRO ESPONTÁNEO

1. South West News Service, «Acting Spontaneously Might Be the Key to Happiness». *New York Post*, 11 de junio de 2020. https://nypost.com/2020/06/11/is-acting-spontaneously-the-key-to-happiness/.»
2. Daniel G. Amen. «*Healing ADD from the Inside Out*, rev. ed.» (New York: Berkley Books, 2013), capítulo 16.
3. Daniel Z. Lieberman y Michael E. Long. «*The Molecule of More: How a Single Chemical in Your Brain Drives Love, Sex, and Creativity—and Will Determine the Fate of the Human Race*». (Dallas: BenBella Books, 2018), 16.
4. Harry Benson y Rehna Azim. «Celebrity Divorce Rates». *Marriage Foundation*, enero de 2016. https://marriagefoundation.org.uk/wp-content/uploads/2016/06/pdf-03.pdf.
5. William H. Church, Ryan E. Adams y Livia S. Wyss. «Ketogenic Diet Alters Dopaminergic Activity in the Mouse Cortex». *Neuroscience Letters* 571 (13 de junio de 2014): 1–4. https://www.sciencedirect.com/science/article/abs/pii/S030439401400319X?via%3Dihub.
6. Tiffany Field et al. «Cortisol Decreases and Serotonin and Dopamine Increase following Massage Therapy». *International Journal of Neuroscience* 115, n.º 10 (octubre de 2005): 1397–413. https://pubmed.ncbi.nlm.nih.gov/16162447/
7. Valorie N. Salimpoor et al. «Anatomically Distinct Dopamine Release during Anticipation and Experience of Peak Emotion to Music.» *Nature Neuroscience* 14 (9 de enero de 2011): 257–62. https://www.nature.com/articles/nn.2726.
8. Hsiang-Yi Tsai et al. «Sunshine-Exposure Variation of Human Striatal Dopamine D(2)/D(3) Receptor Availability in Healthy Volunteers.» *Progress in Neuro-Psychopharmacology and Biological Psychiatry* 35, n.º 1 (15 de enero de 2011): 107–10. https://pubmed.ncbi.nlm.nih.gov/20875835/.

CAPÍTULO 6: CEREBRO PERSISTENTE

1. Ángel Pazos, Alphonse Probst y J. M. Palacios. «Serotonin Receptors in the Human Brain—IV. Autoradiographic Mapping of Serotonin-2 Receptors». *Neuroscience* 21, n.º 1 (abril de 1987): 123–39. https://www.sciencedirect.com/science/article/abs/pii/0306452287903277?via%3Dihub#!.
2. Simon N. Young. «How to Increase Serotonin in the Human Brain without Drugs». *Journal of Psychiatry and Neuroscience* 32, n.º 6 (noviembre de 2007): 394–99. https://www.ncbi.nlm.nih.gov/pmc/articles/PMC2077351/#r34-1.
3. Imperial College London. «Rethinking Serotonin Could Lead to a Shift in Psychiatric Care». *ScienceDaily*, 4 de septiembre de 2017. https://www.sciencedaily.com/releases/2017/09/170904093724.htm.
4. Rhonda P. Patrick y Bruce N. Ames. «Vitamin D and the Omega3 Fatty Acids Control Serotonin Synthesis and Action, Part 2: Relevance for ADHD, Bipolar Disorder,

Schizophrenia, and Impulsive Behavior». *FASEB Journal* 29, n.º 6 (24 de febrero de 2015): 2207–22. https://faseb.onlinelibrary.wiley.com/doi/full/10.1096/fj.14-268342.

5. Tiffany Field et al. «Massage Therapy Effects on Depressed Pregnant Women». *Journal of Psychosomatic Obstetrics and Gynaecology* 25, n.º 2 (junio de 2004): 115–22. https://pubmed.ncbi.nlm.nih.gov/15715034/.

   Tiffany Field et al. «Cortisol Decreases and Serotonin and Dopamine Increase following Massage Therapy». *International Journal of Neuroscience* 115, n.º 10 (octubre de 2005): 1397–413. https://pubmed.ncbi.nlm.nih.gov/16162447/.

6. Robert N. Golden et al. «The Efficacy of Light Therapy in the Treatment of Mood Disorders: A Review and Meta-Analysis of the Evidence». *American Journal of Psychiatry* 162, n.º 4 (abril de 2005): 656–62. https://ajp.psychiatryonline.org/doi/full/10.1176/appi.ajp.162.4.656.

7. Marije aan het Rot et al. «Bright Light Exposure during Acute Tryptophan Depletion Prevents a Lowering of Mood in Mildly Seasonal Women». *European Neuropsychopharmacology* 18, n.º 1 (enero de 2008): 14–23. https://www.sciencedirect.com/science/article/abs/pii/S0924977X07001137.

8. Elisabeth Perreau-Linck et al. «In vivo Measurements of Brain Trapping of C-labelled Alpha-methyl-Ltryptophan during Acute Changes in Mood States». *Journal of Psychiatry and Neuroscience* 32, n.º 6 (noviembre de 2007): 430–34. https://www.ncbi.nlm.nih.gov/pmc/articles/PMC2077345/.

CAPÍTULO 7: CEREBRO SENSIBLE

1. Judith Orloff, «How to Thrive as a Sensitive Person, with Dr. Judith Orloff». *Brain Warrior's Way Podcast*, 22 de octubre de 2019, 13:11. https://brainwarriorswaypodcast.com/how-to-thrive-as-a-sensitive-person-with-dr-judith-orloff//.

2. Colin A. Capaldi, Raelyne L. Dopko, y John M. Zelenski, «The Relationship between Nature Connectedness and Happiness: A Meta-analysis». *Frontiers in Psychology* 5 (8 de septiembre de 2014): 976. https://www.frontiersin.org/articles/10.3389/fpsyg.2014.00976/full.

3. Inna Schneiderman et al., «Oxytocin during the Initial Stages of Romantic Attachment: Relations to Couples' Interactive Reciprocity». *Psychoneuroendocrinology* 37, n.º 8 (agosto de 2012): 1277–85. https://www.ncbi.nlm.nih.gov/pmc/articles/PMC3936960/.

   Melanie Greenberg, «The Science of Love and Attachment». *Psychology Today*, 30 de marzo de 2016. https://www.psychologytoday.com/us/blog/the-mindful-self-express/201603/the-science-love-and-attachment.

   Scott Edwards. «Love and the Brain». *Harvard Medical School*, primavera de 2015. https://hms.harvard.edu/news-events/publications-archive/brain/love-brain.

4. Martin Sack et al., «Intranasal Oxytocin Reduces Provoked Symptoms in Female Patients with Posttraumatic Stress Disorder Despite Exerting Sympathomimetic and Positive Chronotropic Effects in a Randomized Controlled Trial». *BMC Medicine* 15, n.º 1 (febrero de 2017): 40. https://www.ncbi.nlm.nih.gov/pmc/articles/PMC5314583/.

5. Jessie L. Frijling, «Preventing PTSD with Oxytocin: Effects of Oxytocin Administration on Fear Neurocircuitry and PTSD Symptom Development in Recently Trauma-Exposed Individuals». *European Journal of Psychotraumatology* 8, n.º 1 (11 de abril de 2017): 1302652. https://www.ncbi.nlm.nih.gov/pmc/articles/PMC5400019/.

6. K. Paul Stoller, *Oxytocin: The Hormone of Healing and Hope*. Lagunitas, CA: Dream Treader Press, 2012, 1–3.

7. Lori Singer, «Oxytocin—More than a Love Hormone». *Be Her Village*, 24 de septiembre de 2020. https://behervillage.com/articles/oxytocin-more-than-a-love-hormone.

8. Miho Nagasawa et al., «Oxytocin-Gaze Positive Loop and the Coevolution of Human-Dog Bonds». *Science* 348, n.º 6232 (17 de abril de 2015): 333–36. https://science.sciencemag.org/content/348/6232/333.

9. Alan R. Harvey, «Links Between the Neurobiology of Oxytocin and Human Musicality». *Frontiers in Human Neuroscience* 14 (26 de agosto de 2020): 350. https://doi.org/10.3389/fnhum.2020.00350.
10. Ferris Jabr, «Let's Get Physical: The Psychology of Effective Workout Music». *Scientific American*, 20 de marzo de 2013. https://www.scientificamerican.com/article/psychology-workout-music/.
11. Naveen Jayaram et al., «Effect of Yoga Therapy on Plasma Oxytocin and Facial Emotion Recognition Deficits in Patients of Schizophrenia». *Indian Journal of Psychiatry* 55, n.º S3 (julio de 2013): S409–13. https://www.ncbi.nlm.nih.gov/pmc/articles/PMC3768223/.
12. Thomas Christopher, «10 Healthy Ways to Boost Your Happy Hormones». *Medium*, 25 de enero de 2021. https://medium.com/datadriveninvestor/10-healthy-ways-to-boost-your-happy-hormones-7f6e2535203e.
13. Kerstin Uvnäs-Moberg, Linda Handlin, y Maria Petersson, «Self-Soothing Behaviors with Particular Reference to Oxytocin Release Induced by Non-noxious Sensory Stimulation». *Frontiers in Psychology* 5 (12 de enero de 2015): 1529. https://www.frontiersin.org/articles/10.3389/fpsyg.2014.01529/full.
14. Takumi Nagasawa, Mitsuaki Ohta, y Hidehiko Uchiyama. «Effects of the Characteristic Temperament of Cats on the Emotions and Hemodynamic Responses of Humans». *PLOS ONE* 15, n.º 6 (25 de junio de 2020): e0235188. https://pubmed.ncbi.nlm.nih.gov/32584860/.
15. Brenda Goodman, «How the 'Love Hormone' Works Its Magic». *WebMD*, 25 de noviembre de 2013. https://www.webmd.com/sex-relationships/news/20131125/how-the-love-hormone-works-its-magic.
16. National Institute on Drug Abuse, «Overdose Death Rates». 29 de enero de 2021. https://www.drugabuse.gov/drug-topics/trends-statistics/overdose-death-rates.
17. Kent C. Berridge y Morten L. Kringelbach, «Pleasure Systems in the Brain». *Neuron* 86, n.º 3 (6 de mayo de 2015): 646–64.
18. Shiv Basant Kumar et al., «Telomerase Activity and Cellular Aging Might Be Positively Modified by a Yoga-Based Lifestyle Intervention». *Journal of Alternative and Complementary Medicine* 21, n.º 6 (junio de 2015): 370–72. https://www.liebertpub.com/doi/10.1089/acm.2014.0298.
19. P. B. Rokade, «Release of Endomorphin Hormone and Its Effects on Our Body and Moods: A Review». (International Conference on Chemical, Biological and Environmental Sciences, Bangkok, diciembre de 2011). http://psrcentre.org/images/extraimages/41.%20 1211916.pdf.
20. Rokade, «Release of Endomorphin Hormone».
21. Sandra Manninen et al., «Social Laughter Triggers Endogenous Opioid Release in Humans». *Journal of Neuroscience* 37, n.º 25 (21 de junio de 2017): 6125–31. https://www.jneurosci.org/content/37/25/6125.
22. Ji-Sheng Han, «Acupuncture and Endorphins». *Neuroscience Letters* 361, nos. 1–3 (6 de mayo de 200
23. David P. Sniezek e Imran J. Siddiqui, «Acupuncture for Treating Anxiety and Depression in Women: A Clinical Systematic Review». *Medical Acupuncture* 25, n.º 3 (junio de 2013): 164–72. https://pubmed.ncbi.nlm.nih.gov/24761171/.
24. Fatma Gülçin Ug˘urlu et al., «The Effects of Acupuncture versus Sham Acupuncture in the Treatment of Fibromyalgia: A Randomized Controlled Clinical Trial». *Acta Reumatologica Portuguesa* 42, n.º 1 (enero-marzo de 2017): 32–37. https://pubmed.ncbi.nlm.nih.gov/28371571/.
25. Xuan Yin et al., «Efficacy and Safety of Acupuncture Treatment on Primary Insomnia: A Randomized Controlled Trial». *Sleep Medicine* 37 (septiembre de 2017): 193–200. https://pubmed.ncbi.nlm.nih.gov/28899535/.

CAPÍTULO 8: CEREBRO PRUDENTE

1. Dr. Daniel Amen, «Brittany Furlan Has Her Brain Scanned at Amen Clinics (Part 1)», Facebook, vídeo, 4:28, 25 de noviembre de 2020, https://www.facebook.com/watch/?v=414592606488399.
2. Amen Clinics, «Young Entrepreneur Neels Visser Came to Amen Clinics to Get His Brain Scanned Due to Concerns over Keeping His Anxiety in Check», Facebook, vídeo, 7:52, 27 de enero de 2021, https://www.facebook.com/AmenClinic/posts/2073910632740336.
3. Chloe Taylor, «Here's Why People Are Panic Buying and Stockpiling Toilet Paper to Cope with Coronavirus Fears», CNBC, 11 de marzo de 2020, https://www.cnbc.com/2020/03/11/heres-why-people-are-panic-buying-and-stockpiling-toilet-paper.html.
4. «How a Couple Used Their Brains to Escape an Active Shooter at Route 91, with Troy and Shannon Zeeman», *Brain Warrior's Way Podcast*, 7 de enero de 2020, https://brainwarriorswaypodcast.com/how-a-couple-used-their-brains-to-escape-an-active-shooter-at-route-91-with-troy-and-shannon-zeeman/.
5. Crissa L. Guglietti et al., «Meditation-Related Increases in GABAB Modulated Cortical Inhibition», *Brain Stimulation* 6, n.º 3 (mayo de 2013): 397–402, https://pubmed.ncbi.nlm.nih.gov/23022436/.
6. Chris C. Streeter et al., «Effects of Yoga versus Walking on Mood, Anxiety, and Brain GABA Levels: A Randomized Controlled MRS Study», *Journal of Alternative and Complementary Medicine* 16, n.º 11 (noviembre de 2010): 1145–52, https://www.ncbi.nlm.nih.gov/pmc/articles/PMC3111147/.

   Chris C. Streeter et al., «Yoga Asana Sessions Increase Brain GABA Levels: A Pilot Study», *Journal of Alternative and Complementary Medicine* 13, n.º 4 (mayo de 2007): 419–26, https://pubmed.ncbi.nlm.nih.gov/17532734/.
7. Andrew Steptoe, Jane Wardle, y Michael Marmot, «Positive Affect and Health-Related Neuroendocrine, Cardiovascular, and Inflammatory Processes», *Proceedings of the National Academy of Sciences of the United States of America* 102, n.º 18 (3 de mayo de 2005): 6508–12, https://www.ncbi.nlm.nih.gov/pmc/articles/PMC1088362/.
8. Edward J. Sachar, Jeremy C. Cobb, y Ronald E. Shor, «Plasma Cortisol Changes during Hypnotic Trance: Relation to Depth of Hypnosis», *Archives of General Psychiatry* 14, n.º 5 (mayo de 1966): 482–90, https://jamanetwork.com/journals/jamapsychiatry/article-abstract/489024.
9. Dawson Church, Garret Yount, y Audrey J. Brooks, «The Effect of Emotional Freedom Techniques on Stress Biochemistry: A Randomized Controlled Trial», *Journal of Nervous and Mental Disease* 200, n.º 10 (octubre de 2012): 891–96, https://pubmed.ncbi.nlm.nih.gov/22986277/.
10. Long Zhang et al., «A Review Focused on the Psychological Effectiveness of Tai Chi on Different Populations», *Evidence-Based Complementary and Alternative Medicine* 2012 (2012): 678107, https://www.hindawi.com/journals/ecam/2012/678107/.
11. Tiffany Field et al., «Cortisol Decreases and Serotonin and Dopamine Increase following Massage Therapy», *International Journal of Neuroscience* 115, n.º 10 (octubre de 2005): 1397–413, https://pubmed.ncbi.nlm.nih.gov/16162447/.
12. Matthew Thorpe, «11 Natural Ways to Lower Your Cortisol Levels», Healthline, 17 de abril de 2017, https://www.healthline.com/nutrition/ways-to-lower-cortisol.

CAPÍTULO 9: LAS MENTES DESPIERTAS SON MÁS FELICES

1. Daniel G. Amen, *Memory Rescue* (Carol Stream, IL: Tyndale, 2017).

   Daniel G. Amen, *The End of Mental Illness* (Carol Stream, IL: Tyndale, 2020).
2. Stephanie Studenski et al., «Gait Speed and Survival in Older Adults», *JAMA* 305, n.º 1 (5 de enero de 2011): 50–58, https://www.ncbi.nlm.nih.gov/pmc/articles/PMC3080184/.
3. Gabriele Gratton et al., «Dietary Flavanols Improve Cerebral Cortical Oxygenation and Cognition in Healthy Adults», *Scientific Reports* 10 (24 de noviembre de 2020): 19409, https://www.nature.com/articles/s41598-020-76160-9.

4. Paul G. Harch et al., «A Phase I Study of Low-Pressure Hyperbaric Oxygen Therapy for Blast-Induced Post-Concussion Syndrome and Post-Traumatic Stress Disorder», *Journal of Neurotrauma* 29, n.º 1 (1 de enero de 2012): 168–85, https://pubmed.ncbi.nlm.nih.gov/22026588/.

5. Morteza Azizi et al., «The Role of Cognitive Group Therapy and Happiness Training on Cerebral Blood Flow Using 99mTc-ECD Brain Perfusion SPECT: A Quasi-Experimental Study of Depressed Patients», *Nuklearmedizin* 53, n.º 5 (2014): 205–10, https://pubmed.ncbi.nlm.nih.gov/24823430/.

6. Angelo Suardi et al., «The Neural Correlates of Happiness: A Review of PET and fMRI Studies Using Autobiographical Recall Methods», *Cognitive, Affective, and Behavioral Neuroscience* 16, n.º 3 (junio de 2016): 383–92, https://pubmed.ncbi.nlm.nih.gov/26912269/.

7. Jun Sugawara, Takashi Tarumi, and Hirofumi Tanaka, «Effect of Mirthful Laughter on Vascular Function», *American Journal of Cardiology* 106, n.º 6 (15 de septiembre de 2010): 856–59, https://pubmed.ncbi.nlm.nih.gov/20816128/.

8. Cigna, *Loneliness and the Workplace*, 2020, https://www.cigna.com/static/www-cigna-com/docs/about-us/newsroom/studies-and-reports/combatting-loneliness/cigna-2020-loneliness-factsheet.pdf.

9. Wido G. M. Oerlemans, Arnold B. Bakker, and Ruut Veenhoven, «Finding the Key to Happy Aging: A Day Reconstruction of Happiness», *Journals of Gerontology: Series B*, 66B, n.º 6 (noviembre de 2011): 665–74, https://academic.oup.com/psychsocgerontology/article/66B/6/665/588065.

10. Pedro Marques-Vidal and Virginia Milagre, «Are Oral Health Status and Care Associated with Anxiety and Depression? A Study of Portuguese Health Science Students», *Journal of Public Health Dentistry* 66, n.º 1 (invierno de 2006): 64–66, https://pubmed.ncbi.nlm.nih.gov/16570753/.

11. Daniel G. Amen et al., «Quantitative Erythrocyte Omega-3 EPA Plus DHA Levels Are Related to Higher Regional Cerebral Blood Flow on Brain SPECT», *Journal of Alzheimer's Disease* 58, n.º 4 (2017): 1189–99, https://pubmed.ncbi.nlm.nih.gov/28527220/.

12. Masahiro Matsunaga et al., «Association between Perceived Happiness Levels and Peripheral Circulating Pro-Inflammatory Cytokine Levels in Middle-Aged Adults in Japan», *Neuro Endocrinology Letters* 32, n.º 4 (2011): 458–63, https://pubmed.ncbi.nlm.nih.gov/21876513/.

13. Nancy L. Sin, Jennifer E. Graham-Engeland, and David M. Almeida, «Daily Positive Events and Inflammation: Findings from the National Study of Daily Experiences», *Brain, Behavior, and Immunity* 43 (enero de 2015): 130–38, https://www.sciencedirect.com/science/article/abs/pii/S0889159114004073.

14. Meike Bartels, «Genetics of Wellbeing and Its Components Satisfaction with Life, Happiness, and Quality of Life: A Review and Meta-Analysis of Heritability Studies», *Behavior Genetics* 45, n.º 2 (marzo de 2015): 137–56, https://pubmed.ncbi.nlm.nih.gov/25715755/.

15. Kevin F. Bieniek et al., «Chronic Traumatic Encephalopathy Pathology in a Neurodegenerative Disorders Brain Bank», *Acta Neuropathologica* 130, n.º 6 (2015): 877–89, https://www.ncbi.nlm.nih.gov/pmc/articles/PMC4655127/.

16. Daniel G. Amen et al., «Discriminative Properties of Hippocampal Hypoperfusion in Marijuana Users Compared to Healthy Controls: Implications for Marijuana Administration in Alzheimer's Dementia», *Journal of Alzheimer's Disease* 56, n.º 1 (2017): 261–73, https://pubmed.ncbi.nlm.nih.gov/27886010/.

17. K. F. Koltyn et al., «Changes in Mood State following Whole-Body Hyperthermia», *International Journal of Hyperthermia* 8, n.º 3 (mayo-junio de 1992): 305–7, https://pubmed.ncbi.nlm.nih.gov/1607735/.

18. Katriina Kukkonen-Harjula and K. Kauppinen, «How the Sauna Affects the Endocrine System», *Annals of Clinical Research* 20, n.º 4 (1988): 262–66, https://pubmed.ncbi.nlm.nih.gov/3218898/.

Daniela Ježová et al., «Rise in Plasma Beta-Endorphin and ACTH in Response to Hyperthermia in Sauna», *Hormone and Metabolic Research* 17, n.º 12 (diciembre de 1985): 693–94, https://www.thieme-connect.com/products/ejournals/abstract/10.1055/s-2007-1013648.

19. Katriina Kukkonen-Harjula et al., «Haemodynamic and Hormonal Responses to Heat Exposure in a Finnish Sauna Bath», *European Journal of Applied Physiology and Occupational Physiology* 58, n.º 5 (1989): 543–50, https://pubmed.ncbi.nlm.nih.gov/2759081/.
20. Giorgio Touburg and Ruut Veenhoven, «Mental Health Care and Average Happiness: Strong Effect in Developed Nations», *Administration and Policy in Mental Health* 42, n.º 4 (julio de 2015): 394–404, https://pubmed.ncbi.nlm.nih.gov/25091049/.
21. Jerome Sarris et al., «Adjuctive Nutraceuticals for Depression: A Systematic Review and Meta-Analyses», *American Journal of Psychiatry* 173, n.º 6 (junio de 2016): 575–87, https://ajp.psychiatryonline.org/doi/10.1176/appi.ajp.2016.15091228.
22. Daniel G. Amen, *Your Brain Is Always Listening* (Carol Stream, IL: Tyndale, 2021), 111.
23. Yoram Barak, «The Immune System and Happiness», *Autoimmunity Reviews* 5, n.º 8 (octubre de 2006): 523–27, https://www.sciencedirect.com/science/article/abs/pii/S1568997206000279.
24. Aiko Tanaka, Nobuko Tokuda, and Kiyoshi Ichihara, «Psychological and Physiological Effects of Laughter Yoga Sessions in Japan: A Pilot Study», *Nursing and Health Sciences* 20, n.º 3 (septiembre de 2018): 304–12, https://onlinelibrary.wiley.com/doi/abs/10.1111/nhs.12562.
25. Kristen C. Willeumier et al., «Elevated BMI is Associated with Decreased Blood Flow in the Prefrontal Cortex Using SPECT Imaging in Healthy Adults», *Obesity* 19, n.º 5 (mayo de 2011): 1095–97, https://pubmed.ncbi.nlm.nih.gov/21311507/.

    Daniel G. Amen et al., «Patterns of Cerebral Blood Flow as a Function of Obesity in Adults», *Journal of Alzheimer's Disease* 77, n.º 3 (2020): 1331–37, https://pubmed.ncbi.nlm.nih.gov/32773393/.

    K. Willeumier et al., «Elevated Body Mass in National Football League Players Linked to Cognitive Impairment and Decreased Prefrontal Cortex and Temporal Pole Activity», *Translational Psychiatry* 2, n.º 1 (17 de enero de 2012): e68, https://pubmed.ncbi.nlm.nih.gov/22832730/.
26. Floriana S. Luppino et al., «Overweight, Obesity, and Depression: A Systematic Review and Meta-Analysis of Longitudinal Studies», *Archives of General Psychiatry* 67, n.º 3 (2010): 220–29, https://pubmed.ncbi.nlm.nih.gov/20194822/.
27. Centers for Disease Control and Prevention, «The Surprising Truth about Prediabetes», última revisión el 11 de junio de 2020, https://www.cdc.gov/diabetes/library/features/truth-about-prediabetes.html.

CAPÍTULO 10: NUTRACÉUTICOS FELICES

1. Clemens W. Janssen et al., «Whole-Body Hyperthermia for the Treatment of Major Depressive Disorder: A Randomized Clinical Trial», *JAMA Psychiatry* 73, n.º 8 (1 de agosto de 2016): 789–95, https://pubmed.ncbi.nlm.nih.gov/27172277/.
2. Daniel G. Amen, *The End of Mental Illness* (Carol Stream, IL: Tyndale, 2020).
3. Jeffrey B. Blumberg et al., «Impact of Frequency of Multi-Vitamin/Multi-Mineral Supplement Intake on Nutritional Adequacy and Nutrient Deficiencies in U.S. Adults», *Nutrients* 9, n.º 8 (9 de agosto de 2017): 849, https://pubmed.ncbi.nlm.nih.gov/28792457/.

    Victor L. Fulgoni 3rd et al., «Foods, Fortificants, and Supplements: Where Do Americans Get Their Nutrients?», *Journal of Nutrition* 141, n.º 10 (octubre de 2011): 1847–54, https://pubmed.ncbi.nlm nih.gov/21865560/.

    Maret G. Traber, «Vitamin E Inadequacy in Humans: Causes and Consequences», *Advances in Nutrition* 5, n.º 5 (septiembre de 2014): 503–14, https://academic.oup.com/advances/article/5/5/503/4565757.

4. Yaron Steinbuch, «90% of Americans Eat Garbage», *New York Post*, 17 de noviembre de 2017, https://nypost.com/2017/11/17/90-of-americans-eat-like-garbage/. Centers for Disease Control and Prevention, «Only 1 in 10 Adults Get Enough Fruits or Vegetables», 16 de noviembre de 2017, https://www.cdc.gov/media/releases/2017/p1116-fruit-vegetable-consumption.html.
5. Robert H. Fletcher y Kathleen M. Fairfield, «Vitamins for Chronic Disease Prevention in Adults: Clinical Applications», *JAMA* 287, n.º 23 (19 de junio de 2002): 3127–29, https://jamanetwork.com/journals/jama/fullarticle/195039.
6. Mark Hyman, *The UltraMind Solution: Fix Your Broken Brain by Healing Your Body First* (Nueva York: Scribner, 2008), 114.
7. Charles W. Popper, «Single-Micronutrient and Broad-Spectrum Micronutrient Approaches for Treating Mood Disorders in Youth and Adults», *Child and Adolescent Psychiatric Clinics of North America* 23, n.º 3 (julio de 2014): 591–672, https://www.sciencedirect.com/science/article/abs/pii/S1056499314000315?via%3Dihub.
8. Meredith Blampied, «Broad Spectrum Micronutrient Formulas for the Treatment of Symptoms of Depression, Stress, and/or Anxiety: A Systematic Review», *Expert Review of Neurotherapeutics* 20, n.º 4 (abril de 2020): 351–71, https://pubmed.ncbi.nlm.nih.gov/32178540/.
9. Julia J. Rucklidge y Bonnie J. Kaplan, «Broad-Spectrum Micronutrient Formulas for the Treatment of Psychiatric Symptoms: A Systematic Review», *Expert Review of Neurotherapeutics* 13, n.º 1 (enero de 2013): 49–73, https://pubmed.ncbi.nlm.nih.gov/23253391/.
10. Stephen J. Schoenthaler y Ian D. Bier, «The Effect of Vitamin-Mineral Supplementation on Juvenile Delinquency among American Schoolchildren: A Randomized, Double-Blind Placebo-Controlled Trial», *Journal of Alternative and Complementary Medicine* 6, n.º 1 (febrero de 2000): 7–17, https://pubmed.ncbi.nlm.nih.gov/10706231/.
11. Julia J. Rucklidge et al., «Vitamin-Mineral Treatment of Attention-Deficit Hyperactivity Disorder in Adults: Double-Blind Randomised Placebo-Controlled Trial», *British Journal of Psychiatry* 204, n.º 4 (2014): 306–15, https://www.cambridge.org/core/journals/the-british-journal-of-psychiatry/article/vitaminmineral-treatment-of-attentiondeficit-hyperactivity-disorder-in-adults-doubleblind-randomised-placebocontrolled-trial/6DECDD36BD673FB31C92C64BAA9BBA14.
12. Julia J. Rucklidge et al., «Shaken but Unstirred? Effects of Micronutrients on Stress and Trauma After an Earthquake: RCT Evidence Comparing Formulas and Doses», *Human Psychopharmacology* 27, n.º 5 (septiembre de 2012): 440–54, https://onlinelibrary.wiley.com/doi/abs/10.1002/hup.2246.
13. Bonnie J. Kaplan et al., «A Randomised Trial of Nutrient Supplements to Minimise Psychological Stress after a Natural Disaster», *Psychiatry Research* 228, n.º 3 (30de agosto de 2015): 373–79, https://www.sciencedirect.com/science/article/abs/pii/S0165178115003935.
14. Kaplan, «A Randomised Trial of Nutrient Supplements».
15. David O. Kennedy et al., «Effects of High-Dose B Vitamin Complex with Vitamin C and Minerals on Subjective Mood and Performance in Healthy Males», *Psychopharmacology* 211, n.º 1 (julio de 2010): 55–68, https://pubmed.ncbi.nlm.nih.gov/20454891/.
16. Hyman, *UltraMind Solution*, 124.
17. Hyman, *UltraMind Solution*, 129.
18. Charlotte Wessel Skovlund et al., «Association of Hormonal Contraception with Suicide Attempts and Suicide», *American Journal of Psychiatry* 175, n.º 4 (1 de abril de 2018): 336–42, https://pubmed.ncbi.nlm.nih.gov/29145752/.
19. Allen T. G. Lansdowne y Stephen C. Provost, «Vitamin D3 Enhances Mood in Healthy Subjects during Winter», *Psychopharmacology* 135, n.º 4 (febrero de 1998): 319–23, https://link.springer.com/article/10.1007%2Fs002130050517.
20. Harvard T. H. Chan School of Public Health, «Smoking, High Blood Pressure and Being Overweight Top Three Preventable Causes of Death in the U.S.»,

27 de abril de 2009, https://www.hsph.harvard.edu/news/press-releases/smoking-high-blood-pressure-overweight-preventable-causes-death-us/.

21. Erik Messamore et al., «Polyunsaturated Fatty Acids and Recurrent Mood Disorders: Phenomenology, Mechanisms, and Clinical Application», *Progress in Lipid Research* 66 (abril de 2017): 1–13, https://pubmed.ncbi.nlm.nih.gov/28069365/.

    Jerome Sarris, David Mischoulon, y Isaac Schweitzer, «Omega-3 for Bipolar Disorder: Meta-Analyses of Use in Mania and Bipolar Depression», *Journal of Clinical Psychiatry* 73, n.º 1 (enero de 2012): 81–86, https://pubmed.ncbi.nlm.nih.gov/21903025/.

    Roel J. T. Mocking et al., «Meta-analysis and Meta-regression of Omega-3 Polyunsaturated Fatty Acid Supplementation for Major Depressive Disorder», *Translational Psychiatry* 6 (15 de marzo de 2016): e756, https://www.nature.com/articles/tp201629.

22. Joseph R. Hibbeln y Rachel V. Gow, «The Potential for Military Diets to Reduce Depression, Suicide, and Impulsive Aggression: A Review of Current Evidence for Omega-3 and Omega-6 Fatty Acids», *Military Medicine* 179, suplemento 11 (noviembre de 2014): 117–28.

    Mingming Huan et al., «Suicide Attempt and n-3 Fatty Acid Levels in Red Blood Cells: A Case Control Study in China», *Biological Psychiatry* 56, n.º 7 (1 de octubre de 2004): 490–96, https://pubmed.ncbi.nlm.nih.gov/15450784/.

    M. Elizabeth Sublette et al., «Omega-3 Polyunsaturated Essential Fatty Acid Status as a Predictor of Future Suicide Risk», *American Journal of Psychiatry* 163, n.º 6 (junio de 2006): 1100–1102, https://ajp.psychiatryonline.org/doi/full/10.1176/ajp.2006.163.6.1100.

    Michael D. Lewis et al., «Suicide Deaths of Active-Duty US Military and Omega-3 Fatty-Acid Status: A Case-Control Comparison», *Journal of Clinical Psychiatry* 72, n.º 12 (diciembre de 2011): 1585–90, https://pubmed.ncbi.nlm.nih.gov/21903029/.

23. Trevor A. Mori y Lawrence J. Beilin, «Omega-3 Fatty Acids and Inflammation», *Current Atherosclerosis Reports* 6, n.º 6 (noviembre de 2004): 461–67, https://pubmed.ncbi.nlm.nih.gov/15485592/.

    Deddo Moertl et al., «Dose-Dependent Effects of Omega-3-Polyunsaturated Fatty Acids on Systolic Left Ventricular Function, Endothelial Function, and Markers of Inflammation in Chronic Heart Failure of Nonischemic Origin: A Double-Blind, Placebo-Controlled, 3-Arm Study», *American Heart Journal* 161, n.º 5 (mayo de 2011): 915.e1–e9, https://pubmed.ncbi.nlm.nih.gov/21570522/.

    Jessay Gopuran Devassy et al., «Omega-3 Polyunsaturated Fatty Acids and Oxylipins in Neuroinflammation and Management of Alzheimer Disease», *Advances in Nutrition* 7, n.º 5 (15 de septiembre de 2016): 905–16.

24. Clemens von Schacky, «The Omega-3 Index as a Risk Factor for Cardiovascular Diseases», *Prostaglandins and Other Lipid Mediators* 96, nos. 1–4 (noviembre de 2011): 94–98, https://www.sciencedirect.com/science/article/abs/pii/S1098882311000487.

    Seamus Paul Whelton et al., «Meta-analysis of Observational Studies on Fish Intake and Coronary Heart Disease», *American Journal of Cardiology* 93, n.º 9 (1 de mayo de 2004): 1119–23, https://www.sciencedirect.com/science/article/abs/pii/S1098882311000487.

25. Catherine M. Milte et al., «Increased Erythrocyte Eicosapentaenoic Acid and Docosahexaenoic Acid Are Associated with Improved Attention and Behavior in Children with ADHD in a Randomized Controlled Three-Way Crossover Trial», *Journal of Attention Disorders* 19, n.º 11 (noviembre de 2015): 954–64, https://pubmed.ncbi.nlm.nih.gov/24214970/.

    Michael H. Bloch y Ahmad Qawasmi, «Omega-3 Fatty Acid Supplementation for the Treatment of Children with Attention-Deficit/Hyperactivity Disorder Symptomatology: Systematic Review and Meta-analysis», *Journal of the American Academy of Child and Adolescent Psychiatry* 50, n.º 10 (octubre de 2011): 991–1000, https://pubmed.ncbi.nlm.nih.gov/21961774/.

26. Yu Zhang et al., «Intakes of Fish and Polyunsaturated Fatty Acids and Mild-to-Severe Cognitive Impairment Risks: A Dose-Response Meta-analysis of 21 Cohort Studies», *American Journal of Clinical Nutrition* 103, n.º 2 (febrero de 2016): 330–40, https://pubmed.ncbi.nlm.nih.gov/26718417/.

T. A. D'Ascoli et al., «Association between Serum Long-Chain Omega-3 Polyunsaturated Fatty Acids and Cognitive Performance in Elderly Men and Women: The Kuopio Ischaemic Heart Disease Risk Factor Study», *European Journal of Clinical Nutrition* 70, n.º 8 (agosto de 2016): 970–75, https://www.nature.com/articles/ejcn201659.

Karoline Lukaschek et al., «Cognitive Impairment Is Associated with a Low Omega-3 Index in the Elderly: Results from the KORA-Age Study», *Dementia and Geriatric Cognitive Disorders* 42, nos. 3–4 (5 de octubre de 2016): 236–45, https://europepmc.org/article/med/27701160.

27. Charles Couet et al., «Effect of Dietary Fish Oil on Body Fat Mass and Basal Fat Oxidation in Healthy Adults», *International Journal of Obesity and Related Metabolic Disorders* 21, n.º 8 (agosto de 1997): 637–43, https://pubmed.ncbi.nlm.nih.gov/15481762/.

Jonathan D. Buckley y Peter R. C. Howe, «Anti-obesity Effects of Long-Chain Omega-3 Polyunsaturated Fatty Acids», *Obesity Reviews* 10, n.º 6 (noviembre de 2009): 648–59, https://pubmed.ncbi.nlm.nih.gov/19460115/.

28. Maranda Thompson et al., «Omega-3 Fatty Acid Intake by Age, Gender, and Pregnancy Status in the United States: National Health and Nutrition Examination Survey 2003–2014», *Nutrients* 11, n.º 1 (2019): 177, https://www.mdpi.com/2072-6643/11/1/177. Zhiying Zhang et al., «Dietary Intakes of EPA and DHA Omega-3 Fatty Acids among US Childbearing-Age and Pregnant Women: An Analysis of NHANES 2001–2014», *Nutrients* 10, n.º 4 (28 de marzo de 2018): 416, https://pubmed.ncbi.nlm.nih.gov/29597261/.

29. Hirohito Tsuboi et al., «Omega-3 Eicosapentaenoic Acid Is Related to Happiness and a Sense of Fulfillment—A Study among Female Nursing Workers», *Nutrients* 12, n.º 11 (noviembre de 2020): 3462, https://www.ncbi.nlm.nih.gov/pmc/articles/PMC7696953/.

30. Malcolm Peet y Caroline Stokes, «Omega-3 Fatty Acids in the Treatment of Psychiatric Disorders», *Drugs* 65, n.º 8 (2005): 1051–59, https://pubmed.ncbi.nlm.nih.gov/15907142/.

David Mischoulon et al., «A Double-Blind, Randomized Controlled Trial of Ethyl-Eicosapentaenoate for Major Depressive Disorder», *Journal of Clinical Psychiatry* 70, n.º 12 (diciembre de 2009): 1636–44, https://pubmed.ncbi.nlm.nih.gov/19709502/.

Julian G. Martins, «EPA but Not DHA Appears to Be Responsible for the Efficacy of Omega-3 Long Chain Polyunsaturated Fatty Acid Supplementation in Depression: Evidence from a Meta-analysis of Randomized Controlled Trials», *Journal of the American College of Nutrition* 28, n.º 5 (octubre de 2009): 525–42, https://pubmed.ncbi.nlm.nih.gov/20439549/.

Jerome Sarris, David Mischoulon, y Isaac Schweitzer, «Omega-3 for Bipolar Disorder: Meta-analyses of Use in Mania and Bipolar Depression», *Journal of Clinical Psychiatry* 73, n.º 1 (enero de 2012): 81–86, https://pubmed.ncbi.nlm.nih.gov/21903025/.

François Lespérance et al., «The Efficacy of Omega-3 Supplementation for Major Depression: A Randomized Controlled Trial», *Journal of Clinical Psychiatry* 72, n.º 8 (agosto de 2011): 1054–62, https://pubmed.ncbi.nlm.nih.gov/20584525/.

Mariangela Rondanelli et al., «Long Chain Omega 3 Polyunsaturated Fatty Acids Supplementation in the Treatment of Elderly Depression: Effects on Depressive Symptoms, on Phospholipids Fatty Acids Profile and on Health-Related Quality of Life», *Journal of Nutrition, Health and Aging* 15, n.º 1 (enero de 2011): 37–44, https://pubmed.ncbi.nlm.nih.gov/21267525/.

M. Elizabeth Sublette et al., «Meta-analysis of the Effects of Eicosapentaenoic Acid (EPA) in Clinical Trials in Depression», *Journal of Clinical Psychiatry* 72, n.º 12 (diciembre de 2011): 1577–84, https://pubmed.ncbi.nlm.nih.gov/21939614/.

31. Michaël Messaoudi et al., «Beneficial Psychological Effects of a Probiotic Formulation (Lactobacillus helveticus R0052 and Bifidobacterium longum R0175) in Healthy Human Volunteers», *Gut Microbes* 2, n.º 4 (julio–agosto de 2011): 256–61, https://pubmed.ncbi.nlm.nih.gov/21983070/.

Asma Kazemi et al., «Effect of Probiotic and Prebiotic vs Placebo on Psychological Outcomes in Patients with Major Depressive Disorder: A Randomized Clinical Trial»,

Clinical Nutrition 38, n.º 2 (abril de 2019): 522–28, https://pubmed.ncbi.nlm.nih.gov/29731182/.

32. Nhan Tran et al., «The Gut-Brain Relationship: Investigating the Effect of Multispecies Probiotics on Anxiety in a Randomized Placebo-Controlled Trial of Healthy Young Adults», *Journal of Affective Disorders* 252 (1 de junio de 2019): 271–77.
33. H. X. Chong et al., «Lactobacillus plantarum DR7 Alleviates Stress and Anxiety in Adults: A Randomised, Double-Blind, Placebo-Controlled Study», *Beneficial Microbes* 10, n.º 4 (19 de abril de 2019): 355–73, https://pubmed.ncbi.nlm.nih.gov/30882244/.
34. Wei-Hsien Liu et al., «Alteration of Behavior and Monoamine Levels Attributable to Lactobacillus plantarum PS128 in Germ-Free Mice», *Behavioural Brain Research* 298, parte B (1 de febrero de 2016): 202–09, 09, https://pubmed.ncbi.nlm.nih.gov/26522841/.
35. Renata A. N. Pertile, Xiaoying Cui, y Darryl W. Eyles, «Vitamin D Signaling and the Differentiation of Developing Dopamine Systems», *Neuroscience* 333 (1 de octubre de 2016): 193–203, https://pubmed.ncbi.nlm.nih.gov/27450565/.
36. Sylvie Chalon et al., «Dietary Fish Oil Affects Monoaminergic Neurotransmission and Behavior in Rats», *Journal of Nutrition* 128, n.º 12 (diciembre de 1998): 2512–19, https://academic.oup.com/jn/article/128/12/2512/4724276.
37. Wei Zhuang et al., «Rosenroot (Rhodiola): Potential Applications in Aging-Related Diseases», *Aging and Disease* 10, n.º 1 (1 de febrero de 2019): 134–46, https://pubmed.ncbi.nlm.nih.gov/30705774/.
38. Sang Eun Kim et al., «Effect of Ginseng Saponins on Enhanced Dopaminergic Transmission and Locomotor Hyperactivity Induced by Nicotine», *Neuropsychopharmacology* 31, n.º 8 (agosto de 2006): 1714–21, https://pubmed.ncbi.nlm.nih.gov/16251992/.
39. Usha Pinakin Dave et al., «An Open-Label Study to Elucidate the Effects of Standardized Bacopa monnieri Extract in the Management of Symptoms of Attention-Deficit Hyperactivity Disorder in Children», *Advances in Mind-Body Medicine* 28, n.º 2 (primavera de 2014): 10–15, https://pubmed.ncbi.nlm.nih.gov/24682000/.
40. Beenish Mirza et al., «Neurochemical and Behavioral Effects of Green Tea (Camellia sinensis): A Model Study», Pakistan *Journal of Pharmaceutical Sciences* 26, n.º 3 (mayo de 2013): 511–16, https://pubmed.ncbi.nlm.nih.gov/23625424/.
41. T. Yoshitake, S. Yoshitake, y J. Kehr, «The Ginkgo biloba Extract EGb 761® and Its Main Constituent Flavonoids and Ginkgolides Increase Extracellular Dopamine Levels in the Rat Prefrontal Cortex», *British Journal of Pharmacology* 159, n.º 3 (1 de febrero de 2010): 659–68, https://pubmed.ncbi.nlm.nih.gov/20105177/.
42. Chandra C. Cardoso et al., «Evidence for the Involvement of the Monoaminergic System in the Antidepressant-like Effect of Magnesium», *Progress in Neuro-Psychopharmacology and Biological Psychiatry* 33, n.º 2 (17 de marzo de 2009): 235–42, https://www.sciencedirect.com/science/article/abs/pii/S0278584608003588.
43. Shrinivas K. Kulkarni, Mohit Kumar Bhutani, y Mahendra Bishnoi, «Antidepressant Activity of Curcumin: Involvement of Serotonin and Dopamine System», *Psychopharmacology* 201, n.º 3 (diciembre de 2008): 435–42, https://pubmed.ncbi.nlm.nih.gov/18766332/.
44. Pradeep J. Nathan et al., «The Neuropharmacology of Ltheanine (N-ethyl-L-glutamine): A Possible Neuroprotective and Cognitive Enhancing Agent», *Journal of Herbal Pharmacotherapy* 6, n.º 2 (2006): 21–30, https://pubmed.ncbi.nlm.nih.gov/17182482/.
45. Bombi Lee et al., «Berberine Alleviates Symptoms of Anxiety by Enhancing Dopamine Expression in Rats with Post-traumatic Stress Disorder», *Korean Journal of Physiology and Pharmacology* 22, n.º 2 (marzo de 2018): 183–92, https://pubmed.ncbi.nlm.nih.gov/29520171/.
46. Wei-Hsien Liu et al., «Alteration of Behavior and Monoamine Levels Attributable to Lactobacillus plantarum PS128 in Germ-Free Mice», *Behavioural Brain Research* 298, parte B (1 de febrero de 2016): 202–09, https://pubmed.ncbi.nlm.nih.gov/26522841/.

47. Stuart Brody, «High-Dose Ascorbic Acid Increases Intercourse Frequency and Improves Mood: A Randomized Controlled Clinical Trial», *Biological Psychiatry* 52, n.º 4 (15 de agosto de 2002): 371–74, https://www.sciencedirect.com/science/article/abs/pii/S000632230201329X.

48. Kamal Patel, «Lactobacillus Reuteri», Examine, última actualización el 6 de enero de 2021, https://examine.com/supplements/lactobacillus-reuteri/.

49. Lisha J. John y Nisha Shantakumari, «Herbal Medicines Use during Pregnancy: A Review from the Middle East», *Oman Medical Journal* 30, n.º 4 (julio de 2015): 229–36, https://pubmed.ncbi.nlm.nih.gov/26366255/.

50. Mary L. Forsling y A. J. Williams, «The Effect of Exogenous Melatonin on Stimulated Neurohypophysial Hormone Release in Man», *Clinical Endocrinology* 57, n.º 5 (noviembre de 2002): 615–20, https://pubmed.ncbi.nlm.nih.gov/12390335/.

51. Tracey Roizman, «Are There Supplements to Take to Increase Endorphins?», LIVESTRONG.com, https://www.livestrong.com/article/500666-supplements-to-take-for-endorphins/.

52. Roizman, «Are There Supplements to Take to Increase Endorphins?».

53. Christel Rousseaux et al., «Lactobacillus acidophilus Modulates Intestinal Pain and Induces Opioid and Cannabinoid Receptors», *Nature Medicine* 13, n.º 1 (enero de 2007): 35–37, https://pubmed.ncbi.nlm.nih.gov/17159985/.

54. Shaik Shavali et al., «Melatonin Exerts Its Analgesic Actions Not by Binding to Opioid Receptor Subtypes but by Increasing the Release of Beta-endorphin an Endogenous Opioid», *Brain Research Bulletin* 64, n.º 6 (30 de enero de 2005): 471–79, https://www.sciencedirect.com/science/article/abs/pii/S0361923004002308.

55. Susan C. Ferrence y Gordon Bendersky, «Therapy with Saffron and the Goddess at Thera», *Perspectives in Biology and Medicine* 47, n.º 2 (primavera de 2004): 199–226, https://pubmed.ncbi.nlm.nih.gov/15259204/.

56. Shahin Akhondzadeh et al., «Comparison of Crocus sativus L. and Imipramine in the Treatment of Mild to Moderate Depression: A Pilot Double-Blind Randomized Trial [ISRCTN45683816]», *BMC Complementary and Alternative Medicine* 4 (2 de septiembre de 2004): 12, https://www.ncbi.nlm.nih.gov/pmc/articles/PMC517724/.

    Shahin Akhondzadeh et al., «A 22-Week, Multicenter, Randomized, Double-Blind Controlled Trial of Crocus sativus in the Treatment of Mild-to-Moderate Alzheimer's Disease», *Psychopharmacology* 207, n.º 4 (enero de 2010): 637–43, https://link.springer.com/article/10.1007/s00213-009-1706-1.

    Anna V. Dwyer, Dawn L. Whitten, y Jason A. Hawrelak, «Herbal Medicines, Other Than St. John's Wort, in the Treatment of Depression: A Systematic Review», *Alternative Medicine Review* 16, n.º 1 (marzo de 2011): 40–49, https://pubmed.ncbi.nlm.nih.gov/21438645/.

    Adrian L. Lopresti y Peter D. Drummond, «Saffron (Crocus sativus) for Depression: A Systematic Review of Clinical Studies and Examination of Underlying Antidepressant Mechanisms of Action», *Human Psychopharmacology* 29 n.º 6 (noviembre de 2014): 517–27, https://onlinelibrary.wiley.com/doi/abs/10.1002/hup.2434.

    Mohammad Reza Khazdair et al., «The Effects of Crocus sativus (Saffron) and Its Constituents on Nervous System: A Review», *Avicenna Journal of Phytomedicine* 5, n.º 5 (septiembre-octubre de 2015): 376–91, https://www.ncbi.nlm.nih.gov/pmc/articles/PMC4599112/.

    Mohsen Mazidi et al., «A Double-Blind, Randomized and Placebo-Controlled Trial of Saffron (Crocus sativus L.) in the Treatment of Anxiety and Depression», *Journal of Complementary and Integrative Medicine* 13, n.º 2 (1 de junio de 2016): 195–99, https://pubmed.ncbi.nlm.nih.gov/27101556/.

    Magda Tsolaki et al., «Efficacy and Safety of Crocus sativus L. in Patients with Mild Cognitive Impairment: One Year Single-Blind Randomized, with Parallel Groups, Clinical Trial», *Journal of Alzheimer's Disease* 54, n.º 1 (23 de agosto de 2016): 129–33, https://content.iospress.com/articles/journal-of-alzheimers-disease/jad160304.

Graham Kell et al., «Affron a Novel Saffron Extract (Crocus sativus L.) Improves Mood in Healthy Adults over 4 Weeks in a Double-Blind, Parallel, Randomized, Placebo-Controlled Clinical Trial», *Complementary Therapies in Medicine* 33 (agosto de 2017): 58–64, https://pubmed.ncbi.nlm.nih.gov/28735826/.

Xiangying Yang et al., «Comparative Efficacy and Safety of Crocus sativus L. for Treating Mild to Moderate Major Depressive Disorder in Adults: A Meta-analysis of Randomized Controlled Trials», *Neuropsychiatric Disease and Treatment* 14 (21 de mayo de 2018): 1297–305, https://pubmed.ncbi.nlm.nih.gov/29849461/.

Adrian L. Lopresti et al., «Affron, a Standardised Extract from Saffron (Crocus sativus L.) for the Treatment of Youth Anxiety and Depressive Symptoms: A Randomised, Double-Blind, Placebo-Controlled study», *Journal of Affective Disorders* 232 (mayo de 2018): 349–57, https://pubmed.ncbi.nlm.nih.gov/29510352/.

Mojtaba Khaksarian et al., «The Efficacy of Crocus sativus (Saffron) versus Placebo and Fluoxetine in Treating Depression: A Systematic Review and Meta-analysis», *Psychology Research and Behavior Management* 12 (23 de abril de 2019): 297–305, https://www.ncbi.nlm.nih.gov/pmc/articles/PMC6503633/.

Barbara Tóth et al., «The Efficacy of Saffron in the Treatment of Mild to Moderate Depression: A Meta-Analysis», *Planta Medica* 85, n.º 1 (enero de 2019): 24–31, https://pubmed.ncbi.nlm.nih.gov/30036891/.

Amir Ghaderi et al., «The Effects of Saffron (Crocus sativus L.) on Mental Health Parameters and C-reactive Protein: A Meta-analysis of Randomized Clinical Trials», *Complementary Therapies in Medicine* 48 (enero de 2020): 102250, https://www.sciencedirect.com/science/article/abs/pii/S0965229919313305?via%3Dihub.

Sara Baziar et al., «Crocus sativus L. versus Methylphenidate in Treatment of Children with Attention-Deficit/Hyperactivity Disorder: A Randomized, Double-Blind Pilot Study», *Journal of Child and Adolescent Psychopharmacology* 29, n.º 3 (abril de 2019): 205–212, https://www.liebertpub.com/doi/10.1089/cap.2018.0146.

Arezoo Rajabian et al., «A Review of Potential Efficacy of Saffron (Crocus Sativus L.) in Cognitive Dysfunction and Seizures», *Preventive Nutrition and Food Science* 24, n.º 4 (diciembre de 2019): 363–72, https://www.ncbi.nlm.nih.gov/pmc/articles/PMC6941716/.

57. Rebekka Heitmar, James Brown, y Ioannis Kyrou, «Saffron (Crocus sativus L.) in Ocular Diseases: A Narrative Review of the Existing Evidence from Clinical Studies», *Nutrients* 11, n.º 3 (18 de marzo de 2019): 649, https://pubmed.ncbi.nlm.nih.gov/30889784/.

Stefano Di Marco et al., «Saffron: A Multitask Neuroprotective Agent for Retinal Degenerative Diseases», *Antioxidants* 8, n.º 7 (17 de julio de 2019): 224, https://pubmed.ncbi.nlm.nih.gov/31319529/.

58. Mostafa Asadollahi et al., «Protective Properties of the Aqueous Extract of Saffron (Crocus sativus L.) in Ischemic Stroke, Randomized Clinical Trial», *Journal of Ethnopharmacology* 238 (28 de julio de 2019): 111833, https://pubmed.ncbi.nlm.nih.gov/30914350/.

59. Seyed Ahmad Hosseini et al., «An Evaluation of the Effect of Saffron Supplementation on the Antibody Titer to Heat-Shock Protein (HSP) 70, hsCRP and Spirometry Test in Patients with Mild and Moderate Persistent Allergic Asthma: A Triple-Blind, Randomized Placebo-Controlled Trial», *Respiratory Medicine* 145 (diciembre de 2018): 28–34, https://pubmed.ncbi.nlm.nih.gov/30509713/.

60. Zahra Hamidi et al., «The Effect of Saffron Supplement on Clinical Outcomes and Metabolic Profiles in Patients with Active Rheumatoid Arthritis: A Randomized, Double-Blind, Placebo-Controlled Clinical Trial», *Phytotherapy Research* 34, n.º 7 (julio de 2020): 1650–58, https://onlinelibrary.wiley.com/doi/abs/10.1002/ptr.6633.

61. Marzieh Agha-Hosseini et al., «Crocus sativus L. (Saffron) in the Treatment of Premenstrual Syndrome: A Double Blind, Randomised and Placebo-Controlled Trial», *BJOG* 115, n.º 4 (marzo de 2008): 515–19, https://pubmed.ncbi.nlm.nih.gov/18271889/.

Amirhossein Modabbernia et al., «Effect of Saffron on Fluoxetine-Induced Sexual Impairment in Men: Randomized Double-Blind Placebo-Controlled Trial»,

Psychopharmacology 223, n.º 4 (octubre de 2012): 381–88, https://pubmed.ncbi.nlm.nih.gov/22552758/.

Ladan Kashani et al., «Saffron for Treatment of Fluoxetine-Induced Sexual Dysfunction in Women: Randomized Double-Blind Placebo-Controlled Study», *Human Psychopharmacology* 28, n.º 1 (enero de 2013): 54–60, https://pubmed.ncbi.nlm.nih.gov/23280545/.

62. Syed Imran Bukhari, Mahreen Manzoor, y M. K. Dhar, «A Comprehensive Review of the Pharmacological Potential of Crocus sativus and Its Bioactive Apocarotenoids», *Biomedicine and Pharmacotherapy* 98 (febrero de 2018): 733–45, https://www.sciencedirect.com/science/article/abs/pii/S075333221735182X.

63. Akhondzadeh et al., «Comparison of Crocus sativus L. and Imipramine in the Treatment of Mild to Moderate Depression».

Dwyer, Whitten, y Hawrelak, «Herbal Medicines, Other Than St. John's Wort, in the Treatment of Depression», 40–49.

Lopresti y Drummond, «Saffron (Crocus sativus) for Depression», 517–27.

Khazdair et al., «Effects of Crocus sativus (Saffron) and Its Constituents on Nervous System», 376–91.

Mazidi et al., «Double-Blind, Randomized and Placebo-Controlled Trial of Saffron (Crocus sativus L.) in the Treatment of Anxiety and Depression», 195–99.

Kell et al., «Affron a Novel Saffron Extract (Crocus sativus L.) Improves Mood in Healthy Adults», 58–64.

Yang et al., «Comparative Efficacy and Safety of Crocus sativus L. for Treating Mild to Moderate Major Depressive Disorder in Adults», 1297–305.

Lopresti et al., «Affron, a Standardised Extract from Saffron (Crocus sativus L.) for the Treatment of Youth Anxiety and Depressive Symptoms», 349–57.

Khaksarian et al., «Efficacy of Crocus sativus (Saffron) versus Placebo and Fluoxetine in Treating Depression», 297–305.

Tóth et al., «Efficacy of Saffron in the Treatment of Mild to Moderate Depression», 24–31.

Ghaderi et al., «Effects of Saffron (Crocus sativus L.) on Mental Health Parameters and C-reactive Protein».

64. Khaksarian et al., «Efficacy of Crocus sativus (Saffron) versus Placebo and Fluoxetine in Treating Depression», 297–305.

65. Modabbernia et al., «Effect of Saffron on Fluoxetine-Induced Sexual Impairment in Men», 381–88.

Kashani et al., «Saffron for Treatment of Fluoxetine-Induced Sexual Dysfunction in Women», 54–60.

66. Akhondzadeh et al., «Comparison of Crocus sativus L. and Imipramine in the Treatment of Mild to Moderate Depression».

67. Mazidi et al., «Double-Blind, Randomized and Placebo-Controlled Trial of Saffron (Crocus sativus L.) in the Treatment of Anxiety and Depression», 195–99.

68. Akhondzadeh et al., «22-Week, Multicenter, Randomized, Double-Blind Controlled Trial of Crocus sativus in the Treatment of Mild-to-Moderate Alzheimer's Disease», 637–43.

Tsolaki et al., «Efficacy and Safety of Crocus sativus L. in Patients with Mild Cognitive Impairment», 129–33.

69. Baziar et al., «Crocus sativus L. versus Methylphenidate in Treatment of Children with Attention-Deficit Hyperactivity Disorder», 205–12.

70. Ajaikumar B. Kunnumakkara et al., «Curcumin, the Golden Nutraceutical: Multitargeting for Multiple Chronic Diseases», *British Journal of Pharmacology* 174, n.º 11 (junio de 2017): 1325–48, https://bpspubs.onlinelibrary.wiley.com/doi/full/10.1111/bph.13621.

Sahdeo Prasad y Bharat B. Aggarwal, «Turmeric, the Golden Spice», en Herbal *Medicine: Biomolecular and Clinical Aspects*, 2.ª ed., ed. Iris F. F. Benzie y Sissi Wachtel-Galor (Boca

Ratón, FL: CRC Press/Taylor and Francis, 2011), cap. 13, https://www.ncbi.nlm.nih.gov/books/NBK92752/.

71. Reza Tabrizi et al., «The Effects of Curcumin-Containing Supplements on Biomarkers of Inflammation and Oxidative Stress: A Systematic Review and Meta-analysis of Randomized Controlled Trials», *Phytotherapy Research* 33, n.º 2 (febrero de 2019): 253–62, https://pubmed.ncbi.nlm.nih.gov/30402990/.

72. Vikram S. Gota et al., «Safety and Pharmacokinetics of a Solid Lipid Curcumin Particle Formulation in Osteosarcoma Patients and Healthy Volunteers», *Journal of Agricultural and Food Chemistry* 58, n.º 4 (24 de febrero de 2010): 2095–99, https://pubmed.ncbi.nlm.nih.gov/20092313/.

73. Katherine H. M. Cox, Andrew Pipingas, y Andrew B. Scholey, «Investigation of the Effects of Solid Lipid Curcumin on Cognition and Mood in a Healthy Older Population», *Journal of Psychopharmacology* 29, n.º 5 (mayo de 2015): 642–51, https://pubmed.ncbi.nlm.nih.gov/25277322/.

74. Qin Xiang Ng et al., «Clinical Use of Curcumin in Depression: A Meta-Analysis», *Journal of the American Medical Directors Association* 18, n.º 6 (1 de junio de 2017): 503–8, https://pubmed.ncbi.nlm.nih.gov/28236605/.

75. Matthew A. Petrilli et al., «The Emerging Role for Zinc in Depression and Psychosis», *Frontiers in Pharmacology* 8 (30 de junio de 2017): 414, https://pubmed.ncbi.nlm.nih.gov/28713269/.

76. Somaye Yosaee et al., «Effects of Zinc, Vitamin D, and Their Co-supplementation on Mood, Serum Cortisol, and Brain-Derived Neurotrophic Factor in Patients with Obesity and Mild to Moderate Depressive Symptoms: A Phase II, 12-Wk, 2x2 Factorial Design, Double-Blind, Randomized, Placebo-Controlled Trial», Nutrition 71 (marzo de 2020): 110601, https://pubmed.ncbi.nlm.nih.gov/31837640/.

77. Grzegorz Satała et al., «Allosteric Inhibition of Serotonin 5-HT7 Receptors by Zinc Ions», *Molecular Neurobiology* 55, n.º 4 (abril de 2018): 2897–910, https://link.springer.com/article/10.1007/s12035-017-0536-0.

78. Office of Dietary Supplements, «Zinc: Fact Sheet for Health Professionals» National Institutes of Health, actualizado el 26 de marzo de 2021, https://ods.od.nih.gov/factsheets/Zinc-HealthProfessional/.

79. Lazaro Barragán-Rodríguez, Martha Rodríguez-Morán, y Fernando Guerrero-Romero, «Efficacy and Safety of Oral Magnesium Supplementation in the Treatment of Depression in the Elderly with Type 2 Diabetes: A Randomized, Equivalent Trial», *Magnesium Research* 21, n.º 4 (diciembre de 2008): 218–23, https://pubmed.ncbi.nlm.nih.gov/19271419/.

    Emily K. Tarleton et al., «Role of Magnesium Supplementation in the Treatment of Depression: A Randomized Clinical Trial», *PLOS ONE* 12, n.º 6 (27 de junio de 2017): e0180067, https://journals.plos.org/plosone/article?id=10.1371/journal.pone.0180067.

80. Anna-leila Williams et al., «S-adenosylmethionine (SAMe) as Treatment for Depression: A Systematic Review», *Clinical and Investigative Medicine* 28, n.º 3 (junio de 2005): 132–39, https://pubmed.ncbi.nlm.nih.gov/16021987/.

    Jerome Sarris et al., «S-adenosyl Methionine (SAMe) versus Escitalopram and Placebo in Major Depression RCT: Efficacy and Effects of Histamine and Carnitine as Moderators of Response», *Journal of Affective Disorders* 164 (agosto de 2014): 76–81, https://pubmed.ncbi.nlm.nih.gov/24856557/.

    George I. Papakostas et al., «S-adenosyl Methionine (SAMe) Augmentation of Serotonin Reuptake Inhibitors for Antidepressant Nonresponders with Major Depressive Disorder: A Double-Blind, Randomized Clinical Trial», *American Journal of Psychiatry* 167, n.º 8 (agosto de 2010): 942–48, https://pubmed.ncbi.nlm.nih.gov/20595412/.

    R. Andrew Shippy et al., «S-adenosylmethionine (SAMe) for the Treatment of Depression in People Living with HIV/AIDS», *BMC Psychiatry* 4 (11 de noviembre de 2004): 38, https://bmcpsychiatry.biomedcentral.com/articles/10.1186/1471-244X-4-38#.

K. M. Bell et al., «S-adenosylmethionine Treatment of Depression: A Controlled Clinical Trial», *American Journal of Psychiatry* 145, n.º 9 (septiembre de 1988): 1110–14, https://europepmc.org/article/med/3046382.

P. Salmaggi et al., «Double-Blind, Placebo-Controlled Study of S-adenosyl-L-methionine in Depressed Postmenopausal Women», *Psychotherapy and Psychosomatics* 59, n.º 1 (1993): 34–40, https://pubmed.ncbi.nlm.nih.gov/8441793/.

K. M. Bell et al., «S-adenosylmethionine Blood Levels in Major Depression: Changes with Drug Treatment», *Acta Neurologica Scandinavica* 89, n.º S154 (mayo de 1994): S15–18, https://onlinelibrary.wiley.com/doi/abs/10.1111/j.1600-0404.1994.tb05404.x.

Roberto Delle Chiaie, Paolo Pancheri, y Pierluigi Scapicchio, «Efficacy and Tolerability of Oral and Intramuscular S-adenosyl-L-methionine 1,4-butanedisulfonate (SAMe) in the Treatment of Major Depression: Comparison with Imipramine in 2 Multicenter Studies», *American Journal of Clinical Nutrition* 76, n.º 5 (noviembre de 2002): S1172–76, https://pubmed.ncbi.nlm.nih.gov/12418499/.

Anup Sharma et al., «S-adenosylmethionine (SAMe) for Neuropsychiatric Disorders: A Clinician-Oriented Review of Research», *Journal of Clinical Psychiatry* 78, n.º 6 (junio de 2017): e656–67, https://pubmed.ncbi.nlm.nih.gov/28682528/.

81. Vijitha de Silva et al., «Evidence for the Efficacy of Complementary and Alternative Medicines in the Management of Osteoarthritis: A Systematic Review», *Rheumatology (Oxford)* 50, n.º 5 (mayo de 2011): 911–20, https://pubmed.ncbi.nlm.nih.gov/21169345/.

82. Klaus Linde, Michael M. Berner, y Levente Kriston, «St John's Wort for Major Depression», *Cochrane Database of Systematic Reviews* 2008, n.º 4 (8 de octubre de 2008): CD000448, https://pubmed.ncbi.nlm.nih.gov/18843608/.

    Maurizio Fava et al., «A Double-Blind, Randomized Trial of St John's Wort, Fluoxetine, and Placebo in Major Depressive Disorder», *Journal of Clinical Psychopharmacology* 25, n.º 5 (octubre de 2005): 441–47, https://pubmed.ncbi.nlm.nih.gov/16160619/.

    Siegfried Kasper et al., «Continuation and Long-Term Maintenance Treatment with Hypericum Extract WS 5570 After Recovery from an Acute Episode of Moderate Depression—a Double-Blind, Randomized, Placebo Controlled Long-Term Trial», *European Neuropsychopharmacology* 18, n.º 11 (noviembre de 2008): 803–13, https://pubmed.ncbi.nlm.nih.gov/18694635/.

    Jerome Sarris et al., «Conditional Probability of Response or Nonresponse of Placebo Compared with Antidepressants or St John's Wort in Major Depressive Disorder», *Journal of Clinical Psychopharmacology* 33, n.º 6 (diciembre de 2013): 827–30, https://pubmed.ncbi.nlm.nih.gov/24091858/.

83. Jerome Serris, et al., «Adjunctive Nutraceuticals for Depression: A Systematic Review and Meta-Analyses», *The American Journal of Psychiatry* 173, n.º 6 (26 de abril de 2016): 575–87, https://doi.org/10.1176/appi.ajp.15091228.

CAPÍTULO 11: LA DIETA DE LA FELICIDAD

1. Morgan Korn, «The Staggering Amounts of Food Eaten on Super Bowl Sunday», ABC News, 2 de febrero de 2017, https://abcnews.go.com/US/staggering-amounts-food-eaten-super-bowl-sunday/story?id=45217629.

2. Tom Brady, The TB12 Method (Nueva York: Simon & Schuster, 2020), capítulos 7 y 8. Jessica Campbell, «This Is Everything Tom Brady Eats in a Day», *GQ*, 28 de enero de 2021, https://www.gq.com.au/fitness/health-nutrition/this-is-everything tom-brady-eats-in-a-day/image-gallery/3ba2f38741bc4c1bd68860069b007829?pos=3.

    Paul Kita y Temi Adebowale, «Here's What Tom Brady Eats Every Day, and on Game Day», *Men's Health*, 22 de enero de 2021, https://www.menshealth.com/nutrition/a19535249/tom-brady-reveals-insane-diet-in-new-book/.

3. Allyssa Birth, «Comfort Foods, Sickbed Snacks and Celebratory Nosh: What Are Americans' Favorites?», Harris Poll, 25 de enero de 2016, https://theharrispoll.com/theres-really-no-debate-that-food-can-be-a-comfort-whether-stressed-or-depressed-

almost-everyone-has-a-favorite-go-to-dish-that-seems-to-help-make-everything-all-better-just-over-half-53/.

4. Felice N. Jacka et al., «Dietary Patterns and Depressive Symptoms over Time: Examining the Relationships with Socioeconomic Position, Health Behaviours and Cardiovascular Risk», *PLOS ONE* 9, n.º 1 (29 de enero de 2014): e87657, https://pubmed.ncbi.nlm.nih.gov/24489946/.

   Behnaz Shakersain et al., «Prudent Diet May Attenuate the Adverse Effects of Western Diet on Cognitive Decline», *Alzheimer's and Dementia* 12, n.º 2 (febrero de 2016): 100–109, https://alz-journals.onlinelibrary.wiley.com/doi/full/10.1016/j.jalz.2015.08.002.

   Amber L. Howard et al., «ADHD Is Associated with a 'Western' Dietary Pattern in Adolescents», *Journal of Attention Disorders* 15, n.º 5 (2011): 403–11, https://journals.sagepub.com/doi/10.1177/1087054710365990.

   Giovanni Tarantino, Vincenzo Citro, y Carmine Finelli, «Hype or Reality: Should Patients with Metabolic Syndrome–related NAFLD Be on the Hunter-Gatherer (Paleo) Diet to Decrease Morbidity?», *Journal of Gastrointestinal and Liver Diseases* 24, n.º 3 (septiembre de 2015): 359–68, https://pubmed.ncbi.nlm.nih.gov/26405708/.

5. Gregory E. Simon et al., «Association between Obesity and Psychiatric Disorders in the US Adult Population», *Archives of General Psychiatry* 63, n.º 7 (julio de 2006): 824–30, https://jamanetwork.com/journals/jamapsychiatry/fullarticle/209790. Nancy M. Petry et al., «Overweight and Obesity Are Associated with Psychiatric Disorders: Results from the National Epidemiologic Survey on Alcohol and Related Conditions», *Psychosomatic Medicine* 70, n.º 3 (abril de 2008): 288–97, https://pubmed.ncbi.nlm.nih.gov/18378873/.

   H. C. Michelle Byrd, Carol Curtin, y Sarah E. Anderson, «Attention-Deficit/Hyperactivity Disorder and Obesity in US Males and Females, Age 8–15 Years: National Health and Nutrition Examination Survey 2001–2004», *Pediatric Obesity* 8, n.º 6 (2013): 445–53, https://www.ncbi.nlm.nih.gov/pmc/articles/PMC3638065/.

   Michael Hinck, «How Obesity Can Affect Your Teen's Self Esteem», Health Beat, Jamaica Hospital Medical Center, 26 de septiembre de 2014, https://jamaicahospital.org/newsletter/?p=1337.

6. K. M. Carpenter et al., «Relationships between Obesity and DSM-IV Major Depressive Disorder, Suicide Ideation, and Suicide Attempts: Results from a General Population Study», *American Journal of Public Health* 90, n.º 2 (febrero de 2000): 251–57, https://www.ncbi.nlm.nih.gov/pmc/articles/PMC1446144/.

7. Zita Képes et al., «Age, BMI and Diabetes as Independent Predictors of Brain Hypoperfusion», *Nuclear Medicine Review* 24, n.º 1 (2021): 11–15, https://pubmed.ncbi.nlm.nih.gov/33576479/.

8. Corby K. Martin et al., «Effect of Calorie Restriction on Mood, Quality of Life, Sleep, and Sexual Function in Healthy Nonobese Adults: The CALERIE 2 Randomized Clinical Trial», *JAMA Internal Medicine* 176, n.º 6 (1 de junio de 2016): 743–52, https://pubmed.ncbi.nlm.nih.gov/27136347/.

9. Stephen Malunga Manchishi et al., «Effect of Caloric Restriction on Depression», *Journal of Cellular and Molecular Medicine* 22, n.º 5 (mayo de 2018): 2528–35, https://www.ncbi.nlm.nih.gov/pmc/articles/PMC5908110/.

10. DeAnn Liska et al., «Narrative Review of Hydration and Selected Health Outcomes in the General Population», *Nutrients* 11, n.º 1 (enero de 2019): 70, https://www.ncbi.nlm.nih.gov/pmc/articles/PMC6356561/.

11. Nathalie Pross et al., «Influence of Progressive Fluid Restriction on Mood and Physiological Markers of Dehydration in Women», *British Journal of Nutrition* 109, n.º 2 (2013): 313–21, https://www.ncbi.nlm.nih.gov/pmc/articles/PMC3553795/.

12. Nathalie Pross, «Effects of Dehydration on Brain Functioning: A Life-Span Perspective», *Annals of Nutrition and Metabolism* 70, suplemento 1 (2017): 30–36, https://www.karger.com/Article/FullText/463060.

13. Daniel G. Amen y Tana Amen, *The Brain Warrior's Way* (Nueva York: New American Library, 2016), 113.

14. Shunquan Wu et al., «Serum Lipid Levels and Suicidality: A Meta-analysis of 65 Epidemiological Studies», *Journal of Psychiatry and Neuroscience* 41, n.º 1 (enero de 2016): 56–69, https://www.ncbi.nlm.nih.gov/pmc/articles/PMC4688029/.
15. Ab Latif Wani, Sajad Ahmad Bhat, y Anjum Ara, «Omega-3 Fatty Acids and the Treatment of Depression: A Review of Scientific Evidence», *Integrative Medicine Research* 4, n.º 3 (septiembre de 2015): 132–41, https://www.ncbi.nlm.nih.gov/pmc/articles/PMC5481805/.
16. Lenore Arab, Rong Guo, y David Elashoff, «Lower Depression Scores among Walnut Consumers in NHANES», *Nutrients* 11, n.º 2 (26 de enero de 2019): 275, https://pubmed.ncbi.nlm.nih.gov/30691167/.
17. James E. Gangwisch et al., «High Glycemic Index Diet as a Risk Factor for Depression: Analyses from the Women's Health Initiative», *American Journal of Clinical Nutrition* 102, n.º 2 (agosto de 2015): 454–63, https://www.ncbi.nlm.nih.gov/pmc/articles/PMC4515860/.
18. Redzo Mujcic y Andrew J. Oswald, «Evolution of Well-Being and Happiness After Increases in Consumption of Fruit and Vegetables», *American Journal of Public Health* 106, n.º 8 (1 de agosto de 2016): 1504–10, https://ajph.aphapublications.org/doi/10.2105/AJPH.2016.303260.
19. Matteo Briguglio et al., «Dietary Neurotransmitters: A Narrative Review on Current Knowledge», *Nutrients* 10, n.º 5 (13 de mayo de 2018): 591, https://www.ncbi.nlm.nih.gov/pmc/articles/PMC5986471/.
20. Neuroscience News, «Experiences of PTSD Linked to Nutritional Health», 3 de febrero de 2021, https://neurosciencenews.com/ptsd-nutrition-17665/.
21. Mohammad J. Siddiqui et al., «Saffron (Crocus sativus L.): As an Antidepressant», *Journal of Pharmacy and BioAllied Sciences* 10, n.º 4 (octubre–diciembre de 2018): 173–80, https://www.ncbi.nlm.nih.gov/pmc/articles/PMC6266642/.
22. Shrikant Mishra y Kalpana Palanivelu, «The Effect of Curcumin (Turmeric) on Alzheimer's Disease: An Overview», *Annals of Indian Academy of Neurology* 11, n.º 1 (enero–marzo de 2008): 13–19, https://www.ncbi.nlm.nih.gov/pmc/articles/PMC2781139/.
23. Ying Guo et al., «Antidepressant Effects of Rosemary Extracts Associate with Anti-inflammatory Effect and Rebalance of Gut Microbiota», *Frontiers in Pharmacology* 9 (2 de octubre de 2018): 1126, https://www.ncbi.nlm.nih.gov/pmc/articles/PMC6192164/.
24. Farhana Zahir et al., «Low Dose Mercury Toxicity and Human Health», *Environmental Toxicology and Pharmacology* 20, n.º 2 (septiembre de 2005): 351–60, https://pubmed.ncbi.nlm.nih.gov/21783611/.
25. Arbind Kumar Choudhary y Yeong Yeh Lee, «Neurophysiological Symptoms and Aspartame: What Is the Connection?», *Nutritional Neuroscience* 21, n.º 5 (junio de 2018): 306–16, https://pubmed.ncbi.nlm.nih.gov/28198207/.
26. Samuel O. Igbinedion et al., «Non-celiac Gluten Sensitivity: All Wheat Attack Is Not Celiac», *World Journal of Gastroenterology* 23, n.º 40 (2017): 7201–10, https://www.ncbi.nlm.nih.gov/pmc/articles/PMC5677194/.
27. Jessica R. Jackson et al., «Neurologic and Psychiatric Manifestations of Celiac Disease and Gluten Sensitivity», *Psychiatric Quarterly* 83, n.º 1 (marzo de 2012): 91–102, https://www.ncbi.nlm.nih.gov/pmc/articles/PMC3641836/.
28. Eleanor Busby et al., «Mood Disorders and Gluten: It's Not All in Your Mind! A Systematic Review with Meta-Analysis», *Nutrients* 10, n.º 11 (8 de noviembre de 2018): 1708, https://pubmed.ncbi.nlm.nih.gov/30413036/.
29. Meghan Hockey et al., «Is Dairy Consumption Associated with Depressive Symptoms or Disorders in Adults? A Systematic Review of Observational Studies», *Critical Reviews in Food Science and Nutrition* 60, n.º 21 (2020): 3653–68, https://pubmed.ncbi.nlm.nih.gov/31868529/.
30. Pew Charitable Trusts, «Fixing the Oversight of Chemicals Added to Our Food», 7 de noviembre de 2013, https://www.pewtrusts.org/en/research-and-analysis/reports/2013/11/07/fixing-the-oversight-of-chemicals-added-to-our-food.

31. Center for Science in the Public Interest, «CSPI Says Food Dyes Pose Rainbow of Risks», 29 de junio de 2010, https://cspinet.org/new/201006291.html.
32. Caroline B. Quines et al., «Monosodium Glutamate, a Food Additive, Induces Depressive-like and Anxiogenic-like Behaviors in Young Rats», *Life Sciences* 107, nos. 1–2 (junio de 2014): 27–31, https://www.sciencedirect.com/science/article/abs/pii/S0024320514004524.
33. Amen Clinics, «Brain Health Guide to Red Dye #40», 14 de junio de 2016, https://www.amenclinics.com/blog/brain-health-guide-red-dye-40/.
34. N. M. Hussin et al., «Efficacy of Fasting and Calorie Restriction (FCR) on Mood and Depression among Ageing Men», *Journal of Nutrition, Health and Aging* 17, n.º 8 (2013): 674–80, https://pubmed.ncbi.nlm.nih.gov/24097021/.

CAPÍTULO 12: INSTALA LA FELICIDAD EN TU SISTEMA NERVIOSO

1. Una sala de chat en los albores de Internet permitía a los usuarios comunicarse instantáneamente a través de mensajes de texto. He aquí otro dato interesante: Yo no podía participar en el chat de la CNN desde mi oficina o desde mi casa. Así que tuve que volar hasta las oficinas de la CNN, en Atlanta, donde una mecanógrafa transcribió rápidamente mis ideas sobre la felicidad y el buen funcionamiento del cerebro a los participantes.

2. CNN, «Dr. Daniel Amen: Happiness and Good Brain Function», 10 de septiembre de 2001, http://www.cnn.com/2001/COMMUNITY/09/09/amen/.
3. Jordan S. Rubin, *The Maker's Diet* (Lake Mary, FL: Siloam, 2004), 56.
4. 2 Corintios 10:5, ESV.
5. «Pollyanna - The Glad Game», 6 de septiembre de 2012, video, 1:47, de *Pollyanna*, dirigido por David Swift (Burbank, CA: Walt Disney Productions, 1960), https://www.youtube.com/watch?v=1Ihxyf7A1hg.
6. Ruth Graham, «How We All Became Pollyannas (and Why We Should Be Glad about It)», *Atlantic*, 26 de febrero de 2013, https://www.theatlantic.com/entertainment/archive/2013/02/how-we-all-became-pollyannas-and-why-we-should-be-glad-about-it/273323/.
7. Steven C. Hayes, «Psychological Flexibility: How Love Turns Pain into Purpose», TEDx, University of Nevada, 22 de febrero de 2016, video, 19:39, https://www.youtube.com/watch?v=o79_gmO5ppg.
8. Steven C. Hayes, «5 Effective Exercises to Help You Stop Believing Your Unwanted Automatic Thoughts», *Ideas.Ted.Com*, 22 de octubre de 2019, https://ideas.ted.com/5-effective-exercises-to-help-you-stop-believing-your-unwanted-automatic-thoughts/.
9. Adam S. Radomsky et al., «Part 1— You Can Run but You Can't Hide: Intrusive Thoughts on Six Continents», *Journal of Obsessive-Compulsive and Related Disorders* 3, n.º 3 (julio de 2014): 269–79, https://www.sciencedirect.com/science/article/abs/pii/S2211364913000675.
10. Shayla Love, «Why You Should Talk to Yourself in the Third Person», *Vice*, 28 de diciembre de 2020, https://www.vice.com/en/article/k7a3mm/why-you-should-talk-to-yourself-in-the-third-person-inner-monologue. Igor Grossmann et al., «Training for Wisdom: The Distanced-Self-Reflection Diary Method», *Psychological Science* 32, n.º 3 (marzo de 2021): 381–94, https://pubmed.ncbi.nlm.nih.gov/33539229/.
11. Jason S. Moser et al., «Third-Person Self-Talk Facilitates Emotion Regulation without Engaging Cognitive Control: Converging Evidence from ERP and fMRI», *Scientific Reports* 7 (3 de julio de 2017), https://www.nature.com/articles/s41598-017-04047-3.
12. Critter Control, «Raccoon Sounds», https://www.crittercontrol.com/wildlife/raccoons/raccoon-sounds.

13. La leyenda del baloncesto Wilt the «Stilt» Chamberlain, no usaba las gomas elásticas para tirar de ellas cada vez que tenía pensamientos negativos (como cuando tenía que ir a la línea de tiro libres). Empezó a usar las gomas elásticas cuando era niño, en caso de que sus calcetines se deslizaran hacia sus tobillos.

14. A. Yates, *The Art of Memory* (Chicago: University of Chicago Press, 1966), 1–2.

CAPÍTULO 13: ENTRENAMIENTO PARA USAR EL SESGO DE POSITIVIDAD

1. Justin Bieber: *Seasons* (YouTube Originals, 2020), episodio 9, «Album on the Way», 17 de febrero de 2020, video, 9:51, https://www.youtube.com/watch?v=pWcl-BeQqls&t=361s.

   Kerry Breen, «What Is Havening? Experts Weigh In on Justin Bieber's Stress-Relieving Technique», *TODAY.com*, 3 de marzo de 2020, https://www.today.com/health/what-havening-experts-weigh-justin-bieber-s-stress-relieving-technique-t174747.
2. Havening Techniques, «Havening Touch», https://www.havening.org/about-havening/havening-touch.
3. Madhuleena Roy Chowdhury, «19 Best Positive Psychology Interventions + How to Apply Them», *PositivePsychology.com*, actualizado el 4 de mayo de 2021, https://positivepsychology.com/positive-psychology-interventions/.
4. Rob Hirtz, «Martin Seligman's Journey from Learned Helplessness to Learned Happiness», *Pennsylvania Gazette*, 4 de enero de 1999, https://www.upenn.edu/gazette/0199/hirtz.html.
5. Chowdhury, «19 Best Positive Psychology Interventions».
6. Steve Maraboli, *If You Want to Find Happiness, Find Gratitude* (autopublicado, 2020).
7. Martin E.P. Seligman, *Flourish* (Nueva York: Free Press, 2011), capítulo 2.
8. Timothy D. Windsor, Kaarin J. Anstey y Bryan Rodgers, «Volunteering and Psychological Well-Being among Young-Old Adults: How Much Is Too Much?», *Gerontologist* 48, n.º 1 (febrero de 2008): 59–70, https://pubmed.ncbi.nlm.nih.gov/18381833/.
9. Bryant M. Stone y Acacia C. Parks, «Cultivating Subjective Well-Being through Positive Psychological Interventions», en *Handbook of Well-Being*, ed. Ed Diener, Shigehiro Oishi y Louis Tay (Salt Lake City: DEF Publishers, 2018), https://www.nobascholar.com/chapters/59/download.pdf.
10. Matthew A. Killingsworth y Daniel T. Gilbert, «A Wandering Mind Is an Unhappy Mind», *Science* 330, n.º 6006 (12 de noviembre de 2010): 932, https://pubmed.ncbi.nlm.nih.gov/21071660/.
11. Daniel G. Amen, *Your Brain Is Always Listening* (Carol Stream, IL: Tyndale, 2021), 63–64.
12. Courtney E. Ackerman, «How to Live in the Present Moment: 35 Exercises and Tools (+ Quotes)», *PositivePsychology.com*, actualizado el 30 de enero de 2021, https://positivepsychology.com/present-moment/.
13. Ackerman, «How to Live in the Present Moment».
14. University College London, «Repetitive Negative Thinking Linked to Dementia Risk», *ScienceDaily*, 7 de junio de 2020, https://www.sciencedaily.com/releases/2020/06/200607195008.htm.
15. Byron Katie con Stephen Mitchell, *Loving What Is: Four Questions That Can Change Your Life* (Nueva York: Harmony Books, 2002).
16. Jennifer Aaker y Naomi Bagdonas, *Humor, Seriously: Why Humor Is a Secret Weapon in Business and Life* (Nueva York: Currency, 2021), 22.
17. Janelle Ringer, «Laughter: A Fool-Proof Prescription», *Loma Linda University Health*, 1 de abril de 2019, https://news.llu.edu/research/laughter-fool-proof-prescription.
18. Elisabeth Sifton, *The Serenity Prayer: Faith and Politics in Times of Peace and War* (Nueva York: Norton, 2003).

CAPÍTULO 14: RELACIONES FELICES

1. Arthur L. Brody et al., «Regional Brain Metabolic Changes in Patients with Major Depression Treated with Either Paroxetine or Interpersonal Therapy: Preliminary Findings», *Archives of General Psychiatry* 58, no. 7 (julio de 2001): 631–40, https://pubmed.ncbi.nlm.nih.gov/11448368/.

2. Pim Cuijpers et al., «Interpersonal Psychotherapy for Mental Health Problems: A Comprehensive Meta-Analysis», *American Journal of Psychiatry* 173, no. 7 (1 de abril de 2016): 680–87, https://ajp.psychiatryonline.org/doi/10.1176/appi.ajp.2015.15091141.
3. Daniel G. Amen, *Feel Better Fast and Make It Last* (Carol Stream, IL: Tyndale, 2018), capítulo 6.
4. Dennis Prager, «Why Be Happy?», *PragerU*, 20 de julio de 2014, video, 5:05, https://www.youtube.com/watch?v=_Zxnw0l499g.
5. Gottman Institute, «Research», https://www.gottman.com/about/research/.
6. Gary R. Birchler, Robert L. Weiss y John P. Vincent, «Multimethod Analysis of Social Reinforcement Exchange between Maritally Distressed and Nondistressed Spouse and Stranger Dyads», *Journal of Personality and Social Psychology* 31, no. 2 (1975): 349–60, https://psycnet.apa.org/record/1975-11572-001.

   J. M. Gottman y R. W. Levenson, (1992). «Marital Processes Predictive of Later Dissolution: Behavior, Physiology, and Health», *Journal of Personality and Social Psychology* 63, no. 2 (1992): 221–233, https://doi.org/10.1037/0022-3514.63.2.221.
7. Marshall Lev Dermer, «Towards Understanding the Meaning of Affectionate Verbal Behavior; Towards Creating Romantic Loving», *Behavior Analyst Today* 7, no. 4 (2006): 452–80, https://doi.apa.org/fulltext/2010-10811-002.html.
8. John M. Gottman y Robert W. Levenson, «Marital Processes Predictive of Later Dissolution: Behavior, Physiology, and Health», *Journal of Personality and Social Psychology* 63, no. 2 (1992): 221–33, https://psycnet.apa.org/record/1992-42807-001.
9. Marcial Losada y Emily Heaphy, «The Role of Positivity and Connectivity in the Performance of Business Teams: A Nonlinear Dynamics Model», *American Behavioral Scientist* 47, no. 6 (1 de febrero de 2004): 740–65, https://journals.sagepub.com/doi/10.1177/0002764203260208.
10. Loren Toussaint et al., «Effects of Lifetime Stress Exposure on Mental and Physical Health in Young Adulthood: How Stress Degrades and Forgiveness Protects Health», *Journal of Health Psychology* 21, no. 6 (junio de 2016): 1004–14, https://pubmed.ncbi.nlm.nih.gov/25139892/.
11. John Maltby, Liza Day y Louise Barber, «Forgiveness and Happiness. The Differing Contexts of Forgiveness Using the Distinction between Hedonic and Eudaimonic Happiness», *Journal of Happiness Studies* 6, no. 1 (marzo de 2005): 1–13, https://link.springer.com/article/10.1007/s10902-004-0924-9.
12. Kirsten Weir, «Forgiveness Can Improve Mental and Physical Health», *Monitor on Psychology* 48, no. 1 (enero de 2017): 30, http://www.apa.org/monitor/2017/01/ce-corner.aspx.
13. Escribí sobre el método REACH en *Your Brain Is Always Listening* (Carol Stream, IL: Tyndale, 2021), 53–54.

    Everett Worthington, «Research», http://www.evworthington-forgiveness.com/research.
14. Amen, *Your Brain Is Always Listening*.

CAPÍTULO 15: LA FELICIDAD EN EL MUNDO

1. Jason Richards, «It's an Annoying Song (After All)», *Atlantic*, 13 de marzo de 2012, https://www.theatlantic.com/entertainment/archive/2012/03/its-an-annoying-song-after-all/254429/.
2. Steven Taylor et al., «Musical Obsessions: A Comprehensive Review of Neglected Clinical Phenomena», *Journal of Anxiety Disorders* 28, n.º 6 (agosto de 2014): 580–89, https://pubmed.ncbi.nlm.nih.gov/24997394/.
3. Sally Robertson, «Earworms—Why Do Songs Get Stuck in Your Head?», *News Medical*, 26 de febrero de 2019, https://www.news-medical.net/health/Earworms-Why-do-Songs-Get-Stuck-in-Your-Head.aspx.

4. Anne Margriet Euser, Menno Oosterhoff y Ingrid van Balkom, «Stuck Song Syndrome: Musical Obsessions—When to Look for OCD», *British Journal of General Practice* 66, n. º 643 (febrero de 2016): 90, https://pubmed.ncbi.nlm.nih.gov/26823252/.
5. Dewayne Bevil, «John Stamos Turns to Disney Tune for Comfort», *Orlando Sentinel*, 17 de marzo de 2020, https://www.orlandosentinel.com/coronavirus/os-ne-coronavirus-disney-john-stamos-small-world-20200317-gfkgs4i3rjefhfiw7ytoyubflu-story.html.
6. Harry Walker e Iza Kavedžija, «Values of Happiness», en «Happiness: Horizons of Purpose», número especial, *HAU: Journal of Ethnographic Theory* 5, n.º 3 (invierno de 2015): 1–23, https://www.journals.uchicago.edu/doi/pdfplus/10.14318/hau5.3.002.
7. Denmark.dk, «Why Are Danish People So Happy?», https://denmark.dk/people-and-culture/happiness.
8. Anna Altman, «The Year of Hygge, the Danish Obsession with Getting Cozy», *New Yorker*, 18 de diciembre de 2016, https://www.newyorker.com/culture/culture-desk/the-year-of-hygge-the-danish-obsession-with-getting-cozy.
9. Altman, «The Year of Hygge».
10. UN Environment Programme, «#Friday Fact: The Netherlands Is Home to More Bicycles Than People!», 23 de marzo de 2018, https://www.unep.org/news-and-stories/story/fridayfact-netherlands-home-more-bicycles-people.
11. Stuff Dutch People Like, «No. 2 Gezelligheid», https://stuffdutchpeoplelike.com/2015/09/23/gezelligheid-gezellig/.
12. Los alemanes escriben «Gemütlichkeit» con mayúscula, pero los estadounidenses son más relajados al respecto.
13. Cuando salió la película de Disney *El libro de la selva* en 1967, el título de la canción memorable, «Bare Necessities», se tradujo al alemán como «Probier's mal mit Gemütlichkeit», que literalmente significa «Try It with Coziness».
14. Rob Jordan, «Stanford Researchers Find Mental Health Prescription: Nature», *Stanford News*, 30 de junio de 2015, https://news.stanford.edu/2015/06/30/hiking-mental-health-063015/
15. Jordan, «Stanford Researchers Find Mental Health Prescription».
16. United Nations Department of Economic and Social Affairs, «68% of the World Population Projected to Live in Urban Areas by 2050, Says UN», 16 de mayo de 2018, https://www.un.org/development/desa/en/news/population/2018-revision-of-world-urbanization-prospects.html.
17. Jen Rose Smith, «What Is 'Friluftsliv'? How an Idea of Outdoor Living Could Help Us This Winter», *National Geographic*, 11 de septiembre de 2020, https://www.nationalgeographic.com/travel/article/how-norways-friluftsliv-could-help-us-through-a-coronavirus-winter.
18. Prevagen.com, «More Mess Means More Stress: How Clutter Affects Your Brain», https://www.prevagen.com/brain-health-tips/how-clutter-affects-your-brain/.
19. Peter's Yard, «Lagom: The Swedish Art of Eating Harmoniously», https://www.petersyard.com/journal/lagom-the-swedish-art-of-eating-harmoniously/.
20. Orla Thomas, «Cultural Encounters in Istanbul», *BBC*, 9 de septiembre de 2010, http://www.bbc.com/travel/story/20100909-cultural-encounters.
21. Ized Uanikhehi, «How Ancient Knowledge Inspires African Tech to Flourish», *CNN*, 26 de marzo de 2018, https://www.cnn.com/2018/03/26/africa/ubuntu--the-african-concept-of-community-.
22. Uanikhehi, «How Ancient Knowledge Inspires».
23. JackyYenga.com, «The Spirit of Ubuntu», 6 de marzo de 2015, http://www.jackyyenga.com/the-spirit-of-ubuntu/.
24. Las Filipinas son la única nación cristiana en Asia, con más del 86 por ciento de la población que se considera católica romana. Ver Jack Miller, «Religion in the Philippines», *Asia Society*, Center for Global Education, https://asiasociety.org/education/religion-philippines.

25. Tianna Haas, «Filipino Christians Provide Relief Goods during Pandemic», *SIM*, 9 de abril de 2020, https://www.sim.org/w/filipino-christians-provide-relief-goods-during-pandemic.
26. Christy Anne Jones, «Shinrin-Yoku: The Japanese Art of Forest Bathing», *Savvy Tokyo*, 9 de julio de 2020, https://savvytokyo.com/shinrin-yoku-the-japanese-art-of-forest-bathing/.
27. Si sientes que necesitas un teléfono móvil por razones de seguridad o por estar disponible, apaga el timbre.
28. El estado más triste de EE. UU. es West Virginia, seguido por Arkansas y Oklahoma. Ver Adam McCann, «Happiest States in America», *WalletHub*, 22 de septiembre de 2020, https://wallethub.com/edu/happiest-states/6959.
29. Tribe Talk, «How Practicing Ho'oponopono Can Nourish Your Soul», *Hawaiian Healing*, 5 de septiembre de 2019, https://www.hawaiianhealing.com/blogs/news/how-practicing-hooponopono-can-nourish-your-soul.
30. James Hamblin, «This Is Your Brain on Fish», *Atlantic*, 7 de agosto de 2014, https://www.theatlantic.com/health/archive/2014/08/this-is-your-brain-on-fish/375638/.
31. Scott Neuman, «Bhutan's New Prime Minister Says Happiness Isn't Everything», *NPR*, 3 de agosto de 2013, https://www.npr.org/sections/parallels/2013/08/03/208299418/bhutans-new-prime-minister-says-happiness-isnt-everything.
32. UN News, United Nations, «Happiness Should Have Greater Role in Development Policy—UN Member States», 19 de julio de 2011, https://news.un.org/en/story/2011/07/382052.
33. John F. Helliwell, Richard Layard y Jeffrey D. Sachs, eds., *World Happiness Report 2019* (Nueva York: Sustainable Development Solutions Network), 88.

    Laura Begley Bloom, «Ranked: 10 Happiest and 10 Saddest Countries in the World», *Forbes*, 25 de marzo de 2019, https://www.forbes.com/sites/laurabegleybloom/2019/03/25/ranked-10-happiest-and-10-saddest-countries-in-the-world/?sh=8c3656063745.

CAPÍTULO 16: CLARIDAD

1. He escrito sobre el One Page Miracle en muchos de mis libros, comenzando por *Change Your Brain, Change Your Life* (Nueva York: Times Books, 1998), cap. 8.
2. Walter Isaacson, *American Sketches: Great Leaders, Creative Thinkers, and Heroes of a Hurricane* (Nueva York: Simon and Schuster, 2010), 136.
3. Hans Küng, «Freud and the Problem of God», *Wilson Quarterly* 3, no. 4 (Otoño de 1979): 162–71, https://www.jstor.org/stable/40255732?seq=1.
4. Jeanne McCauley et al., «Spiritual Beliefs and Barriers among Managed Care Practitioners», *Journal of Religion and Health* 44, no. 2 (Verano de 2005): 137–46, https://pubmed.ncbi.nlm.nih.gov/16021729/.

    Harold G. Koenig, «Religion, Spirituality, and Health: The Research and Clinical Implications», *ISRN Psychiatry* 2012 (2012): 278730, https://www.ncbi.nlm.nih.gov/pmc/articles/PMC3671693/.
5. Shanshan Li et al., «Religious Service Attendance and Lower Depression among Women—a Prospective Cohort Study», *Annals of Behavioral Medicine* 50, no. 6 (Diciembre de 2016): 876–84, https://academic.oup.com/abm/article/50/6/876/4562664.

    Full Gospel Businessmen's Training, «47 Health Benefits of Prayer», https://fgbt.org/Health-Tips/47-health-benefits-of-prayer.html.
6. Patricia A. Boyle et al., «Effect of a Purpose in Life on Risk of Incident Alzheimer Disease and Mild Cognitive Impairment in Community-Dwelling Older Persons», *Archives of General Psychiatry* 67, no. 3 (Marzo de 2010): 304–10, https://www.ncbi.nlm.nih.gov/pmc/articles/PMC2897172/.
7. Aliya Alimujiang et al., «Association between Life Purpose and Mortality among US Adults Older Than 50 Years», *JAMA Network Open* 2, no. 5 (3 de mayo de 2019): e194270, https://pubmed.ncbi.nlm.nih.gov/31125099/.

8. Andrew Steptoe, Angus Deaton y Arthur A. Stone, «Subjective Wellbeing, Health, and Ageing», *Lancet* 385, no. 9968 (14 de febrero de 2015): 640–48, https://pubmed.ncbi.nlm.nih.gov/25468152/.
9. Anthony L. Burrow y Nicolette Rainone, «How Many Likes Did I Get? Purpose Moderates Links between Positive Social Media Feedback and Self-Esteem», *Journal of Experimental Social Psychology* 69 (marzo de 2017): 232–36, https://www.sciencedirect.com/science/article/abs/pii/S0022103116303377.
10. Elisabeth Kübler-Ross, *Death: The Final Stage of Growth* (Nueva York: Simon & Schuster, 1986), 164. Ver también Elisabeth Kübler-Ross, *On Death and Dying: What the Dying Have to Teach Doctors, Nurses, Clergy and Their Own Families*, 50.ª ed. (Nueva York: Scribner, 2014).
11. Proverbio chino, *Goodreads*, https://www.goodreads.com/quotes/7956059-if-you-want-happiness-for-an-hour-take-a.
12. Laura Clery, «Getting Honest in Therapy», 18 de marzo de 2021, Facebook, video, 11:38, https://www.facebook.com/laura.clery/videos/5242240365847022.

CONCLUSIÓN: EL CAMINO COTIDIANO HACIA LA FELICIDAD

1. Christopher Bergland, «Morning Exercise May Improve Decision-Making during the Day», *Athlete's Way* (blog), *Psychology Today*, 30 de abril de 2019, https://www.psychologytoday.com/us/blog/the-athletes-way/201904/morning-exercise-may-improve-decision-making-during-the-day.
2. Lin Yang et al., «Trends in Sedentary Behavior among the US Population, 2001–2016», *JAMA* 321, n.º 16 (23 de abril de 2019): 1587–97, https://jamanetwork.com/journals/jama/article-abstract/2731178.
3. Daniel G. Amen y Tana Amen, *The Brain Warrior's Way* (Nueva York: New American Library, 2016), 177–79.

Índice

D

E

F

G

H

I

Gracias

REM*life*